文《ぶん》系《けい》の
池《いけ》上《がみ》彰《あきら》
が教《おし》える

10歳《さい》からの科《か》学《がく》の常《じょう》識《しき》100

池《いけ》上《がみ》彰《あきら》

小学館

はじめに

この本《ほん》を手《て》にとったあなたは、科学《かがく》は好《す》きですか？

私《わたし》は小学生《しょうがくせい》のころから科学《かがく》が大好《だいす》きでした。ラジオを聞《き》きながら自分《じぶん》で天気《てんき》図《ず》を描《か》いていて、将来《しょうらい》の夢《ゆめ》は気象庁《きしょうちょう》に入《はい》って天気《てんき》について研究《けんきゅう》することでした。ですが、大学《だいがく》では経済学《けいざいがく》を学《まな》び、NHK《エヌエイチケー》の記者《きしゃ》を経《へ》てジャーナリストになってからは、科学《かがく》とは遠《とお》い国際情勢《こくさいじょうせい》や社会問題《しゃかいもんだい》を追《お》いかけています。

私《わたし》がやってきたことは「文系《ぶんけい》」の分野《ぶんや》なのですが、その中《なか》で科学《かがく》の知識《ちしき》がないと伝《つた》えられないことも多《おお》く、必死《ひっし》に専門書《せんもんしょ》を読《よ》んで、自分《じぶん》の言葉《ことば》で伝《つた》える努《ど》力《りょく》をしました。**気《き》づけば「文系《ぶんけい》」人間《にんげん》だった私《わたし》が「理系《りけい》」の言葉《ことば》を伝《つた》えられるようになっていたのです**。

科学《かがく》は私《わたし》たちの生活《せいかつ》に直結《ちょっけつ》しています。科学技術《かがくぎじゅつ》がなければエアコンによる快適《かいてき》な温度《おんど》の部屋《へや》で暮《く》らすことはできませんし、天気《てんき》の予想《よそう》もむずかしいでしょう。それだけではなく、科学知識《かがくちしき》は国際情勢《こくさいじょうせい》や日本社会《にっぽんしゃかい》を考《かんが》える上《うえ》で欠《か》かせないものなのです。

科学《かがく》を身近《みぢか》に感《かん》じてもらい、正《ただ》しい知識《ちしき》と考《かんが》え方《かた》で世界《せかい》を公正《こうせい》に見《み》るために**文系《ぶんけい》にも理系《りけい》にも通用《つうよう》する「科学《かがく》の常識《じょうしき》」を解説《かいせつ》しよう**とこの本《ほん》をつくりました。常識《じょうしき》というものの、「えー！」と驚《おどろ》く項目《こうもく》もあるはず。

項目《こうもく》は全部《ぜんぶ》で１００！　クイズ形式《けいしき》で「本当《ほんとう》？　うそ？」などと問《と》うていますが、実《じつ》は本当《ほんとう》かうそかいいきれないものもたくさんあります。科学《かがく》は、日夜《にちや》研究《けんきゅう》が続《つづ》けられ、日々《ひび》進歩《しんぽ》し続《つづ》けています。今日《きょう》までわからなかったことが、明日《あす》になったらわかるかもしれません。**答《こた》えは白《しろ》か黒《くろ》かで決《き》められず、グレーであることも少《すく》なくありません**。

しかし、これぞ科学《かがく》。一度《いちど》知《し》ったらそれで終《お》わりではなく、「今《いま》、何《なに》が議論《ぎろん》されているか」「今後《こんご》、どんな予測《よそく》があるか」を追《お》いかける楽《たの》しさがあるのです。だから、私《わたし》は今《いま》も科学《かがく》を勉強《べんきょう》し続《つづ》けているのです。科学《かがく》を知《し》れば、地球《ちきゅう》や人類《じんるい》のはじまりがわかります。宇宙《うちゅう》がどうなっているのかがわかります。いつかハワイと日本《にっぽん》が隣合《となりあ》わせになることがわかります（くわしくは86ページ）。

さあ、科学《かがく》を知《し》る旅《たび》に出発《しゅっぱつ》です！

池上《いけがみ》彰《あきら》

「なぜ?」からはじまる科学《かがく》

人間《にんげん》は、古代《こだい》から身近《みぢか》なものや現象《げんしょう》に「なぜ?」と考《かんが》え、世界《せかい》を知《し》ろうとしてきました。

古代《こだい》ギリシャの哲学者《てつがくしゃ》で「万学《ばんがく》の祖《そ》」と呼《よ》ばれる**アリストテレス**は、世《よ》の中《なか》のいろいろなことにはルールがあると考《かんが》え、それを理解《りかい》しようとしました。

その後《ご》、天文学者《てんもんがくしゃ》の**ガリレオ・ガリレイ**は、「実際《じっさい》に実験《じっけん》して確《たし》かめることが大事《だいじ》」だと考《かんが》えます。実験《じっけん》をくり返《かえ》し、真空状態《しんくうじょうたい》では、重《おも》いものも軽《かる》いものも同《おな》じ速《はや》さで落《お》ちると気《き》づきました。

次《つぎ》に、**ニュートン**という科学者《かがくしゃ》が登《とう》

場《じょう》します。ニュートンは、「リンゴが木《き》から落《お》ちるのは、地球《ちきゅう》に引力《いんりょく》があるからだ」という発見《はっけん》をしたとされています。これが有名《ゆうめい》な「万有引力《ばんゆういんりょく》の法則《ほうそく》」。

さらに、**アインシュタイン**は「時間《じかん》や空間《くうかん》は伸《の》び縮《ちぢ》みすることがある」と考《かんが》え、「相対性理論《そうたいせいりろん》」という驚《おどろ》くべき学説《がくせつ》を提唱《ていしょう》します。彼《かれ》の研究《けんきゅう》は、宇《う》宙《ちゅう》の仕組《しく》みをさらに深《ふか》く理解《りかい》することにつながりました。

こうして、科学者《かがくしゃ》たちの発見《はっけん》はバトンタッチするように積《つ》み重《かさ》なり、宇宙《うちゅう》や世《せ》界《かい》の理解《りかい》が進《すす》み、今《いま》も世界中《せかいじゅう》の科学者《かがくしゃ》たちが日夜《にちや》「なぜ？」に挑《いど》んでいます。あなたにも「なぜ？」があるのであれば、それは科学者《かがくしゃ》への第一歩《だいいっぽ》ですよ。

How to use

この本《ほん》の使《つか》い方《かた》

この本《ほん》はクイズに答《こた》えながら、科学《かがく》の知識《ちしき》を深《ふか》めていく本《ほん》です。教科書的《きょうかしょてき》ではなく、科学《かがく》の裏《うら》にある物語《ものがたり》や社会《しゃかい》との関《かか》わりにふれているので、スッと理解《りかい》できるはず。ここでは、この本《ほん》を使《つか》いこなす読《よ》み方《かた》を紹介《しょうかい》します。

クイズに10秒《びょう》で答《こた》えよう!

各《かく》ページのクイズを読《よ》んで、まずは10秒《びょう》考《かんが》えて、答《こた》えを出《だ》す。まちがえても、自分《じぶん》で頭《あたま》を回転《かいてん》させたことで、解説《かいせつ》の理解度《りかいど》が上《あ》がる。

常識《じょうしき》クイズ 22

最近《さいきん》よく聞《き》く、○状降水帯《じょうこうすいたい》。○に何《なに》が入《はい》る?

①選《せん》 ②千《せん》 ③線《せん》

ニュースや天気予報《てんきよほう》で、注意《ちゅうい》を促《うなが》している気象現象《きしょうげんしょう》です。意味《いみ》を考《かんが》えれば、おのずと答《こた》えはわかります。**「降水帯《こうすいたい》」は雨《あめ》の帯《おび》**です。では、雨《あめ》の帯《おび》がどんな状態《じょうたい》になっているのでしょうか? 帯《おび》といえば? ……長《なが》い。そう、**答《こた》えは「③線《せん》」。線状降水帯《せんじょうこうすいたい》がもたらす大雨《おおあめ》は、大《おお》きな災害《さいがい》を引《ひ》き起《お》こすことがあります。**

線状降水帯《せんじょうこうすいたい》を構成《こうせい》するのは**積乱雲《せきらんうん》**です。積乱雲《せきらんうん》のでき方《かた》については50ページでも説明《せつめい》しました。暖《あたた》かくて湿《しめ》った空気《くうき》が上《うえ》にのぼり、上昇気流《じょうしょうきりゅう》をつくって雲《くも》ができる。そして、上空《じょうくう》の冷《つめ》たい空気《くうき》との間《あいだ》で対流《たいりゅう》が起《お》こり、積乱雲《せきらんうん》ができます。**線状降水帯《せんじょうこうすいたい》は、積《せき》乱雲《らんうん》が次《つぎ》から次《つぎ》へと発生《はっせい》し、風《かぜ》を受《う》けることで線《せん》のようにならんだ状態《じょうたい》のこと。つまり、積乱雲《せきらんうん》の行列《ぎょうれつ》ができるのです。**

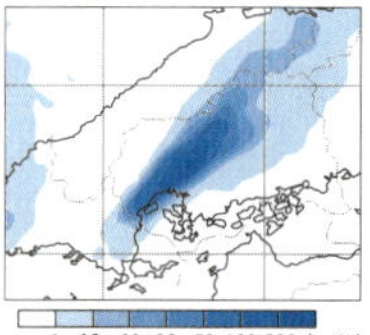

2014年《ねん》8月《がつ》に広島《ひろしま》土砂災害《どしゃさいがい》をもたらした広範囲《こうはんい》に及《およ》ぶ線状降水帯《せんじょうこうすいたい》
出典《しゅってん》/広島市《ひろしまし》HP《ホームページ》

062

図版《ずはん》やイラスト、写真《しゃしん》で理解度《りかいど》がぐーんと深《ふか》まる

文章《ぶんしょう》だけでは理解《りかい》しにくいことを図《ず》版《はん》などでサポート。ビックリする写真《しゃしん》もある。

気《き》になるイラストから読《よ》むページを決《き》めてもOK《オーケー》

その項目《こうもく》の全体《ぜんたい》を表《あらわ》すイラスト。パラパラながめて、気《き》になるものから読《よ》むのもアリ。最初《さいしょ》から順《じゅん》に読《よ》んでも大丈夫《だいじょうぶ》。

2章 気象

行列《ぎょうれつ》した積乱雲《せきらんうん》が大雨《おおあめ》を降《ふ》らせるのですから、たまったものではありません。降水域《こうすいいき》の幅《はば》は20～50㎞、長《なが》さは50～300㎞にもなります。長時間《ちょうじかん》、かつ広範囲《こうはんい》にわたって降《ふ》り続《つづ》くので、土砂《どしゃ》くずれや川《かわ》の増水《ぞうすい》による浸水《しんすい》などの災害《さいがい》につながるおそれがあるのです。

大雨《おおあめ》といえばゲリラ豪雨《ごうう》がありますが、ゲリラ豪雨《ごうう》と線状降水帯《せんじょうこうすいたい》のちがいは、雨《あめ》の降《ふ》る範囲《はんい》と時間《じかん》です。**一般的《いっぱんてき》に、ゲリラ豪雨《ごうう》の方《ほう》が局所的《きょくしょてき》かつ短時間《たんじかん》とされています。**ちなみに「ゲリラ豪雨《ごうう》」は気象用語《きしょうようご》ではないので、気象庁《きしょうちょう》では使用《しよう》していません。「局地的大雨《きょくちてきおおあめ》」や「集中豪雨《しゅうちゅうごうう》」などといいます。

線状降水帯《せんじょうこうすいたい》の発生《はっせい》が前線《ぜんせん》や低気圧《ていきあつ》の影響《えいきょう》であることはわかっているのですが、くわしいメカニズムについては解明《かいめい》できていません。ですので、ニュースなどの警報《けいほう》には十分注意《じゅうぶんちゅうい》してください。

おまけ　線状降水帯《せんじょうこうすいたい》の予測《よそく》は、スーパーコンピュータをもってしてもむずかしいのが現状《げんじょう》です。

063

池上彰《いけがみあきら》によるもっと知《し》りたくなる解説《かいせつ》

クイズの答《こた》えやくわしい解説《かいせつ》。それが私《わたし》たちの生活《せいかつ》にどうつながっているのかを池上彰《いけがみあきら》ならではの視点《してん》で紹介《しょうかい》。

パラパラまんがを楽《たの》しもう！

パラパラすると顔《かお》が回転《かいてん》する。
その回転方向《かいてんほうこう》は地球《ちきゅう》の自転《じてん》と同《おな》じ！

得《とく》した気《き》になる！おまけの知識《ちしき》

解説《かいせつ》ではふれられなかったこぼれ話《ばなし》や、発展《はってん》した知識《ちしき》を紹介《しょうかい》している。

もくじ

1章《しょう》 科学的《かがくてき》考《かんが》え方《かた》 15

常識《じょうしき》クイズ

噴火《ふんか》しようかなあ

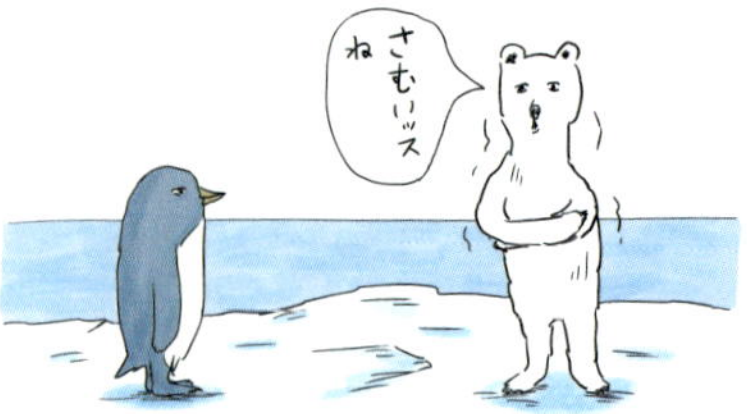
さむいッスね

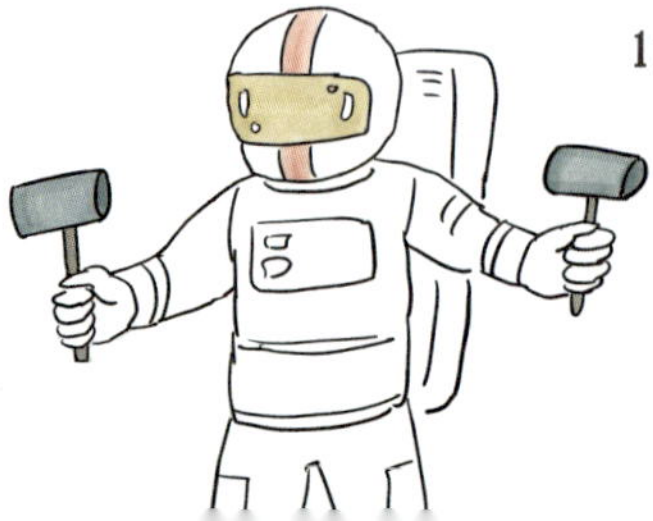

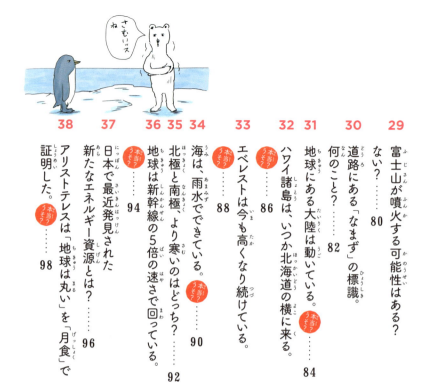

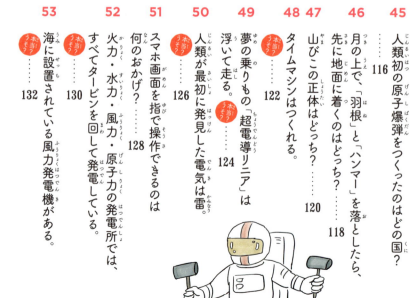

4章《しょう》 物《ぶ》理《り》

常識《じょうしき》クイズ

5章《しょう》

化学《かがく》

145

常識《じょうしき》クイズ

ちょっと北《きた》いって
からだ大《おお》きくしてくるから!!

常識《じょうしき》クイズ

7章《しょう》 環境問題《かんきょうもんだい》

※本書《ほんしょ》の情報《じょうほう》は2024年《ねん》12月現在《がつげんざい》のものです。
※出来事《できごと》や情報《じょうほう》には、諸説《しょせつ》あるものもあります。

1章《しょう》

科《か》学《がく》的《てき》考《かんが》え方《かた》

常識《じょうしき》クイズ
1

朝食《ちょうしょく》を食《た》べる子《こ》は学力《がくりょく》が高《たか》い。本当《ほんとう》？ うそ？

こういわれると、確《たし》かにそんな気《き》がしますよね。「朝《あさ》ごはんを食《た》べなさい！」と、おうちの方《かた》にも先生《せんせい》にもいわれたことがあるでしょう。朝食《ちょうしょく》を食《た》べるのが体《からだ》にいいというのはまちがいありませんが、**「朝食《ちょうしょく》を食《た》べる子《こ》は学力《がくりょく》が高《たか》い」を「科学的考《かがくてきかんが》え方《かた》」という視点《してん》からいえば、答《こた》えは「うそ」です。**「じゃあ、朝食《ちょうしょく》を食《た》べない方《ほう》が学力《がくりょく》が高《たか》くなる？」と思《おも》うかもしれませんが、そうではありません。

ここでの問題《もんだい》は、**「相関関係《そうかんかんけい》」**と**「因果関係《いんがかんけい》」**を取《と》りちがえてしまうことにあるのです。「相関関係《そうかんかんけい》」とは、二《ふた》つのものごとに関《かか》わりがあること（いいかえれば、ただ関《かか》わりがあるだけ）。**「因果関係《いんがかんけい》」とは、二《ふた》つのものごとが原因《げんいん》→結果《けっか》の関係《かんけい》にあることです。**「朝食《ちょうしょく》を食《た》べる子《こ》は学力《がくりょく》が高《たか》い」ならば、これは因果関係《いんがかんけい》にあるはずです。因果関係《いんがかんけい》にあるならば、

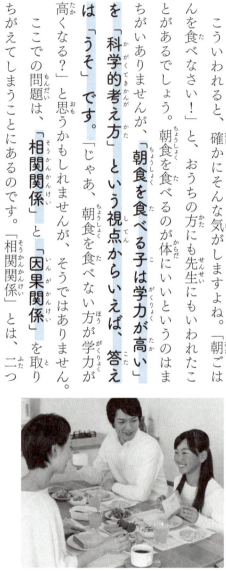

「朝食《ちょうしょく》を食《た》べたから、学力《がくりょく》が高《たか》い」ことが証明《しょうめい》されなければなりません。

そもそも「朝食《ちょうしょく》を食《た》べる子《こ》は学力《がくりょく》が高《たか》い」というのは、2003年《ねん》の国立教育政策研究所《こくりつきょういくせいさくけんきゅうじょ》による研究結果《けんきゅうけっか》で、ペーパーテストの成績《せいせき》がよかった子《こ》どもの多《おお》くが朝食《ちょうしょく》を食《た》べていたことが背景《はいけい》にあります。

それを受《う》けて文部科学省《もんぶかがくしょう》が**「早寝《はやね》 早起《はやお》き 朝《あさ》ごはん」**というスローガンを掲《かか》げたのです。早起《はやお》きすれば朝食《ちょうしょく》をしっかりとる、そうすれば脳《のう》にエネルギーが回《まわ》って学校《がっこう》で授業《じゅぎょう》に集中《しゅうちゅう》できる、だから学力《がくりょく》が上《あ》がる、というわけ。ですが、**朝食《ちょうしょく》をとるのは親《おや》が規《き》則正《そくただ》しい生活《せいかつ》をさせているからかもしれませんし、学力《がくりょく》が高《たか》いのは親《おや》が教育熱心《きょういくねっしん》だからかもしれません。**そうなると、朝食《ちょうしょく》↓学力《がくりょく》に直接的《ちょくせつてき》な因果関係《いんがかんけい》があるとはいえないんですね。

おまけ

学力《がくりょく》アップに直接《ちょくせつ》は結《むす》びつきませんが、
朝食《ちょうしょく》をとることの大切《たいせつ》さは栄養学《えいようがく》の観点《かんてん》からもいわれています。

常識《じょうしき》クイズ
2

地球上《ちきゅうじょう》の生《い》きものはほぼ発見《はっけん》されている。本当《ほんとう》？　うそ？

生《い》きもの図鑑《ずかん》を見《み》ると、実《じつ》に多《おお》くの生物《せいぶつ》たちが紹介《しょうかい》されています。深海生物《しんかいせいぶつ》などは、見《み》た目《め》も生態《せいたい》もとても興味深《きょうみぶか》いですよね。ただ、ほぼ発見《はっけん》されているかというと、そんなことはありません。**私《わたし》たち人間《にんげん》が発見《はっけん》できていないものは、どこにどれだけいるかがそもそもわからない。ですから「ほぼ」かどうかもわからない。**ということで、**答《こた》えは「うそ」です。**

ときに人間《にんげん》は、自然《しぜん》に対《たい》してごうまんになります。さまざまな生《い》きものを発見《はっけん》し、研究《けんきゅう》し、すべて知《し》り尽《つ》くしているかのように思《おも》ってしまうことがありますが、それはちがいます。人間《にんげん》よりも何十億年《なんじゅうおくねん》も前《まえ》からある自然《しぜん》を前《まえ》にしたときには、もっと謙虚《けんきょ》でいたいものです。たとえば、**アマゾン地《ち》域《いき》には、未知《みち》の動植物《どうしょくぶつ》がまだまだたくさん存在《そんざい》しているはずです。**

2014～2015年《ねん》で381もの新種生物《しんしゅせいぶつ》が発見《はっけん》されたアマゾンの熱帯雨林《ねったいうりん》

そして、人間《にんげん》にとって役立《やくだ》つもの、たとえば医薬品《いやくひん》などに使《つか》えるような植物《しょくぶつ》で、現地《げんち》の人《ひと》が大切《たいせつ》に守《まも》ってきたものも多《おお》くあります。それを、先進国《せんしんこく》の企業《きぎょう》が商《しょう》品開発《ひんかいはつ》に活《い》かして利益《りえき》を得《え》ようと勝手《かって》にもち帰《かえ》ることがあり、これは盗賊《とうぞく》に等《ひと》しい行為《こうい》だと非難《ひなん》されたことがあります。

そこで、生物多様性《せいぶつたようせい》を守《まも》るための国際条約《こくさいじょうやく》が結《むす》ばれ、2010年《ねん》に名古屋《なごや》で開催《かいさい》された国際会議《こくさいかいぎ》において、①利用価値《りようかち》のある資源《しげん》を勝手《かって》にもち帰《かえ》ってはいけない　②その資源《しげん》によって得《え》た利益《りえき》を公正《こうせい》に配分《はいぶん》する　という「名古屋議定書《なごやぎていしょ》」が定《さだ》められました。これは、**人《にん》間《げん》の自然《しぜん》に対《たい》するごうまんさ、先進国《せんしんこく》の途上《とじょう》国《こく》に対《たい》するごうまんさをいさめるための約束《やくそく》ごと**といえるでしょう。自然界《しぜんかい》には、私《わたし》たちが知《し》らないことがまだまだあるのです。

おまけ ▸ 地球外《ちきゅうがい》の銀河系《ぎんがけい》で、人間《にんげん》に近《ちか》い生物《せいぶつ》の存在確率《そんざいかくりつ》については、「ドレイクの方程式《ほうていしき》」で導《みちび》き出《だ》されますが、計算上《けいさんじょう》はゼロに近《ちか》いそうです。

常識《じょうしき》クイズ
3

何《なに》かが「ある」を証明《しょうめい》する、「ない」を証明《しょうめい》する。どちらがむずかしい？

「ない」を証明《しょうめい》するのは、一般的《いっぱんてき》に**「悪魔《あくま》の証明《しょうめい》」**といいます。悪魔《あくま》というくらいですから、こわいことが起《お》きそうですね。**クイズの答《こた》えは「『ない』を証明《しょうめい》する」です。**
悪魔《あくま》の証明《しょうめい》について説明《せつめい》するときによく使《つか》われるのが、**「ブラックスワン（黒《くろ》い白鳥《はくちょう》）」**の例《れい》です。**黒《くろ》い白鳥《はくちょう》が「いないこと」を証明《しょうめい》するためには、地球上《ちきゅうじょう》のあらゆる場所《ばしょ》を探《さが》して「いない」と証明《しょうめい》しなくてはなりません。**
万《まん》が一《いち》、すべての場所《ばしょ》を探《さが》した！　といっても、何年《なんねん》か前《まえ》に探《さが》したところにひょっこり現《あらわ》れたり、あなたが見《み》たときにたまたま水《みず》の中《なか》にかくれていたりするかもしれません。「自分《じぶん》が見《み》た限《かぎ》りはいなかった」とはいえるかもしれませんが、「いない」とはいいきれない。だから、悪魔《あくま》の証明《しょうめい》なのです。

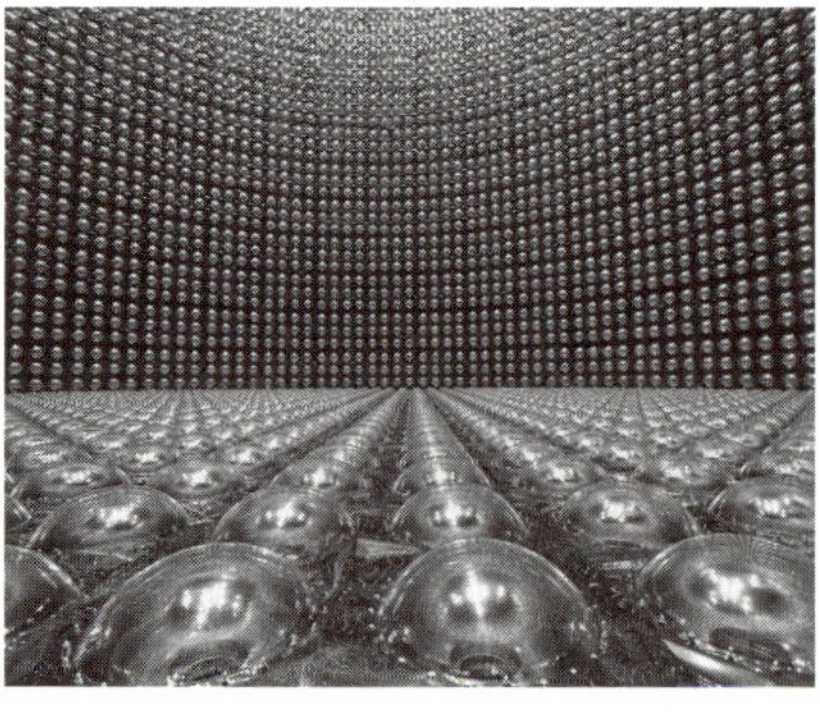

地下《ちか》にあるスーパーカミオカンデは、ノーベル物理学賞《ぶつりがくしょう》を受賞《じゅしょう》した小柴昌俊《こしばまさとし》さんの研究《けんきゅう》が元《もと》（岐阜県飛騨市《ぎふけんひだし》）

日本《にっぽん》には、未確認生物《みかくにんせいぶつ》といわれるものがいくつかいます。ツチノコやヒバゴンなど、聞《き》いたことはありませんか？ 目撃情報《もくげきじょうほう》はあるのですが、その姿《すがた》がわかるような画像《がぞう》や映像《えいぞう》、つまり証拠《しょうこ》は残《のこ》っていません。だからこそ、探《さが》し続《つづ》ける人《ひと》たちがいて、そこには未知《みち》のものへのロマンがあるのかもしれません。でも、それは、科学《かがく》とは別《べつ》の問題《もんだい》ですね。

科学《かがく》において、白《しろ》か黒《くろ》か、あるかないかを明確《めいかく》にできるのは、客観的《きゃっかんてき》な証拠《しょうこ》があるものだけです。ですから、ツチノコやヒバゴンがいるかいないかを科学者《かがくしゃ》に聞《き》いたら、おそらく**「現時点《げんじてん》では見《み》つかっていない」**と答《こた》えるでしょう。いるとはいえないですし、いないともいえない。

これが科学《かがく》の考《かんが》え方《かた》であり科学的《かがくてき》な態度《たいど》ということになります。

おまけ　「ある」の証明《しょうめい》がむずかしかったニュートリノを観測《かんそく》した施設《しせつ》がスーパーカミオカンデ（右写真《みぎしゃしん》）です。

常識《じょうしき》クイズ
4

インターネットのデマは、かんたんに見分《みわ》けられる？ 見分《みわ》けられない？

何《なん》でも調《しら》べられるインターネットの世界《せかい》では、日々《ひび》、膨大《ぼうだい》な情報《じょうほう》が世界中《せかいじゅう》をかけめぐっています。昨今《さっこん》ではAI《エーアイ》（人工《じんこう》知能《ちのう》）が提供《ていきょう》する情報《じょうほう》もあります。そんな中《なか》、**正《ただ》しく、かつ自分《じぶん》が求《もと》めている（＝必要《ひつよう》な）情報《じょうほう》を確実《かくじつ》に得《え》るのはとてもむずかしいのです。だから、答《こた》えは「かんたんには見分《みわ》けられない」です。**

その情報《じょうほう》が真実《しんじつ》かデマかを見分《みわ》けるためには、情報《じょうほう》の出《で》どころ、つまり「どこ（だれ）が出《だ》した情報《じょうほう》なのか」を確認《かくにん》することが必要《ひつよう》です。地震《じしん》のような災害《さいがい》が起《お》こったとき、SN《エスエヌ》S《エス》で「地震《じしん》の原因《げんいん》は○○だ」「これは△△地震《じしん》の前《まえ》ぶれだ」など、人々《ひとびと》の不安《ふあん》に乗《じょう》じてインパクトの強《つよ》いデマが流《なが》れることがありますが、情報《じょうほう》の大《おお》もとを確認《かくにん》しましょう。**政府《せいふ》や行政機関《ぎょうせいきかん》、自治体《じちたい》などが出《だ》している情報《じょうほう》だったら、信頼性《しんらいせい》が極《きわ》めて高《たか》い**

インターネット上《じょう》にあふれるデマやフェイクニュース

といえます。

ですが、そもそも政府《せいふ》や行政機関《ぎょうせいきかん》が地震発生《じしんはっせい》からすぐに断定的《だんていてき》な情報《じょうほう》を出《だ》すことはありえません。十分《じゅうぶん》に情報《じょうほう》を集《あつ》め、専門家《せんもんか》が解析《かいせき》した上《うえ》で発表《はっぴょう》するはずです。

以前《いぜん》、私《わたし》が教《おし》えている学生《がくせい》から、「アメリカで9・11のテロが起《お》こったとき、標的《ひょうてき》になったワールドトレードセンタービルで働《はたら》くユダヤ人《じん》がその日《ひ》だけ欠勤《けっきん》していたって本当《ほんとう》ですか？」と聞《き》かれたことがあります。ユダヤ人《じん》はテロを前《まえ》もって知《し》っていたという陰謀《いんぼう》論《ろん》が出回《でまわ》っていたのです。大勢《おおぜい》の人《ひと》が亡《な》くなって混乱《こんらん》している中《なか》で、その日《ひ》に休《やす》んでいた人《ひと》がユダヤ人《じん》だったことをどうやって確認《かくにん》するのでしょう。だれがその調査《ちょうさ》をしたのか、本当《ほんとう》に調査《ちょうさ》したのか、疑問《ぎもん》を数《かぞ》え上《あ》げたらきりがありません。冷静《れいせい》に、**論理的《ろんりてき》に考《かんが》えればわかるデマもたくさんあるのです。**

おまけ　今《いま》はかんたんに加工《かこう》ができるので、一見本物《いっけんほんもの》に見《み》える画像《がぞう》や動画《どうが》も、本物《ほんもの》かどうか注意《ちゅうい》する必要《ひつよう》があります。

常識《じょうしき》クイズ

5

「疑《うたが》うこと」と「信《しん》じること」、科学《かがく》を学《まな》ぶ上《うえ》で大切《たいせつ》なのはどっち？

ここでは、あくまで「科学的考《かがくてきかんが》え方《かた》」という視点《してん》でお話《はなし》をしていますので、それを忘《わす》れないでくださいね。**答《こた》えは「疑《うたが》うこと」です。**科学《かがく》の第一歩《だいいっぽ》は「**疑《うたが》うこと**」。いい換《か》えれば、「**鵜呑《うの》みにしない**」ということです。**人《ひと》は、「みんながそういっているから」とか「常《じょう》識《しき》だから」「普通《ふつう》はそうだから」とかいった理由《りゆう》で、確《たし》かめもせずに信《しん》じてしまうことがあります。**ですが、「みんな」ってだれとだれですか？「常識《じょうしき》」や「普《ふ》通《つう》」はだれが決《き》めたのでしょうか？この問《と》いに、正《ただ》しく答《こた》えられる人《ひと》はそういないはずです。

科学《かがく》において「疑《うたが》う」のは、「納得《なっとく》がいくまで確《たし》かめる」ため。私《わたし》は、私《わたし》の教《おし》え子《ご》となる大学《だいがく》の新入生《しんにゅうせい》たちには「**すべてを疑《うたが》いなさい**」といっています。そうしたら、他《ほか》

哲学者《てつがくしゃ》ルネ・デカルトの有名《ゆうめい》な言葉《ことば》

の先生《せんせい》の授業《じゅぎょう》でも「先生《せんせい》、それは本当《ほんとう》ですか？」と問《と》い詰《つ》めた学生《がくせい》たちがいたらしく、先生《せんせい》たちが「困《こま》りましたよ」と嘆《なげ》いていましたが……。

私《わたし》がいいたいのは、**疑《うたが》うところから自分《じぶん》なりの課題《かだい》が発見《はっけん》できるということ。**科学《かがく》を学《まな》ぶ者《もの》にとって、研究《けんきゅう》すべき課題《かだい》を見《み》つけることはとても大切《たいせつ》です。歴史《れきし》に名《な》を残《のこ》した科学者《かがくしゃ》も、ときに笑《わら》われたり、ときに罰《ばっ》せられたりしながらも課題《かだい》に立《た》ち向《む》かい、自《みずか》ら証明《しょうめい》することで答《こた》えをつかみとってきたのです。

フランスの哲学者《てつがくしゃ》デカルトは、すべてを疑《うたが》った上《うえ》で、疑《うたが》っている自分《じぶん》という存在《そんざい》は疑《うたが》いようがないという意味《いみ》で、「我思《われおも》う、ゆえに我《われ》あり」といいました。

ここで一《ひと》つ注意《ちゅうい》。**人間関係《にんげんかんけい》では、人《ひと》を信《しん》じること、信頼《しんらい》できる人《ひと》と出会《であ》うことが大事《だいじ》。**もし片《かた》っ端《ぱし》から人《ひと》を疑《うたが》っていたら、友《とも》だちをなくしますよ。

おまけ

もし、信《しん》じた友《とも》だちに裏切《うらぎ》られることがあっても、それも成長《せいちょう》の糧《かて》になるはず。人《ひと》を信《しん》じることは尊《とうと》いことです。

常識《じょうしき》クイズ

6

理科《りか》の知識《ちしき》をたくさん覚《おぼ》えたら「理科博士《りかはかせ》」になれる。本当《ほんとう》？ うそ？

「博士《はかせ》」なんていい響《ひび》きですよね。一《ひと》つの分野《ぶんや》を学《まな》び続《つづ》けて極《きわ》めることは、人生《じんせい》の大仕事《おおしごと》という感《かん》じがします。では、どうやったら博士《はかせ》になれるのか？ 知識《ちしき》がたくさんある人《ひと》が博士《はかせ》なのでしょうか？ そうではありません。**答《こた》えは「うそ」です。**

あなたは、「理科《りか》は暗記科目《あんきかもく》」だと思《おも》っていませんか？ 生《い》きものの名前《なまえ》、電流《でんりゅう》の公式《こうしき》、月《つき》の満《み》ち欠《か》けなど、確《たし》かに覚《おぼ》えておくと便利《べんり》な知識《ちしき》はたくさんあります。ですが、**知識《ちしき》が多《おお》いだけの人《ひと》はただの「物知《ものし》り」です。**図鑑《ずかん》を見《み》れば書《か》いてあることを知《し》っているだけでは、博士《はかせ》とはいえません。それに今《いま》は、ものの名《な》前《まえ》などはインターネットやＡＩ《エーアイ》に聞《き》けば一瞬《いっしゅん》で答《こた》えてくれます。

「理科博士《りかはかせ》」とは、ある現象《げんしょう》や事実《じじつ》に出合《であ》ったときに「なぜだろう」とい

ラファエロによる絵画《かいが》「アテナイの学堂《がくどう》」。中央右《ちゅうおうみぎ》がアリストテレス

もしかして
いっしょに
食《た》べたら
おいしいんじゃないか!!
生《なま》ハム
メロン

う疑問《ぎもん》をもち、「もしかしたらこうかもしれない」と仮説《かせつ》を立《た》て、それを実証《じっしょう》するための方法《ほうほう》を考《かんが》え、実践《じっせん》し、答《こた》えにたどりつく能力《のうりょく》をもっている人《ひと》。自分《じぶん》の頭《あたま》で考《かんが》えて、真理《しんり》を追究《ついきゅう》できる人《ひと》のことです。

ですが、真理《しんり》を見《み》つけ出《だ》して「こんなことがわかりました」というだけでは十分《じゅうぶん》ではありません。見《み》つけ出《だ》した真理《しんり》について、**「あのことと関係《かんけい》があるかも」「これと同《おな》じ理由《りゆう》かも」と、一見《いっけん》、関《かか》わりのなさそうなこと同士《どうし》の共通点《きょうつうてん》に気《き》づいて法則性《ほうそくせい》を見《み》いだせたら、なおすばらしい。**博士《はかせ》とは、クリエイティブな人《ひと》なのです。

アリストテレスは、水平線《すいへいせん》からだんだんと船《ふね》が見《み》えてくる様子《ようす》で、地球《ちきゅう》が丸《まる》いことに気《き》づきました（98ページ）。真《しん》の「理科博士《りかはかせ》」だったといえるでしょう。

おまけ　お風呂《ふろ》に入《はい》って浮力《ふりょく》を発見《はっけん》したアルキメデス（135 ページ）も、真《しん》の「理科博士《りかはかせ》」ですね。

常識《じょうしき》クイズ
7

科学《かがく》の世界《せかい》では証明《しょうめい》に何百年《なんびゃくねん》もかかることがある。本当《ほんとう》？うそ？

ある科学《かがく》のことがらが正《ただ》しいと証明《しょうめい》するために何百年《なんびゃくねん》もかかってしまったら、寿命《じゅみょう》が80歳前後《さいぜんご》の人間一人《にんげんひとり》では手《て》に負《お》えないので、「うそ」だと思《おも》うかもしれません。しかし、**答《こた》えは「本当《ほんとう》」です。**

たとえば、数学《すうがく》の「フェルマーの最終定理《さいしゅうていり》」。1640年《ねん》にフランスの数学者《すうがくしゃ》フェルマーによって出《だ》された仮説《かせつ》で、「n《エヌ》が2より大《おお》きい自然数《しぜんすう》ならば、$x^n+y^n=z^n$となる整数《せいすう》x《エックス》、y《ワイ》、z《ゼット》の組《くみ》は存在《そんざい》しない」というもの。**数学《すうがく》に通《つう》じていないとなんのこっちゃと思《おも》うかもしれませんね。**多《おお》くの数学者《すうがくしゃ》がこの定理《ていり》の証明《しょうめい》に挑戦《ちょうせん》しましたが、あえなく撃沈《げきちん》。しかし、**350年以上《ねんいじょう》たった1995年《ねん》、アンドリュー・ワイルズによってようやく証明《しょうめい》されました。**

アインシュタインが予言《よげん》した「重力波《じゅうりょくは》」は、物体《ぶったい》の質量《しつりょう》によって時間《じかん》と空間《くうかん》がゆ

「フェルマーの最終定理《さいしゅうていり》」で知《し》られる
ピエール・ド・フェルマー

がむという仮説《かせつ》で、**予言《よげん》から100年後《ねんご》に重力《じゅうりょく》波《は》の検出《けんしゅつ》に成功《せいこう》**し、予言《よげん》が現実《げんじつ》のものとなりました。

また、人間《にんげん》が誤《あやま》りを認《みと》めるのに何百年《なんびゃくねん》もかかったケースがあります。ときは近世《きんせい》ヨーロッパ。この当時《とうじ》、キリスト教的《きょうてき》な考《かんが》え方《かた》が主流《しゅりゅう》で、地球《ちきゅう》を中心《ちゅうしん》に太陽《たいよう》や他《ほか》の星々《ほしぼし》が回《まわ》っていると考《かんが》えられていました。そんな中《なか》、地動説《ちどうせつ》（地球《ちきゅう》が太陽《たいよう》のまわりを回《まわ》っている説《せつ》）をとなえたのがガリレオ・ガリレイ。天体観測《てんたいかんそく》によって地動説《ちどうせつ》に確信《かくしん》をもつのですが、宗教裁判《しゅうきょうさいばん》で終身刑《しゅうしんけい》をいい渡《わた》され、無念《むねん》のうちに死《し》んでしまいます。

それから350年後《ねんご》の1992年《ねん》、カトリック教会《きょうかい》はガリレオの裁判《さいばん》の誤《あやま》りを認《みと》めました。もちろん地動説《ちどうせつ》自体《じたい》はずっと前《まえ》に証明《しょうめい》されていましたが、ガリレオの無罪《むざい》が正式《せいしき》に確定《かくてい》するまでには350年《ねん》かかったのです。

おまけ ▸「リーマン予想《よそう》」などいまだ解決《かいけつ》できていない数学《すうがく》の問題《もんだい》があり、100万《まん》ドルの懸賞金《けんしょうきん》がかけられているものもあります。

もっと知《し》りたい！

データで読《よ》み解《と》く日本《にっぽん》の子《こ》どもの学力《がくりょく》

日本《にっぽん》の子《こ》どもの学力《がくりょく》は高《たか》いのか？　あなたも気《き》になるところではないでしょうか。

子《こ》どもの学力《がくりょく》は、「PISA《ピザ》」という世界的《せかいてき》な学力《がくりょく》テストで測《はか》っています。「PISA《ピザ》」によると、日本《にっぽん》の子《こ》どもの学力《がくりょく》は、OECD《オーイーシーディー》（経済協力開発機構《けいざいきょうりょくかいはつきこう》）加盟国《かめいこく》37か国《こく》（2022年当《ねんとう》時《じ》）中《ちゅう》、「数学的《すうがくてき》リテラシー（数学《すうがく》を活用《かつよう》する力《ちから》）」が1位《い》、「読解力《どっかいりょく》」が2位《い》、「科学的《かがくてき》リテラシー（科学《かがく》を活用《かつよう》する力《ちから》）」が1位《い》ととても好成績《こうせいせき》です（表《ひょう》1）！　科学的《かがくてき》リテラシーにおいては、図《ず》1のように、2022年《ねん》ではレベル1以下《いか》の低得点《ていとくてん》層《そう》が有意《ゆうい》（統計学上意味《とうけいがくじょういみ》がある差《さ》）にへり、レベル6以上《いじょう》の高《こう》得点層《とくてんそう》が有意《ゆうい》に増《ふ》えています。

昨今《さっこん》では、「本《ほん》を読《よ》まないから読解力《どっかいりょく》が低《ひく》い」ことが問題視《もんだいし》

	数学的《すうがくてき》リテラシー	平均得点《へいきんとくてん》	読解力《どっかいりょく》	平均得点《へいきんとくてん》	科学的《かがくてき》リテラシー	平均得点《へいきんとくてん》
1	日本《にっぽん》	536	アイルランド	516	日本《にっぽん》	547
2	韓国《かんこく》	527	日本《にっぽん》	516	韓国《かんこく》	528
3	エストニア	510	韓国《かんこく》	515	エストニア	526
4	スイス	508	エストニア	511	カナダ	515
5	カナダ	497	カナダ	507	フィンランド	511
6	オランダ	493	アメリカ	504	オーストラリア	507
7	アイルランド	492	ニュージーランド	501	ニュージーランド	504
8	ベルギー	489	オーストラリア	498	アイルランド	504
9	デンマーク	489	イギリス	494	スイス	503
10	イギリス	489	フィンランド	490	スロベニア	500
	OECD平均《へいきん》	472	OECD平均《へいきん》	476	OECD平均《へいきん》	485

表《ひょう》1　3分野《ぶんや》の得点《とくてん》の国際比較《こくさいひかく》　PISA《ピザ》 2022年《ねん》

されていますが、15歳《さい》までのみなさんは世界《せかい》で2位《い》ですからね。

読解力《どっかいりょく》が低《ひく》いのは、大人《おとな》の方《ほう》かもしれませんよ。

「PISA《ピザ》」は、OECD《オーイーシーディー》が行《おこな》っている世界的《せかいてき》な学力調査《がくりょくちょうさ》で、2022年《ねん》の調査《ちょうさ》には81か国《こく》・地域《ちいき》の約《やく》69万人《まんにん》が参加《さんか》しました。

この調査《ちょうさ》の目的《もくてき》は、義務教育《ぎむきょういく》が終《お》わる15歳《さい》までに学《まな》んだことをどのように活用《かつよう》できているかを測《はか》ることです。

「PISA《ピザ》」で、日本《にっぽん》の子《こ》どもの心配《しんぱい》なデータがあるとすれば「自律学習《じりつがくしゅう》を行《おこな》う自信《じしん》」という項目《こうもく》。

これは、コロナ禍《か》で一斉休校《いっせいきゅうこう》になったことをふまえて、再《ふたた》び何《なに》かの理由《りゆう》で休校《きゅうこう》になった場合《ばあい》に自《みずか》ら学習《がくしゅう》する自信《じしん》があるかどうか、を聞《き》いた項目《こうもく》です。

日本《にっぽん》では、「あまり自信《じしん》がない」「自信《じしん》がない」と答《こた》えた生徒《せいと》が多《おお》く、自律学習《じりつがくしゅう》の指標《しひょう》はOECD《オーイーシーディー》の37か国《こく》の中《なか》で34位《い》でした。

学力《がくりょく》はあるのに自《みずか》ら学《まな》ぼうとすることには自信《じしん》がない、ということですね。自《みずか》ら学習《がくしゅう》できる自信《じしん》をもてば無敵《むてき》ですよ！

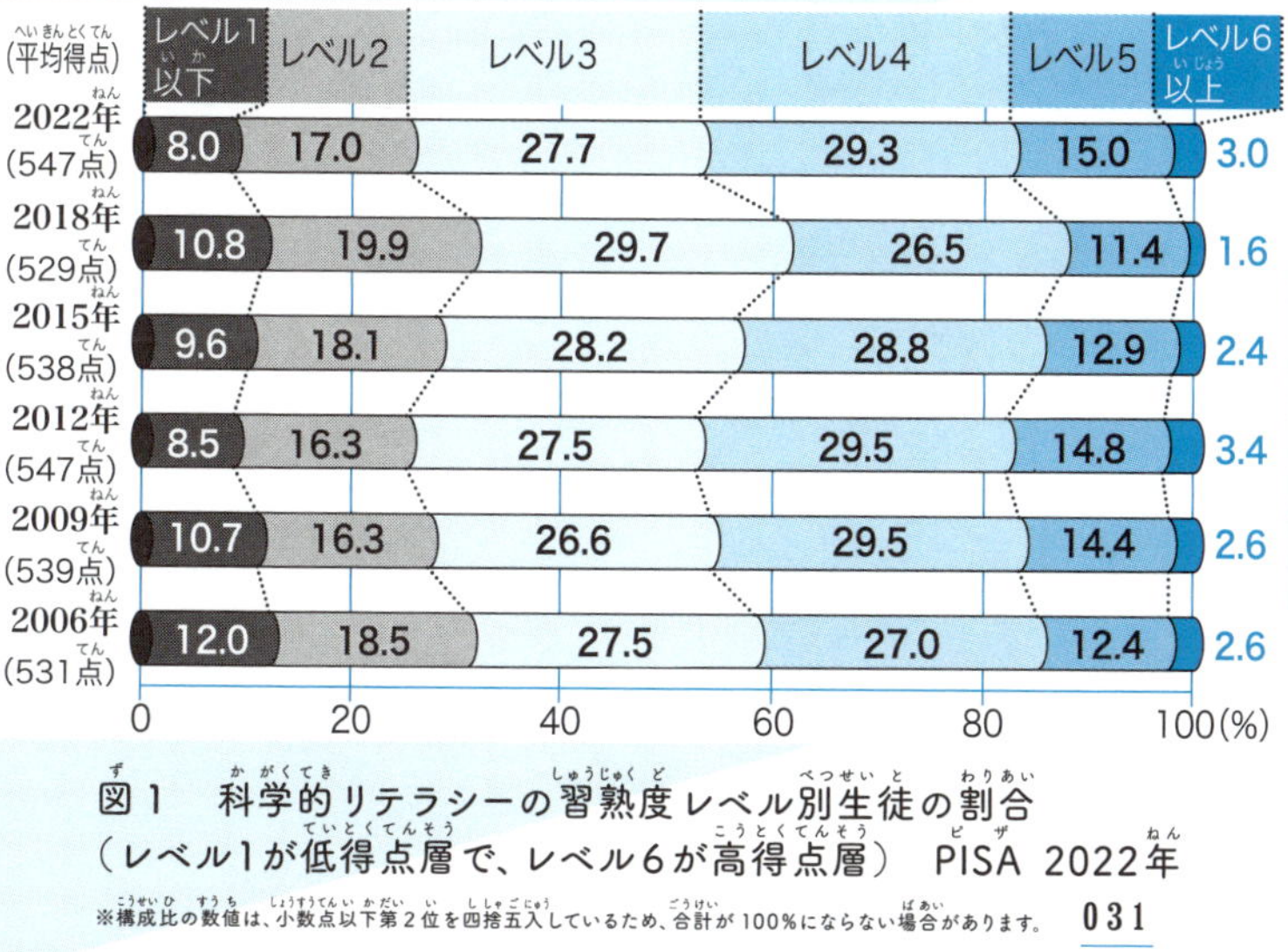

図《ず》1 科学的《かがくてき》リテラシーの習熟度《しゅうじゅくど》レベル別《べつ》生徒《せいと》の割合《わりあい》
（レベル1が低得点層《ていとくてんそう》で、レベル6が高得点層《こうとくてんそう》） PISA《ピザ》 2022年《ねん》
※構成比《こうせいひ》の数値《すうち》は、小数点以下第《しょうすうてんいかだい》2位《い》を四捨五入《ししゃごにゅう》しているため、合計《ごうけい》が100％にならない場合《ばあい》があります。

科学《かがく》のこぼれ話《ばなし》

科学《かがく》とは「再現性《さいげんせい》」があること

人《ひと》の細胞《さいぼう》を遺伝子操作《いでんしそうさ》してつくった、体《からだ》のどの部分《ぶぶん》にもなれる万能《ばんのう》な細胞《さいぼう》（幹細胞《かんさいぼう》）を「iPS細胞《アイピーエスさいぼう》」（176ページ）といい、開発者《かいはつしゃ》の山中伸弥《やまなかしんや》さんは2012年《ねん》にノーベル生理学《せいりがく》・医学賞《いがくしょう》を受賞《じゅしょう》しました。

2014年《ねん》には、iPS細胞《アイピーエスさいぼう》よりもはるかにかんたんにできる万能細胞《ばんのうさいぼう》である「STAP細胞《スタップさいぼう》」をつくれたという論文《ろんぶん》が、イギリスの科学誌《かがくし》『Nature《ネイチャー》』に発表《はっぴょう》され、世界中《せかいじゅう》をにぎわせました。

科学《かがく》の発見《はっけん》は、世界中《せかいじゅう》の科学者《かがくしゃ》によって検証《けんしょう》されて初《はじ》めて認《みと》められます。ですが、STAP細胞《スタップさいぼう》はだれもつくることができませんでした。

「だれがやっても同《おな》じ結果《けっか》になる」ことを「再現性《さいげんせい》」といいますが、STAP細胞《スタップさいぼう》は再現性《さいげんせい》がなかったのです。後《のち》に、論文《ろんぶん》は正式《せいしき》に撤回《てっかい》されます。

「STAP細胞《スタップさいぼう》」は夢《ゆめ》に終《お》わったのでした。

この通《とお》りに
やっているのに、
なんでできないんだろう？

2 章《しょう》

気《き》象《しょう》

常識《じょうしき》クイズ 8

降水確率《こうすいかくりつ》50%のとき、かさをもっていく？ もっていかない？

朝《あさ》、天気予報《てんきよほう》を見《み》て、かさをもっていくかはあなたも迷《まよ》うところでしょう。私《わたし》も、毎日降水確率《まいにちこうすいかくりつ》はチェックしています。天気予報《てんきよほう》で「何《なん》%以上《いじょう》ならかさが必要《ひつよう》です」と明言《めいげん》することはできません。なぜなら、あくまで「確率《かくりつ》」であって「確《かく》信《しん》」ではないからです。ですが、**私《わたし》は50%だったら絶対《ぜったい》にかさをもっていきます。**なので、答《こた》えは「**（私《わたし》なら）もっていく」になります。**

では、「今日《きょう》の降水確率《こうすいかくりつ》50%」とは具体的《ぐたいてき》にどういうことでしょう？

これは、今日《きょう》と同《おな》じような気象条件《きしょうじょうけん》が10回《かい》あったとしたら、そのうち5回雨《かいあめ》が降《ふ》るだろう、ということ。下《した》の図《ず》のように、過去《かこ》の大量《たいりょう》の天気《てんき》データと、天気予報《てんきよほう》・観測《かんそく》データから確率《かくりつ》を割《わ》り出《だ》しています。**降《ふ》ることもあるし降《ふ》らないこともある。つまり、**

データが多《おお》いほど降水確率《こうすいかくりつ》の精度《せいど》は上《あ》がる

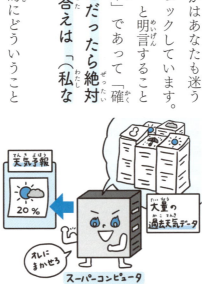

確率《かくりつ》は50%になるのです。

気象庁《きしょうちょう》で働《はたら》く人《ひと》に「何《なん》%だったらかさをもっていきますか?」と聞《き》いたところ、「30%です」といっていました。理由《りゆう》を聞《き》くと、「確率《かくりつ》が低《ひく》くても、万《まん》が一《いち》、雨《あめ》が降《ふ》ったときにかさをもっていなかったら、職業的《しょくぎょうてき》に立場《たちば》がないので……」とのこと。そのため、その気《き》象庁《しょうちょう》の人《ひと》は「置《お》きがさ」をしているそうです。

降水確率《こうすいかくりつ》とは、ある時間内《じかんない》に1㎜以上《いじょう》の雨《あめ》や雪《ゆき》が降《ふ》る確率《かくりつ》のこと。過去《かこ》のデータから気象庁《きしょうちょう》が算出《さんしゅつ》し、1986年《ねん》から全国的《ぜんこくてき》に発表《はっぴょう》されています。

ちなみに、これは雨《あめ》の降《ふ》りやすさを表《あらわ》すもので、雨《あめ》の量《りょう》や強《つよ》さを表《あらわ》すものではありません。**「10%だから小雨《こさめ》」「100%だから大雨《おおあめ》」ではなく、10%でザーザー降《ぶ》りのこともありますし、100%でポツポツと降《ふ》ることもあります。**

おまけ　スーパーコンピュータの導入《どうにゅう》で、天気予報《てんきよほう》の精度《せいど》は格段《かくだん》に上《あ》がっています。

常識《じょうしき》クイズ

9

「地震雲《じしんぐも》」は科学的根拠《かがくてきこんきょ》がある。本当《ほんとう》？　うそ？

「地震雲《じしんぐも》」というと、不吉《ふきつ》なことが起《お》こりそうな、変《か》わった形《かたち》や色《いろ》の雲《くも》を想像《そうぞう》するでしょう。

「地震《じしん》」は地中《ちちゅう》で起《お》こる現象《げんしょう》で、「雲《くも》」は大気《たいき》の変化《へんか》による現象《げんしょう》。地震《じしん》と雲《くも》はまったく別《べつ》の現象《げんしょう》です。ですので、**基本《きほん》的《てき》に地震雲《じしんぐも》はありません。よって、答《こた》えは「うそ」です。**

ただ、**地震雲《じしんぐも》が絶対《ぜったい》にないとはいいきれません。現時点《げんじてん》で、雲《くも》と地震《じしん》を関連《かんれん》づける科学的根拠《かがくてきこんきょ》はないということです。**

そもそも「地震雲《じしんぐも》」の存在自体《そんざいじたい》があやしいといえます。人々《ひとびと》が「地震雲《じしんぐも》」と呼《よ》ぶものの多《おお》くは、変《か》わった形《かたち》の飛行機雲《ひこうきぐも》など自然現象《しぜんげんしょう》です。雲《くも》はそのときどきの大気《たいき》の状態《じょうたい》や地形《ちけい》の関係《かんけい》で、不思議《ふしぎ》な色《いろ》や形《かたち》になることがあります。

SNS《エスエヌエス》で「地震雲《じしんぐも》」と話題《わだい》になった雲《くも》。トルコで撮影《さつえい》された。正体《しょうたい》はつるし雲《ぐも》

また、日本《にっぽん》では、震度《しんど》1以上《いじょう》を観測《かんそく》した地震《じしん》が年間《ねんかん》約《やく》2000回《かい》あり、平均《へいきん》すると1日《にち》5回《かい》も起《お》こっています。

地震《じしん》が多《おお》い国《くに》なので、雲《くも》と地震《じしん》という関係《かんけい》のない現《げん》象《しょう》を結《むす》びつけ、地震《じしん》が起《お》こった後《あと》で「そういえば、変《へん》な雲《くも》が……」と後付《あとづ》けしているように感《かん》じます。

地震《じしん》の予知《よち》は研究者《けんきゅうしゃ》たちの長年《ながねん》の課題《かだい》です。**2024年《ねん》3月《がつ》、京都大学大学院《きょうとだいがくだいがくいん》の研究《けんきゅう》グループが、大地震《だいじしん》の発生直前《はっせいちょくぜん》に震源地《しんげんち》近《ちか》くの上空《じょうくう》（地《ち》上《じょう》60〜1000㎞の電離層《でんりそう》）に異常《いじょう》が生《しょう》じるメカニズムを国際的《こくさいてき》な学術誌《がくじゅつし》に報告《ほうこく》しました。**

この研究《けんきゅう》の実証《じっしょう》が進《すす》むことで、もしかしたら地震《じしん》の予知《よち》が実現《じつげん》するかもしれません。そうすれば、効果的《こうかてき》な防災対策《ぼうさいたいさく》ができるでしょうし、被害《ひがい》を最小限《さいしょうげん》にくいとめることができるようになるかもしれないですね。

おまけ SNS《エスエヌエス》で「地震雲《じしんぐも》」が拡散《かくさん》されることがありますが、まどわされないように注意《ちゅうい》しましょう。

常識《じょうしき》クイズ
10

雹《ひょう》(氷《こおり》)は夏《なつ》にも降《ふ》る。本当《ほんとう》？　うそ？

雹《ひょう》は、積乱雲《せきらんうん》(山《やま》のようにもり上《あ》がった雲《くも》、入道雲《にゅうどうぐも》)から降《ふ》る直径《ちょっけい》5㎜以上《いじょう》の氷《こおり》の粒《つぶ》。**積乱雲《せきらんうん》は夏《なつ》によく発生《はっせい》するので、雹《ひょう》は夏《なつ》にも降《ふ》ります。答《こた》えは「本当《ほんとう》」です。**

積乱雲《せきらんうん》の中《なか》で生《う》まれた氷《こおり》の粒《つぶ》は、上昇気流《じょうしょうきりゅう》(上《うえ》にあがる空《くう》気《き》の流《なが》れ)によって上下《じょうげ》しながら、他《ほか》の粒《つぶ》とくっついて大《おお》きくなります。それが地上《ちじょう》に落《お》ちてくる間《あいだ》にとければ雨《あめ》になり、とけきらずに落《お》ちたものが雹《ひょう》なのです。日本《にっぽん》では、**春《はる》の終《お》わりから夏《なつ》のはじめにかけて降《ふ》ることが多《おお》いようです。**

落《お》ちる速度《そくど》は、小《ちい》さいもので秒速《びょうそく》10ｍくらい、大《おお》きいものは秒速《びょうそく》30ｍくらいです。夏《なつ》は暑《あつ》いから空中《くうちゅう》でとけるだろうと思《おも》うかもしれませんが、粒《つぶ》が大《おお》きいものは落《お》ちるスピードが速《はや》いので、とけないんですね。

雹《ひょう》には、球形《きゅうけい》のものや表面《ひょうめん》がでこぼこしているものがあります。断面《だんめん》は、透明《とうめい》な層《そう》と白《しろ》

直径《ちょっけい》3㎝ほどの大粒《おおつぶ》の雹《ひょう》

い層《そう》が重《かさ》なって、木《き》の年輪《ねんりん》のようになっています。**「雹《ひょう》」という漢字《かんじ》は「雨《あめ》」を「包《つつ》む」と書《か》きます。何層《なんそう》にも包《つつ》まれている氷《こおり》の粒《つぶ》をイメージしてみましょう。ほら、漢字《かんじ》の勉強《べんきょう》もできましたね！**

大《おお》きな積乱雲《せきらんうん》があったり、急《きゅう》に空《そら》が真《ま》っ暗《くら》になったりしたら、雹《ひょう》が降《ふ》るかもしれません。**雹《ひょう》が降《ふ》ったら、すぐに安全《あんぜん》な建物《たてもの》の中《なか》に避難《ひなん》するか、建物《たてもの》の軒下《のきした》に入《はい》るようにしましょう。**雹《ひょう》は、畑《はたけ》の作物《さくもつ》に穴《あな》をあけたり、車《くるま》をベコベコにしてしまうこともあります。かさをさしても突《つ》きやぶる可能性《かのうせい》が高《たか》いので、外《そと》にいるのは危険《きけん》です。

1917年《ねん》6月《がつ》、埼玉県内《さいたまけんない》に直径《ちょっけい》約《やく》29・5㎝、重《おも》さ約《やく》3・4kgの雹《ひょう》が降《ふ》ったという記録《きろく》があります。大《おお》きめのカボチャほどのサイズです。おそろしいですね。

おまけ

雹《ひょう》よりも小《ちい》さい、直径《ちょっけい》5㎜未満《みまん》の氷《こおり》の粒《つぶ》は「霰《あられ》」と呼《よ》びます。

常識《じょうしき》クイズ
11

春《はる》の強《つよ》い風《かぜ》「春一番《はるいちばん》」の原因《げんいん》は何《なに》？

①台風《たいふう》 ②太平洋高気圧《たいへいようこうきあつ》 ③熱帯低気圧《ねったいていきあつ》

「春一番《はるいちばん》」とは、春《はる》になるころにふく、あたたかくて強《つよ》い風《かぜ》のこと。およそ立春《りっしゅん》（2月《がつ》4日《か》ごろ）から春分《しゅんぶん》（3月《がつ》21日《にち》ごろ）の間《あいだ》に観測《かんそく》されます。毎年《まいとし》、気象庁《きしょうちょう》が発表《はっぴょう》していますが、春一番《はるいちばん》が観測《かんそく》されない年《とし》もあります。

春一番《はるいちばん》は、太平洋高気圧《たいへいようこうきあつ》から日本列島《にっぽんれっとう》に空気《くうき》が流《なが》れこむことによって起《お》こる現象《げんしょう》で、「②太平洋高気圧《たいへいようこうきあつ》」が正解《せいかい》です。

くわしく説明《せつめい》しますね。冬《ふゆ》の間《あいだ》は西高東低《せいこうとうてい》の気圧配置《きあつはいち》（西《にし》に高気圧《こうきあつ》、東《ひがし》に低気圧《ていきあつ》）だったのが、春《はる》が近《ちか》づくと東《ひがし》シナ海《かい》の低気圧《ていきあつ》が日本海側《にほんかいがわ》に移動《いどう》し、東《ひがし》の太平洋側《たいへいようがわ》に高気圧《こうきあつ》が、西《にし》の日本海側《にほんかいがわ》に低気圧《ていきあつ》が発達《はったつ》します。このタイミングで、**秒速《びょうそく》8m以上《いじょう》の強《つよ》くあたたかな南風《みなみかぜ》がふいて日本列島《にっぽんれっとう》の気温《きおん》が上《あ》がる現象《げんしょう》を春一番《はるいちばん》といいます。**

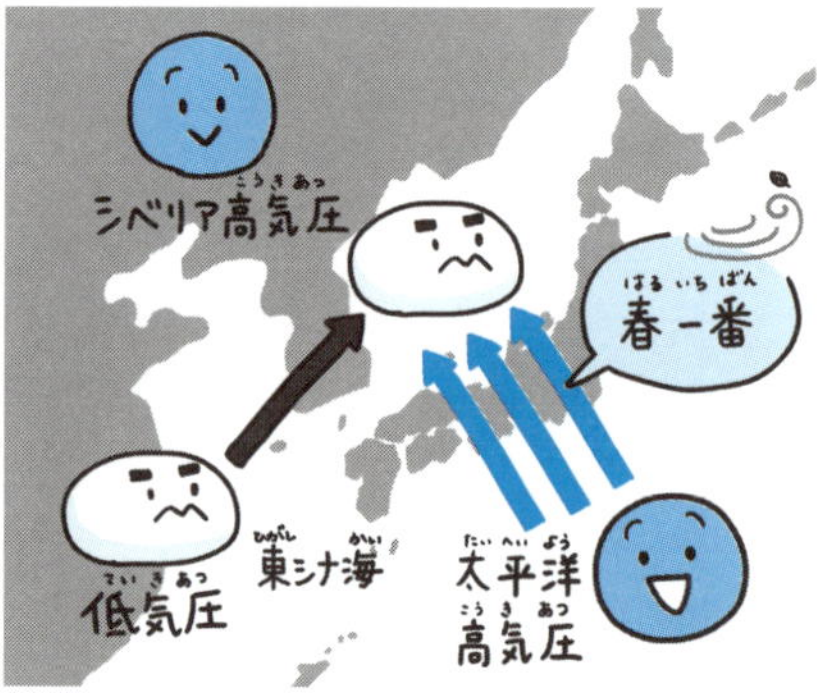

シベリア高気圧《こうきあつ》が遠《とお》のいて、
太平洋高気圧《たいへいようこうきあつ》が発達《はったつ》すると春一番《はるいちばん》がふく

風《かぜ》は気圧《きあつ》が高《たか》い方《ほう》（高気圧《こうきあつ》）から低《ひく》い方《ほう》（低気圧《ていきあつ》）に流《なが》れるので、太平洋側《たいへいようがわ》からあたたかな南風《みなみかぜ》が日本列島《にっぽんれっとう》にふきこむのです。ただし、春一番《はるいちばん》がふいた次《つぎ》の日《ひ》は、また西高東低《せいこうとうてい》の冬型《ふゆがた》の気圧配置《きあつはいち》に戻《もど》って気温《きおん》が下《さ》がることもあります。

こうして、あたたかくなったり寒《さむ》くなったりしながら日《ひ》一日《いちにち》と季節《きせつ》が移《うつ》り変《か》わっていくことを「三寒四温《さんかんしおん》」といいます。

「春一番《はるいちばん》」という名前《なまえ》は、長崎県壱岐《ながさきけんいき》の漁師《りょうし》たちの間《あいだ》で呼《よ》ばれたのがはじまりです。1859年《ねん》、旧暦《きゅうれき》2月《がつ》13日《にち》（今《いま》のカレンダーで春分《しゅんぶん》のころ）に強《つよ》い南風《みなみかぜ》で53人《にん》の漁師《りょうし》が遭難《そうなん》したことで、この風《かぜ》を「春一番《はるいちばん》」と呼《よ》んで警戒《けいかい》するようになったのです。「春一番《はるいちばん》」は俳句《はいく》の季語《きご》にもなっていて、「春二番《はるにばん》」「春三番《はるさんばん》」「春四番《はるよんばん》」まであります。

おまけ　秋《あき》の終《お》わりごろ、冬《ふゆ》の訪《おとず》れを知《し》らせる北寄《きたよ》りの強風《きょうふう》は「木枯《こが》らし1号《ごう》」といいます。

常識《じょうしき》クイズ
12

「天気《てんき》が西《にし》からくずれる」のは何《なん》のせい？

①夕日《ゆうひ》　②日本海《にほんかい》　③偏西風《へんせいふう》

天気予報《てんきよほう》で、「天気《てんき》が西《にし》からくずれます」と聞《き》いたことがありますよね。なぜ天気《てんき》はいつも西《にし》からくずれるのでしょう？　**この背景《はいけい》には偏西風《へんせいふう》の影響《えいきょう》があります。答《こた》えは「③偏西風《へんせいふう》」です。**

まずは、偏西風《へんせいふう》について説明《せつめい》しましょう。

地球上《ちきゅうじょう》では、赤道《せきどう》に近《ちか》いほど気温《きおん》が高《たか》く、北極《ほっきょく》・南極《なんきょく》に近《ちか》づくほど気温《きおん》は低《ひく》くなります。赤道《せきどう》の空気《くうき》は北極《ほっきょく》・南極《なんきょく》の極《きょく》地方《ちほう》よりあたたかいため、より膨張《ぼうちょう》し、そのため上空《じょうくう》では、赤道《せきどう》から北《きた》に向《む》けて風《かぜ》がふこうとする力《ちから》（圧力《あつりょく》）を受《う》けます。

そして、地球《ちきゅう》は反時計回《はんとけいまわ》り（左《ひだり》から右《みぎ》、つまり西《にし》から東《ひがし》）に自転《じてん》しています。

自転《じてん》していなければ、上空《じょうくう》では赤道《せきどう》から北《きた》に向《む》けて風《かぜ》がふこうとする力《ちから》（圧力《あつりょく》）だけを受《う》けますが、自転《じてん》の影響《えいきょう》で風《かぜ》は左《ひだり》（西《にし》）からの力《ちから》を受《う》ける

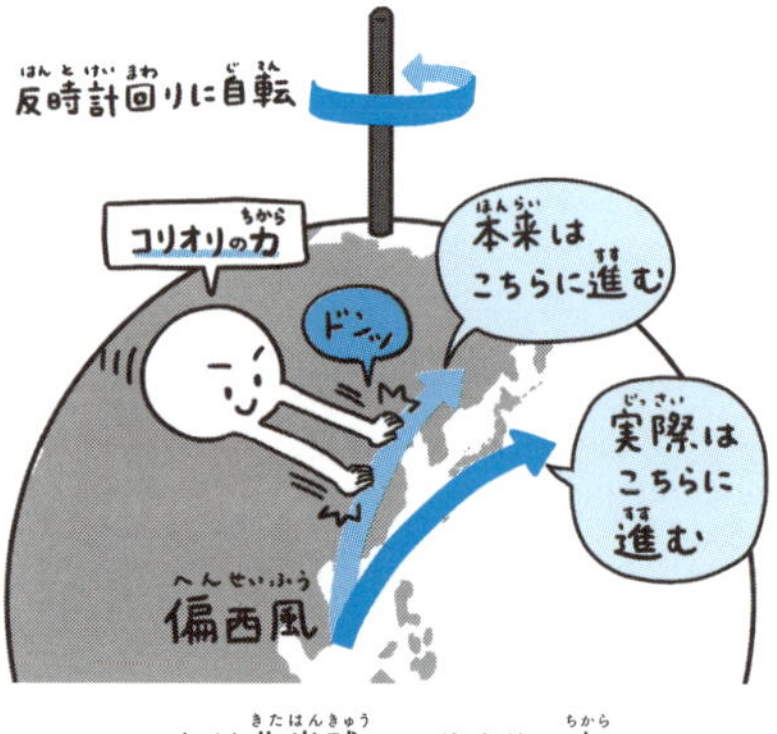

これは北半球《きたはんきゅう》のコリオリの力《ちから》。南半球《みなみはんきゅう》だと逆《ぎゃく》になる

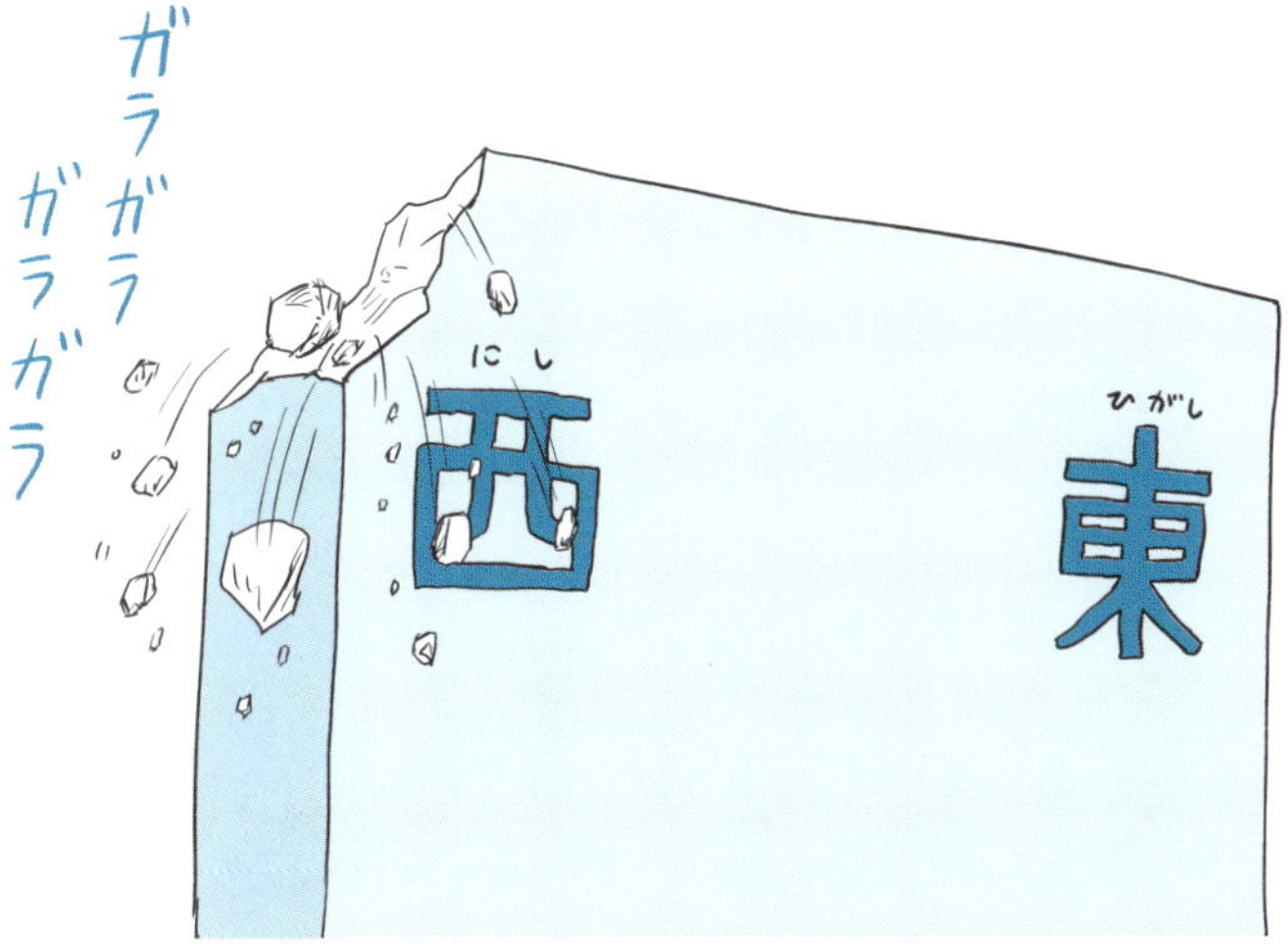

ので、右《みぎ》（東《ひがし》）方向《ほうこう》に曲《ま》がってしまうのです。こうして西《にし》から東《ひがし》へふく風《かぜ》を「偏西風《へんせいふう》」といい、風《かぜ》が右側《みぎがわ》に受《う》ける力《ちから》のことを「コリオリの力《ちから》」といいます。

つまり、**低気圧《ていきあつ》や高気圧《こうきあつ》はこの「偏西風《へんせいふう》」によって西《にし》から東《ひがし》に移動《いどう》していくので、「天気《てんき》は西《にし》からくずれる」というわけ**です。

偏西風《へんせいふう》は季節《きせつ》によってふく位置《いち》が変《か》わるのですが、春《はる》と秋《あき》は主《おも》に日本《にっぽん》の上空《じょうくう》を通《とお》ります。そのため、低気圧《ていきあつ》や高気圧《こうきあつ》が次《つぎ》から次《つぎ》へと日本《にっぽん》を通《とお》っていくので、春《はる》と秋《あき》は「天気《てんき》が変《か》わりやすい」といわれるのです。

偏西風《へんせいふう》は飛行機《ひこうき》にも影響《えいきょう》します。ハワイは日本《にっぽん》から見《み》て東《ひがし》にあるので、行《い》きは偏西風《へんせいふう》に押《お》されるように飛《と》び、帰《かえ》りは偏西風《へんせいふう》に逆《さか》らって飛《と》びます。そのため、行《い》きの方《ほう》が早《はや》く着《つ》きます。

おまけ　赤道近《せきどうちか》くの上空《じょうくう》では、東《ひがし》から西《にし》に「偏東風《へんとうふう》＝貿易風《ぼうえきふう》」という偏西風《へんせいふう》より弱《よわ》い風《かぜ》がふきます。

常識《じょうしき》クイズ

13

台風《たいふう》ができるのは赤道《せきどう》の上《うえ》。本当《ほんとう》？ うそ？

天気図《てんきず》や気象衛星《きしょうえいせい》の画像《がぞう》で台風《たいふう》を見《み》ると、大《おお》きなうずを巻《ま》いています。しかし、赤道《せきどう》の上《うえ》でうずは生《う》まれません。ですので、**答《こた》えは「うそ」です。**

赤道《せきどう》より少《すこ》し緯度《いど》の高《たか》いところでうず（台風《たいふう》）は生《う》まれます。台風《たいふう》がうずを巻《ま》いて、回転《かいてん》しながら動《うご》くメカニズムに大《おお》きく関《かか》わるのが**「コリオリの力《ちから》（43ページ）」**です。

まず、台風《たいふう》のでき方《かた》について説明《せつめい》しますね。

①赤道《せきどう》より少《すこ》し高緯度《こういど》の熱帯《ねったい》の海《うみ》で海水《かいすい》が太陽《たいよう》にあたためられる
②あたためられた海《うみ》の水《みず》が水蒸気《すいじょうき》になり、軽《かる》くなって空《そら》にのぼる
③のぼった水蒸気《すいじょうき》は上空《じょうくう》で冷《ひ》やされて、雲《くも》になる
④雲《くも》はまわりの湿《しめ》ったあたたかい空気《くうき》によって、大《おお》きくなる
⑤雲《くも》にふきこむ風《かぜ》にコリオリの力《ちから》が加《くわ》わりうずを巻《ま》く

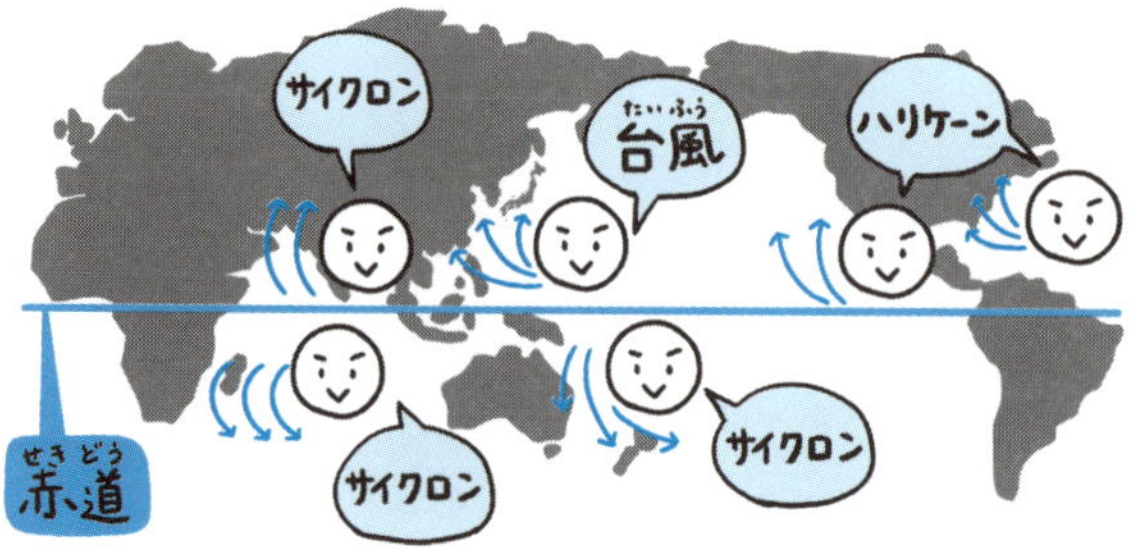

「台風《たいふう》」は世界《せかい》でいろんな呼《よ》び名《な》がある！

⑥台風《たいふう》の元《もと》である「熱帯低気圧《ねったいていきあつ》」になり、成長《せいちょう》して台《たい》風《ふう》になる

このように、うずを巻《ま》いた台風《たいふう》ができるには、⑤の「コリオリの力《ちから》」が必要《ひつよう》です。**赤道上《せきどうじょう》ではコリオリの力《ちから》は働《はたら》かないので、台風《たいふう》は生《う》まれません。**なお、**日本《にっぽん》がある北半球《きたはんきゅう》では台風《たいふう》のうずは必《かなら》ず「反時計回《はんとけいまわ》り」で、南半球《みなみはんきゅう》だと「時計回《とけいまわ》り」になります。**

熱帯低気圧《ねったいていきあつ》が発達《はったつ》して最大風速《さいだいふうそく》が秒速《びょうそく》17・2m以上《いじょう》になると「台風《たいふう》」となり、強風《きょうふう》や大雨《おおあめ》、高潮《たかしお》（海面《かいめん》が上昇《じょうしょう》すること）などの災害《さいがい》をもたらします。台風《たいふう》は、小《ちい》さくても直径《ちょっけい》が約《やく》100㎞にもなり、数千《すうせん》㎞移動《いどう》します。台風《たいふう》と同様《どうよう》に強《つよ》い風《かぜ》を起《お》こすものとして竜巻《たつまき》があり、竜巻《たつまき》も水蒸気《すいじょうき》から雲《くも》が生《う》まれてうずを巻《ま》いています。突風《とっぷう》で被害《ひがい》が出《で》るので、注意《ちゅうい》が必要《ひつよう》です。

おまけ ▸ 「低気圧《ていきあつ》」は上昇気流《じょうしょうきりゅう》、「高気圧《こうきあつ》」は下降気流《かこうきりゅう》。「低気圧《ていきあつ》」におおわれるとくもりか雨《あめ》で、「高気圧《こうきあつ》」でおおわれると晴《は》れます。

常識《じょうしき》クイズ

14

人工的《じんこうてき》に「雨《あめ》」を降《ふ》らせられる。本当《ほんとう》？うそ？

遠足《えんそく》や運動会《うんどうかい》の日《ひ》を晴《は》れにしたり、水不足《みずぶそく》の地域《ちいき》に雨《あめ》を降《ふ》らせたり、天気《てんき》を自由《じゆう》に変《か》えられたらいいですよね。

実《じっ》は、**実験段階《じっけんだんかい》ではありますが、世界《せかい》では人工的《じんこうてき》に雨《あめ》を降《ふ》らせることができています。なので、「本当《ほんとう》」です。**

では、どうやって雨《あめ》を降《ふ》らせると思《おも》いますか？

雲《くも》は、あたためられた海水《かいすい》が水蒸気《すいじょうき》となり、水蒸気《すいじょうき》が冷《ひ》やされてできます。雲《くも》の中《なか》では、冷《ひ》やされた水蒸気《すいじょうき》が集《あつ》まって氷《こおり》の粒《つぶ》ができ、それがくっついて大《おお》きく重《おも》くなって下《した》（地上《ちじょう》）に落《お》ち、途中《とちゅう》でとけて雨《あめ》になります。つまり、雲《くも》の中《なか》に氷《こおり》の粒《つぶ》がたくさんあれば、それだけ雨《あめ》が降《ふ》る確率《かくりつ》が高《たか》くなる。そのため、**雲《くも》の中《なか》に氷《こおり》の結晶《けっしょう》と似《に》た「ヨウ化《か》銀《ぎん》」という物質《ぶっしつ》（医療用《いりょうよう》のX線《エックスせん》フィルムなどに使《つか》われます）や「ドライア**

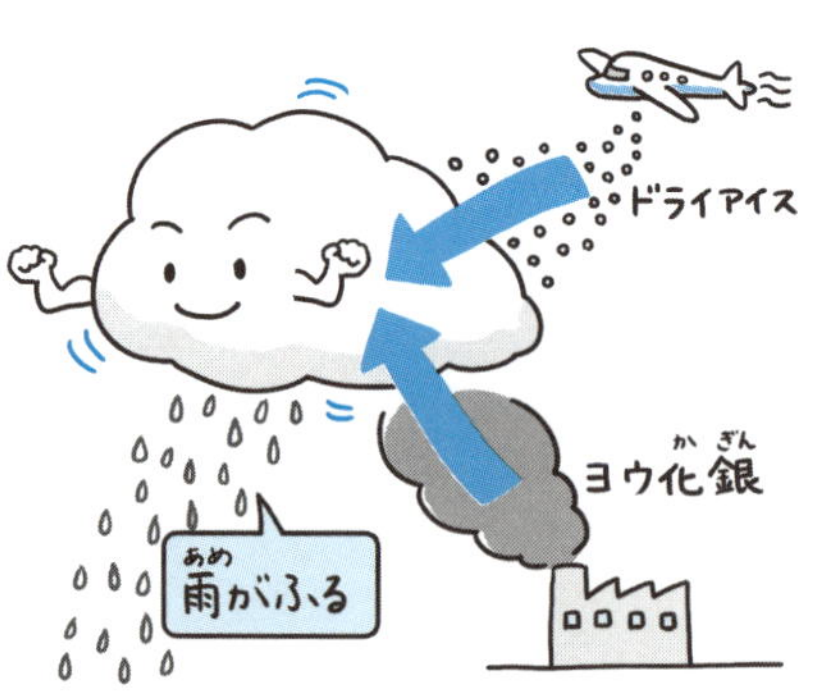

雲《くも》＋ヨウ化《か》銀《ぎん》かドライアイス＝雨《あめ》

イス（二酸化炭素《にさんかたんそ》がこおったもの）」をまくことで、人工的《じんこうてき》に雨《あめ》を降《ふ》らせる（＝降《ふ》りやすくする）ことができるのです。

飛行機《ひこうき》からドライアイスをまく、地上《ちじょう》でヨウ化銀《かぎん》を燃《も》やしたけむりを発生《はっせい》させて、雲《くも》の中《なか》にヨウ化銀《かぎん》の粒子《りゅうし》を入《い》れるなどの方法《ほうほう》があります。**２００８年《ねん》の北京《ペキン》オリンピックでは、開会式《かいかいしき》を晴《は》れにするために、ヨウ化銀《かぎん》をまく方法《ほうほう》を使《つか》うことで前《まえ》もって雨《あめ》を降《ふ》らせることに成功《せいこう》しています。**

もともとは水不足解消《みずぶそくかいしょう》のための研究《けんきゅう》ですが、特定《とくてい》の地域《ちいき》に雨《あめ》を降《ふ》らせることで、まわりの地域《ちいき》や世界《せかい》の気象《きしょう》に影響《えいきょう》を及《およ》ぼすことが心配《しんぱい》されています。

また、ヨウ化銀《かぎん》が人体《じんたい》に与《あた》える影響《えいきょう》もわかっていません。日本《にっぽん》でも東京《とうきょう》の奥多摩町《おくたままち》に人工降雨《じんこうこうう》の施設《しせつ》がありますが、**実用化《じつようか》のハードルは高《たか》いでしょう。**

おまけ　世界《せかい》で初《はじ》めて人工的《じんこうてき》に雪《ゆき》の結晶《けっしょう》をつくったのは中谷宇吉郎博士《なかやうきちろうはかせ》。「雪《ゆき》は天《てん》から送《おく》られた手紙《てがみ》である」という言葉《ことば》を残《のこ》しています。

常識《じょうしき》クイズ
15

「太陽《たいよう》や月《つき》に光《ひかり》の輪《わ》がかかると雨《あめ》」本当《ほんとう》？　うそ？

これは、「観天望気《かんてんぼうき》」と呼《よ》ばれる天気《てんき》のことわざです。自《し》然現象《ぜんげんしょう》や空《そら》、雲《くも》の様子《ようす》を見《み》て天気《てんき》の変化《へんか》を予測《よそく》するもので、**「本当《ほんとう》」**のことです。

「光《ひかり》の輪《わ》」とは、太陽《たいよう》や月《つき》をおおうようにできる、丸《まる》いカサのようなもの。光《ひかり》の輪《わ》の正体《しょうたい》は、上空《じょうくう》にできる巻層雲《けんそううん》というすうい雲《くも》です。巻層雲《けんそううん》は氷《こおり》の粒《つぶ》でできていて、前線《ぜんせん》（あたたかい空気《くうき》と冷《つめ》たい空気《くうき》の境目《さかいめ》）や低気圧《ていきあつ》の近《ちか》くに現《あらわ》れます。**氷《こおり》の粒《つぶ》が太陽《たいよう》や月《つき》の光《ひかり》を屈折《くっせつ》させることで、光《ひかり》の輪《わ》ができるのです。その後《ご》、近《ちか》くの前線《ぜんせん》や低気圧《ていきあつ》の影響《えいきょう》で雨《あめ》が降《ふ》るので、「太陽《たいよう》や月《つき》に光《ひかり》の輪《わ》がかかると雨《あめ》」となるのです。**

まだ科学《かがく》が発達《はったつ》していない時代《じだい》には、人々《ひとびと》の経験《けいけん》やいい伝《つた》えによって天気《てんき》を予測《よそく》していました。後《のち》に、科学《かがく》による検証《けんしょう》で正《ただ》しいとされたものが、観天望気《かんてんぼうき》として残《のこ》っているのです。

太陽《たいよう》を囲《かこ》む虹色《にじいろ》の光《ひかり》の輪《わ》。
「ハロ」ともいう

「夕焼《ゆうや》けになると翌日《よくじつ》は晴《は》れ」は、42ページで説明《せつめい》したように、天気《てんき》は西《にし》から東《ひがし》に変《か》わっていくので、太陽《たいよう》が沈《しず》む西《にし》が夕焼《ゆうや》け（晴《は》れ）なら、翌日《よくじつ》は晴《は》れになるということ。

「飛行機雲《ひこうきぐも》がすぐに消《き》えれば晴《は》れ」「飛行機《ひこうき》雲《ぐも》が長《なが》く残《のこ》ると雨《あめ》」。これは、雲《くも》のでき方《かた》を考《かんが》えればわかります。大気《たいき》が湿《しめ》っていると雲《くも》ができやすく、乾《かわ》いていると雲《くも》はできにくい。**飛行機雲《ひこうきぐも》を見《み》れば、あなたも天気予報《てんきよほう》ができますよ！**

「ツバメが低《ひく》く飛《と》ぶと雨《あめ》」という言葉《ことば》もあります。低気圧《ていきあつ》が近《ちか》づくと湿度《しつど》が高《たか》くなり、ツバメのエサになる羽虫《はむし》は羽《はね》が重《おも》くなって低空《ていくう》を飛《と》びます。その羽《は》虫《むし》をねらってツバメも低《ひく》く飛《と》ぶので、「もうすぐ雨《あめ》が降《ふ》る」といわれているのです。

いい伝《つた》えが科学的《かがくてき》に推測《すいそく》されているのです。

おまけ　「夕焼《ゆうや》けは晴《は》れ、朝焼《あさや》けは雨《あめ》」などは、世界《せかい》でも紀元前《きげんぜん》からいわれていたそうです。

常識《じょうしき》クイズ

16

「大気《たいき》の状態《じょうたい》が不安定《ふあんてい》になります」。何《なに》が発生《はっせい》しやすくなる？ ①積乱雲《せきらんうん》 ②虹《にじ》 ③蜃気楼《しんきろう》

「大気《たいき》の状態《じょうたい》が不安定《ふあんてい》です」と、夏《なつ》の天気予報《てんきよほう》で聞《き》くことが多《おお》いのではないでしょうか。これは、地上《ちじょう》と上空《じょうくう》の大気《たいき》が激《はげ》しい対流《たいりゅう》を起《お》こしている状態《じょうたい》のこと。**そのときに発生《はっせい》しやすいのが「①積乱雲《せきらんうん》」です。**

夏《なつ》は太陽《たいよう》の日差《ひざ》しが強《つよ》く、太陽《たいよう》が大地《だいち》を熱《ねっ》することで地上《ちじょう》の空気《くうき》があたためられます。その湿《しめ》ったあたたかい空気《くうき》は軽《かる》いので上空《じょうくう》にのぼり、上空《じょうくう》の冷《つめ》たくて重《おも》い空気《くうき》が下《した》におりようとする。**こうして空気《くうき》が対流《たいりゅう》することでできる雲《くも》を「積乱雲《せきらんうん》」といい、「入道雲《にゅうどうぐも》」とも呼《よ》びます。**

夏《なつ》は朝《あさ》から暑《あつ》いですね。朝《あさ》、空《そら》を見上《みあ》げると、すでに積乱雲《せきらんうん》が見《み》えることがあるでしょう。午後《ごご》になって日差《ひざ》しが強《つよ》まるとさらに雲《くも》の中《なか》の空気《くうき》の対流《たいりゅう》が起《お》こり、むくむくと雲《くも》が大《おお》きくなります。

一見《いっけん》のんびり浮《う》いているように見《み》える
積乱雲《せきらんうん》の中《なか》はとても激《はげ》しい状態《じょうたい》

積乱雲《せきらんうん》は上下《じょうげ》に発達《はったつ》するのが特徴《とくちょう》。のんびり浮《う》いているように見《み》えますが、中《なか》では激《はげ》しい上昇気流《じょうしょうきりゅう》（上《うえ》にのぼる風《かぜ》）が生《しょう》じています。

積乱雲《せきらんうん》の高《たか》さは10kmを超《こ》えることもあり、成層圏《せいそうけん》（地上《ちじょう》から約《やく》10〜50km上空《じょうくう》）にまで達《たっ》することもあります。横方向《よこほうこう》の広《ひろ》がりは数《すう》km〜十数《じゅうすう》kmなので、たてにも横《よこ》にも大《おお》きくなることがわかります。

日中大《にっちゅうおお》きくなった**積乱雲《せきらんうん》は夕立《ゆうだち》（スコール）をもたらす雲《くも》でもあります。場合《ばあい》によっては雷《かみなり》が鳴《な》ることもあり、雹《ひょう》（38ページ）を降《ふ》らせることもあります。**

ただし、積乱雲《せきらんうん》による雨《あめ》や雷《かみなり》は長《なが》くは続《つづ》きません。それに、限《かぎ》られた地域《ちいき》のみに降《ふ》るので、自分《じぶん》の地域《ちいき》は土砂降《どしゃぶ》りなのに隣《となり》の町《まち》は晴《は》れていた！　なんてくやしいことも起《お》こりえます。

おまけ　積乱雲《せきらんうん》は、関東《かんとう》では「坂東太郎《ばんどうたろう》」、関西《かんさい》では「但馬太郎《たじまたろう》」、九州《きゅうしゅう》では「比古太郎《ひこたろう》」と呼《よ》ばれることがあります。

常識《じょうしき》クイズ

17

雷《かみなり》の光《ひかり》から音《おと》がするまでの秒数《びょうすう》で、雷《かみなり》までの距離《きょり》がわかる。本当《ほんとう》？ うそ？

雷《かみなり》は、ピカッと光《ひか》ってから少《すこ》しして「ゴロゴロゴロ」と音《おと》が聞《き》こえてきますね。**実際《じっさい》は、光《ひかり》と音《おと》はほぼ同時《どうじ》に発《はっ》生《せい》しているのですが、光《ひかり》と音《おと》が空気中《くうきちゅう》を伝《つた》わるスピードはちがいます。**雷《かみなり》の音《おと》は、1秒間《びょうかん》で約《やく》340m進《すす》むので、340（m）に、光《ひか》ってから音《おと》が鳴《な》るまでの秒数《びょうすう》をかけ算《ざん》すると距離《きょり》が出《で》ます。したがって、**クイズの答《こた》えは「本当《ほんとう》」です。**

私《わたし》はいつも「1、2、3……」と秒数《びょうすう》を数《かぞ》えて距離《きょり》を計算《けいさん》しているので、「今日《きょう》は近《ちか》いな」「強《つよ》く光《ひか》ったけど意外《いがい》に遠《とお》いな」などと思《おも》って見《み》ています。

雷《かみなり》の音《おと》が聞《き》こえるのは、10km圏内《けんない》くらいといわれています。もし、雷《かみなり》が光《ひか》ってから、いくら待《ま》っても音《おと》が聞《き》こえなかったら、10km以上遠《いじょうとお》いという

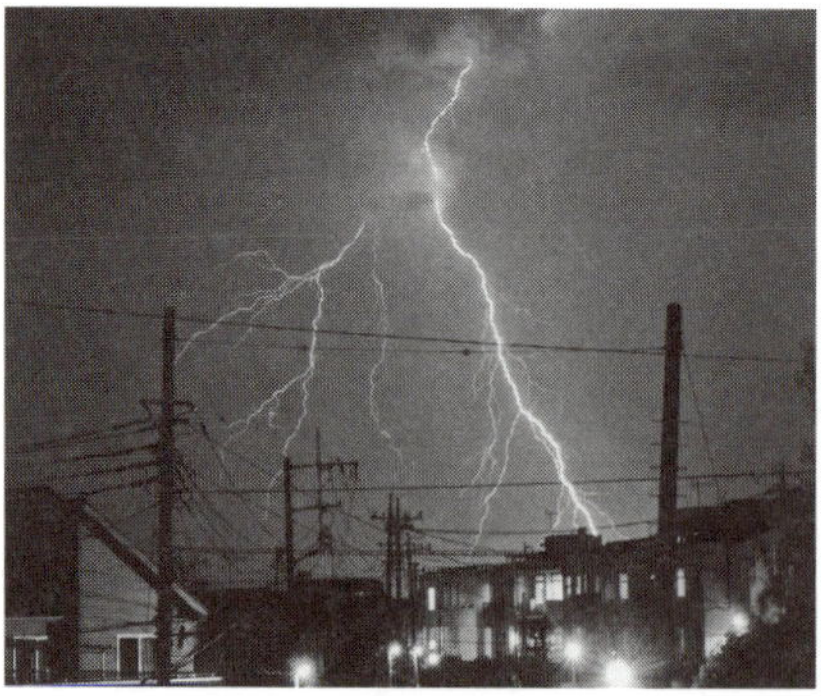

ジグザグに進《すす》む雷《かみなり》

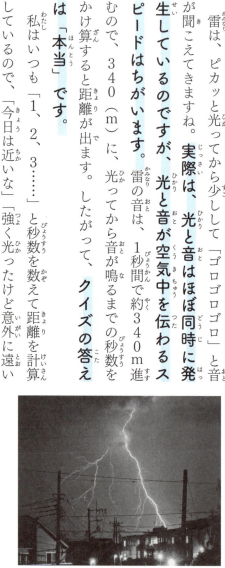

ことです。

ちなみに、雷《かみなり》の光《ひかり》はどのくらいの速《はや》さだと思《おも》いますか？ **光《ひかり》は、1秒間《びょうかん》におよそ30万《まん》kmも進《すす》みます！ 音《おと》の100万倍《まんばい》も速《はや》いのです。** 打《う》ち上《あ》げ花火《はなび》も、若干《じゃっかん》ではありますが「バーン」という音《おと》が遅《おく》れて聞《き》こえてくることがあります。もし花火《はなび》を見《み》る機会《きかい》があったら、音《おと》にも注意《ちゅうい》してみてくださいね。

また「ゴロゴロゴロ」という音《おと》は、何《なん》の音《おと》かわかりますか？ 雷《かみなり》が大気《たいき》の中《なか》を通《とお》るとき、まわりの空気《くうき》を熱《ねっ》することで瞬時《しゅんじ》に空気《くうき》が膨張《ぼうちょう》します。その衝撃音《しょうげきおん》が、あの「ゴロゴロゴロ」という雷《かみなり》の音《おと》なのです。

雷《かみなり》は、落《お》ちてくるときに、空気《くうき》がうすくて湿度《しつど》の高《たか》いところを通《とお》ろうとします。**雷《かみなり》がジグザグに落《お》ちてくるのは、通《とお》りやすいところを選《えら》んで落《お》ちてくるためなのです。**

おまけ　雷《かみなり》が電気《でんき》であることを発見《はっけん》したのは、アメリカのベンジャミン・フランクリンという科学者《かがくしゃ》です（127ページ）。

常識《じょうしき》クイズ

18

夕焼《ゆうや》けの空《そら》が赤《あか》いのは何《なん》のせい？ ①雲《くも》の変色《へんしょく》 ②目《め》の錯覚《さっかく》 ③太陽《たいよう》の光《ひかり》

赤《あか》い夕焼《ゆうや》け空《ぞら》は太陽《たいよう》の光《ひかり》によるものなので、**答《こた》えは「③太陽《たいよう》の光《ひかり》」**です。

太陽《たいよう》の光《ひかり》は白《しろ》っぽく見《み》えますが、私《わたし》たちが見《み》えている可視《かし》光線《こうせん》はさまざまな色《いろ》をふくんでいます。**これらの色《いろ》には波長《はちょう》の長《なが》い・短《みじか》いがあり、波長《はちょう》が短《みじか》い順《じゅん》に、①紫《むらさき》、②青《あお》、③緑《みどり》、④黄《き》、⑤だいだい、⑥赤《あか》と変化《へんか》します。**私《わたし》たちが見《み》ている青空《あおぞら》は2番目《ばんめ》に波長《はちょう》が短《みじか》い青《あお》なのです。

空《そら》が何色《なにいろ》に見《み》えるかは、**太陽《たいよう》の光《ひかり》が大気《たいき》を通《とお》る距離《きょり》の長《なが》さ**に関係《かんけい》しています。太陽《たいよう》の光《ひかり》は大気《たいき》を通《とお》るとき、空《くう》気《き》のチリなどにぶつかり、散乱《さんらん》します。太陽《たいよう》の光《ひかり》が大気《たいき》を通《とお》る距離《きょり》が短《みじか》いと波長《はちょう》の短《みじか》い色《いろ》が散乱《さんらん》して見《み》え、距離《きょり》が長《なが》いと波長《はちょう》の長《なが》い色《いろ》が届《とど》きます。

波長《はちょう》がもっとも短《みじか》い紫《むらさき》はかなりの上空《じょうくう》で散乱《さんらん》してしまうので目《め》には見《み》えず、日中《にっちゅう》、**太《たい》**

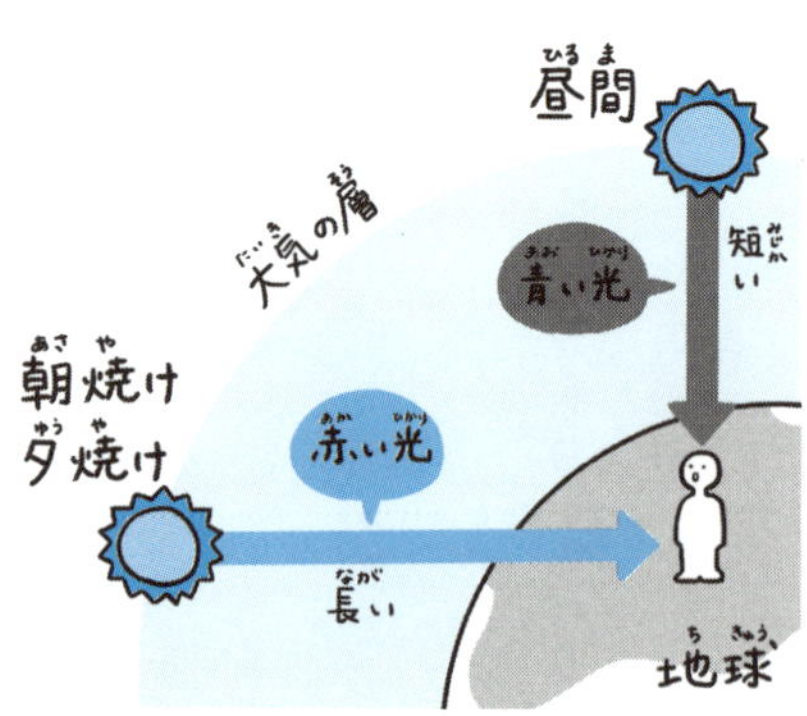

太陽《たいよう》の高度《こうど》が高《たか》い昼間《ひるま》は「青《あお》」色《いろ》が、朝《あさ》や夕方《ゆうがた》など太陽高度《たいようこうど》が低《ひく》いと「赤《あか》」色《いろ》が届《とど》く

陽《よう》が高《たか》い位置《いち》にあるとき（つまり光《ひかり》が大気《たいき》を通《とお》る距離《きょり》が短《みじか》いとき）、私《わたし》たちからは大量《たいりょう》に広《ひろ》く散《ち》らばった青《あお》い空《そら》が見《み》えるのです。なお、青《あお》より波長《はちょう》の長《なが》い緑《みどり》、黄《き》、だいだい、赤《あか》の光《ひかり》は、日中《にっちゅう》は散乱《さんらん》して混《ま》ざってしまうため、私《わたし》たちが一《ひと》つ一《ひと》つの色《いろ》を認識《にんしき》することはできません。

夕方《ゆうがた》になると、太陽《たいよう》の高度《こうど》は低《ひく》くなり、光《ひかり》が大気《たいき》を通《とお》る距離《きょり》が長《なが》くなります。そこで、**もっとも波長《はちょう》が長《なが》く散乱《さんらん》しにくい「赤《あか》」が届《とど》くようになり、夕焼《ゆうや》け空《ぞら》は赤《あか》く見《み》えるのです。**日《ひ》や季節《きせつ》によって、夕焼《ゆうや》けの色《いろ》はちがいます。これは、空気中《くうきちゅう》の水蒸《すいじょう》気《き》の量《りょう》によるものです。水蒸気《すいじょうき》が多《おお》いと、波長《はちょう》の短《みじか》い光《ひかり》はより散《ち》らばり夕焼《ゆうや》けの赤《あか》が強《つよ》くなります。ですから、夏《なつ》と冬《ふゆ》では、水蒸気量《すいじょうきりょう》の多《おお》い夏《なつ》の方《ほう》が夕焼《ゆうや》けの赤《あか》が濃《こ》いということになります。

おまけ　火星《かせい》の空《そら》はオレンジ色《いろ》。火星《かせい》の夕焼《ゆうや》けは青色《あおいろ》っぽく見《み》えるので、地球《ちきゅう》と逆《ぎゃく》ですね。

常識《じょうしき》クイズ 19

ゲリラ豪雨《ごうう》の原因《げんいん》は積乱雲《せきらんうん》。本当《ほんとう》？ うそ？

気象庁《きしょうちょう》では、ゲリラ豪雨《ごうう》を**「局地的大雨《きょくちてきおおあめ》」**といいます。これは、**急《きゅう》に大《おお》きくなった積乱雲《せきらんうん》が次《つぎ》から次《つぎ》へと発生《はっせい》するために起《お》こるので、答《こた》えは「本当《ほんとう》」です。**

50ページで「大気《たいき》の状態《じょうたい》が不安定《ふあんてい》」なときについて説明《せつめい》しました。まさにこの状態《じょうたい》のときにゲリラ豪雨《ごうう》が起《お》こりやすいのです。ただ、「起《お》こりそう」ということはわかりますが、**予報《よほう》を出《だ》すのはむずかしいのが現状《げんじょう》**です。

なぜなら、ゲリラ豪雨《ごうう》をもたらす積乱雲《せきらんうん》は急激《きゅうげき》に発生《はっせい》し、雨《あめ》は短時間《たんじかん》、かつ特定《とくてい》の地域《ちいき》に限《かぎ》られるので、「何時《なんじ》から何《なん》時《じ》まで、どこにどのくらい降《ふ》る」という予測《よそく》が立《た》てられないのです。あなたも、「さっきまで晴《は》れていたのに、急《きゅう》に大雨《おおあめ》が降《ふ》ってきた（そして、すぐにやんだ）」という経験《けいけん》があるでしょう。「天気予報《てんきよほう》で雨《あめ》が降《ふ》るなんていっていなかったのに」と思《おも》うかもしれません

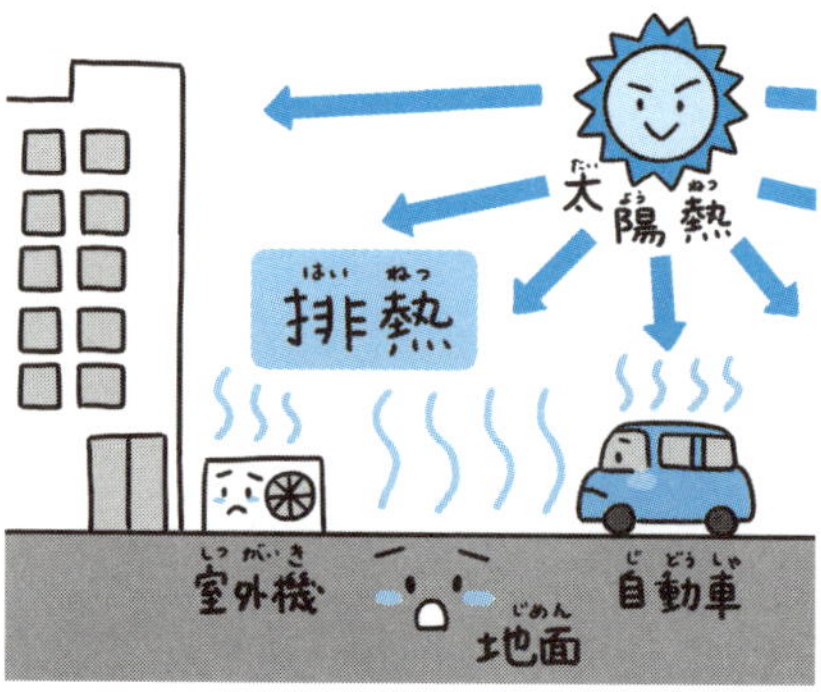

エアコンの室外機《しつがいき》・自動車《じどうしゃ》の排熱《はいねつ》などが
ヒートアイランド現象《げんしょう》の原因《げんいん》に

が、こればかりは、どうしようもないのです。

ゲリラ豪雨《ごうう》の大《おお》きな要因《よういん》としては、夏《なつ》の**気温《きおん》の上昇《じょうしょう》**が挙《あ》げられます。気温《きおん》が高《たか》くなると空気中《くうきちゅう》の水蒸気《すいじょうき》が増《ふ》えて雲《くも》が大《おお》きくなり、大量《たいりょう》の雨《あめ》を降《ふ》らすことができるようになります。

そして気温《きおん》の上昇《じょうしょう》には、温暖化《おんだんか》という気象《きしょう》の変化《へんか》だけでなく、私《わたし》たち人間《にんげん》の暮《く》らしも影響《えいきょう》しているのです。「ヒートアイランド現象《げんしょう》」という言葉《ことば》を聞《き》いたことがありますか？　これは、あたためられたアスファルトやコンクリートが発《はっ》する熱《ねつ》や、産業活動《さんぎょうかつどう》によって排出《はいしゅつ》される熱《ねつ》、自動車《じどうしゃ》の排気熱《はいきねつ》などによって、都市部《としぶ》の気温《きおん》が高《たか》くなる現象《げんしょう》のこと。気温《きおん》の分布《ぶんぷ》を見《み》ると、高温部《こうおんぶ》が都市部《としぶ》を中心《ちゅうしん》として島《しま》（アイランド）のように見《み》えるからです。**気温《きおん》の上昇《じょうしょう》には人為的《じんいてき》な理由《りゆう》もあるのです。**

おまけ
ゲリラ豪雨《ごうう》の後《あと》、雨《あめ》がやんで太陽《たいよう》が出《で》ると、虹《にじ》が見《み》えることもありますよ。

常識《じょうしき》クイズ
20

虹《にじ》を見《み》つける方法《ほうほう》がある。本当《ほんとう》？ うそ？

虹《にじ》は太陽《たいよう》の光《ひかり》が空気中《くうきちゅう》の水滴《すいてき》に反射《はんしゃ》することで見《み》える現象《げんしょう》。**太陽《たいよう》を背《せ》にした方向《ほうこう》に虹《にじ》は現《あらわ》れるので、答《こた》えは「本当《ほんとう》」です。朝《あさ》や夕方《ゆうがた》など太陽《たいよう》が低《ひく》い位置《いち》にあって、夕立《ゆうだち》や天気雨《てんきあめ》が降《ふ》った後《あと》、太陽《たいよう》と反対側《はんたいがわ》に現《あらわ》れる可能性《かのうせい》が高《たか》いので、探《さが》してみましょう。**でも、条件《じょうけん》がそろっても必《かなら》ず虹《にじ》が現《あらわ》れるわけではないので、見《み》つけられたらラッキーですよ。

54ページの「夕焼《ゆうや》け」のところでも説明《せつめい》しましたが、太陽《たいよう》の光《ひかり》は空気中《くうきちゅう》のチリや水滴《すいてき》に当《あ》たって散《ち》らばります。太陽《たいよう》の光《ひかり》は、さまざまな色《いろ》をふくんでいて、空気中《くうきちゅう》の水滴《すいてき》の中《なか》で反射《はんしゃ》・屈折《くっせつ》して6～7色《しょく》くらいに見《み》えるのが、虹《にじ》です。

一般的《いっぱんてき》に虹《にじ》は、**外側《そとがわ》が赤《あか》で内側《うちがわ》が紫《むらさき》です。虹《にじ》の内側《うちがわ》から順《じゅん》に、紫《むらさき》、青《あお》、緑《みどり》、**

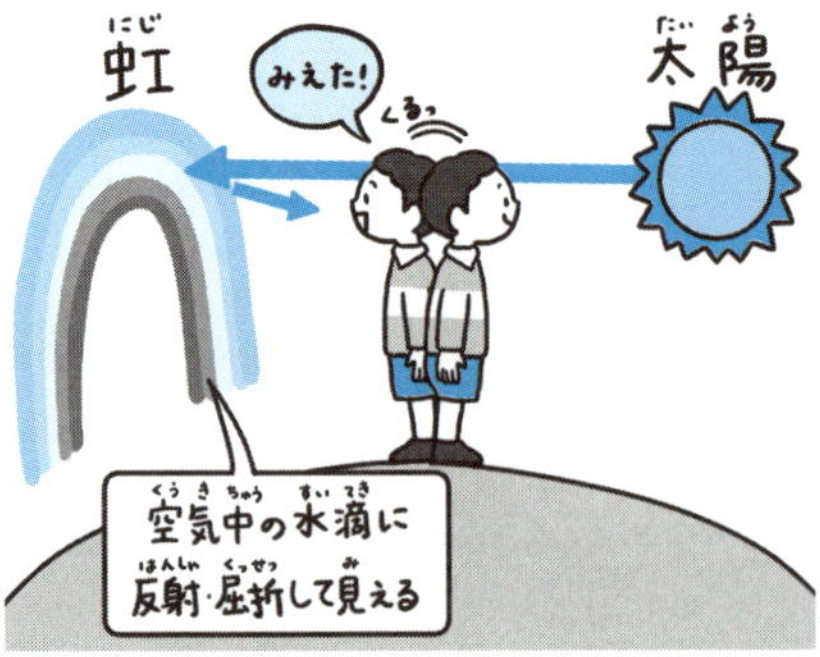

虹探《にじさが》しの達人《たつじん》になろう！

黄《き》、だいだい、赤《あか》となります。虹《にじ》は6色《しょく》とも7色《しょく》ともいわれます。太陽光《たいようこう》を分解《ぶんかい》すると6色《しょく》で、紫《むらさき》、青《あお》、緑《みどり》、黄《き》、だいだい、赤《あか》です。7色《しょく》といわれる場合《ばあい》は、紫《むらさき》と青《あお》の間《あいだ》に藍色《あいいろ》を加《くわ》えた7色《しょく》で、これは国《くに》や地《ち》域《いき》の文化《ぶんか》によって色《いろ》の呼《よ》び方《かた》がちがうからです。

ホースで水《みず》をまいたときにも、虹《にじ》をつくることができます。**太陽《たいよう》を背《せ》にした方向《ほうこう》に水《みず》をまくのがコツです。**よく、虹《にじ》の形《かたち》（アーチ状《じょう》）に水《みず》をまく人《ひと》がいますが、残念《ざんねん》ながら、形《かたち》をまねたからといって虹《にじ》が見《み》られるわけではないようです。それよりも、**霧《きり》のような細《こま》かい水滴《すいてき》をいっぱいまく方《ほう》が、確《かく》率《りつ》は上《あ》がります。**

ものすごく空気《くうき》が澄《す》んでいて、太陽《たいよう》の光《ひかり》が強《つよ》いときには、二重《にじゅう》の虹《にじ》「ダブルレインボー」が見《み》えるかもしれません。目《め》をこらして、見《み》てみてください。

おまけ

虹《にじ》は、日本《にっぽん》では7色《しょく》で表現《ひょうげん》しますが、アメリカやイギリスでは6色《しょく》、ドイツやベルギーでは5色《しょく》で表現《ひょうげん》します。

常識《じょうしき》クイズ

21

空《そら》から魚《さかな》が降《ふ》ってくることがある。本当《ほんとう》？ うそ？

「そんなことあるわけない！」と思《おも》ったあなた。思《おも》いもよらないことが起《お》こるから、世界《せかい》はおもしろいんですよ。ということで、**答《こた》えは「本当《ほんとう》」です。**空《そら》から魚《さかな》が降《ふ》るのは「ファフロツキーズ現象《げんしょう》」といい、小《ちい》さい魚《さかな》やカエルなどが降《ふ》ってくることを表《あらわ》します。

これは、竜巻《たつまき》が原因《げんいん》という説《せつ》が有力《ゆうりょく》です。強《つよ》い上昇気流《じょうしょうきりゅう》によって積乱雲《せきらんうん》ができたときに、その上昇気流《じょうしょうきりゅう》の回転《かいてん》がさらに強《つよ》まると、積乱雲《せきらんうん》の下《した》に空気《くうき》のうず、つまり竜巻《たつまき》ができます。

竜巻《たつまき》が、地表《ちひょう》の木《き》や家《いえ》などを巻《ま》き上《あ》げている映像《えいぞう》を見《み》たことがあるでしょう。**竜巻《たつまき》が海《うみ》の上《うえ》で起《お》こると、海水《かいすい》と海《うみ》の中《なか》の生《い》きものを一緒《いっしょ》に巻《ま》き上《あ》げます。巻《ま》き上《あ》げられた魚《さかな》が落《お》ちてくるのを見《み》て、「空《そら》から魚《さかな》が降《ふ》ってきた！」**とびっ

竜巻《たつまき》はときとして
「生《い》きものの雨《あめ》」を降《ふ》らせる

くりするんですね。

実際《じっさい》、２０２３年《ねん》２月《がつ》には、オーストラリア北部《ほくぶ》の街《まち》ラジャマヌで空《そら》からたくさんの魚《さかな》が降《ふ》ってきました。日本《にっぽん》では、さかのぼること２７０年《ねん》あまり、１７５２年《ねん》に現在《げんざい》の鳥取県東部《とっとりけんとうぶ》でドジョウが降《ふ》ってきたという記録《きろく》があります。

アメリカの中南部《ちゅうなんぶ》で発生《はっせい》する激《はげ》しい竜巻《たつまき》は、「トルネード」といいます。**アメリカでは竜巻《たつまき》から避《ひ》難《なん》するためのシェルター、地下室《ちかしつ》をつくっている家《いえ》が多《おお》くあります。**家《いえ》が竜巻《たつまき》でふき飛《と》ばされても、地下室《ちかしつ》なら安全《あんぜん》ですからね。

一《ひと》つの積乱雲《せきらんうん》の中《なか》で上昇気流《じょうしょうきりゅう》と下降気流《かこうきりゅう》があちこちで発生《はっせい》すると、雲《くも》も竜巻《たつまき》もぐんぐん成長《せいちょう》し続《つづ》けて巨大《きょだい》化《か》します。このようにして大《おお》きくなった積乱雲《せきらんうん》を「スーパーセル」と呼《よ》んでいます。

おまけ　竜巻《たつまき》は日本各地《にっぽんかくち》で発生《はっせい》し、もっとも多《おお》く発生《はっせい》するのは9月《がつ》、もっとも発生《はっせい》が少《すく》ないのは1月《がつ》です。

常識《じょうしき》クイズ

22

最近《さいきん》よく聞《き》く、○状《じょう》降《こう》水《すい》帯《たい》。○に何《なに》が入《はい》る？

①選《せん》 ②千《せん》 ③線《せん》

ニュースや天気予報《てんきよほう》で、注意《ちゅうい》を促《うなが》している気象現象《きしょうげんしょう》です。意味《いみ》を考《かんが》えれば、おのずと答《こた》えはわかります。**「降水《こうすい》帯《たい》」は雨《あめ》の帯《おび》**です。では、雨《あめ》の帯《おび》がどんな状態《じょうたい》になっているのでしょうか？　帯《おび》といえば？　……長《なが》い。そう、**答《こた》えは「③線《せん》」。線状降水帯《せんじょうこうすいたい》がもたらす大雨《おおあめ》は、大《おお》きな災害《さいがい》を引《ひ》き起《お》こすことがあります。**

線状降水帯《せんじょうこうすいたい》を構成《こうせい》するのは**積乱雲《せきらんうん》**です。積乱雲《せきらんうん》のでき方《かた》については50ページでも説明《せつめい》しました。あたたかくて湿《しめ》った空気《くうき》が上《うえ》にのぼり、上昇気流《じょうしょうきりゅう》をつくって雲《くも》ができる。そして、上空《じょうくう》の冷《つめ》たい空気《くうき》との間《あいだ》で対流《たいりゅう》が起《お》こり、積乱雲《せきらんうん》ができます。**線状降水帯《せんじょうこうすいたい》は、積乱雲《せきらんうん》が次《つぎ》から次《つぎ》へと発生《はっせい》し、風《かぜ》を受《う》けることで線《せん》のようにならんだ状態《じょうたい》のこと。**つまり、積乱雲《せきらんうん》の行列《ぎょうれつ》ができるのです。

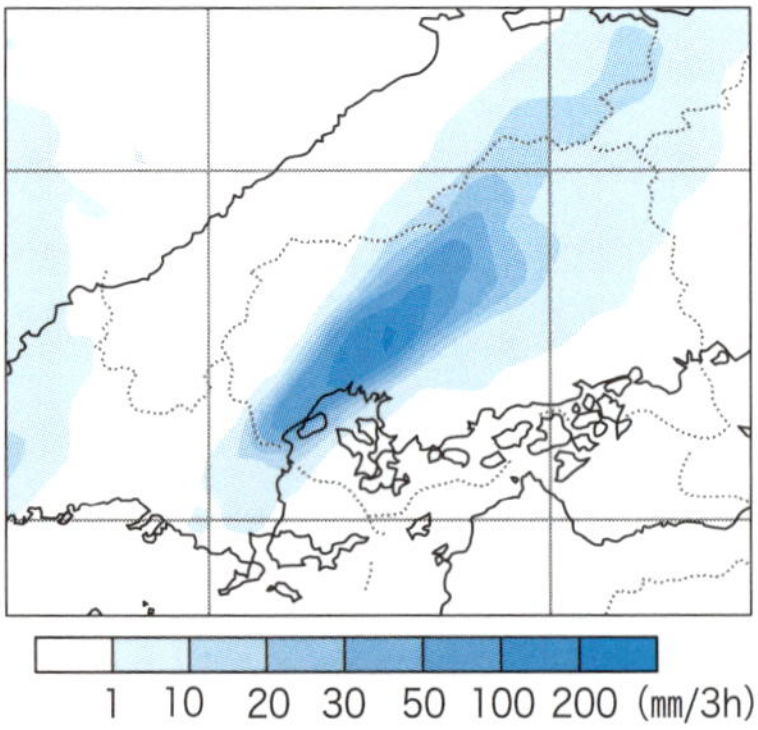

2014年《ねん》8月《がつ》に広島《ひろしま》土砂災害《どしゃさいがい》をもたらした
広範囲《こうはんい》に及《およ》ぶ線状降水帯《せんじょうこうすいたい》
出典《しゅってん》／広島市《ひろしまし》HP《ホームページ》

行列《ぎょうれつ》した積乱雲《せきらんうん》が大雨《おおあめ》を降《ふ》らせるのですから、たまったものではありません。降水域《こうすいいき》の幅《はば》は20~50km、長《なが》さは50~300kmにもなります。長時間《ちょうじかん》、かつ広範囲《こうはんい》にわたって降《ふ》り続《つづ》くので、土砂《どしゃ》くずれや川《かわ》の増水《ぞうすい》による浸水《しんすい》などの災害《さいがい》につながるおそれがあるのです。

大雨《おおあめ》といえばゲリラ豪雨《ごうう》がありますが、ゲリラ豪雨《ごうう》と線状降水帯《せんじょうこうすいたい》のちがいは、雨《あめ》の降《ふ》る範囲《はんい》と時間《じかん》です。**一般的《いっぱんてき》に、ゲリラ豪雨《ごうう》の方《ほう》が局所的《きょくしょてき》かつ短時間《たんじかん》とされています。**ちなみに「ゲリラ豪雨《ごうう》」は気象用語《きしょうようご》ではないので、気象庁《きしょうちょう》では使用《しよう》していません。「局地的大雨《きょくちてきおおあめ》」や「集中豪雨《しゅうちゅうごうう》」などといいます。

線状降水帯《せんじょうこうすいたい》の発生《はっせい》が前線《ぜんせん》や低気圧《ていきあつ》の影響《えいきょう》であることはわかっているのですが、くわしいメカニズムについては解明《かいめい》できていません。ですので、ニュースなどの警報《けいほう》には十分注意《じゅうぶんちゅうい》してください。

おまけ ▶ 線状降水帯《せんじょうこうすいたい》の予測《よそく》は、スーパーコンピュータをもってしてもむずかしいのが現状《げんじょう》です。

常識《じょうしき》クイズ 23

桜《さくら》の開花宣言《かいかせんげん》は世界中《せかいじゅう》で行《おこな》われている。本当《ほんとう》？うそ？

毎年《まいとし》3月《がつ》になると、「いつ桜《さくら》がさくのか？」がニュースになります。満開《まんかい》の桜《さくら》をながめるのは、春《はる》の醍醐味《だいごみ》。**これは日本特有《にっぽんとくゆう》の風習《ふうしゅう》です。なので答《こた》えは「うそ」です。**外国《がいこく》の人《ひと》が聞《き》いたら「開《かい》花宣言《かせんげん》って何《なに》!?」と驚《おどろ》くでしょう。

桜《さくら》の開花《かいか》やカエルの初見《しょけん》（その年《とし》で初《はじ》めてカエルが姿《すがた》を見《み》せること）、セミの初鳴《はつな》きなどについて調査《ちょうさ》することを「生物季節観測《せいぶつきせつかんそく》」といい、1953年《ねん》から気象庁《きしょうちょう》が調査《ちょうさ》を行《おこな》ってきました。

しかし、環境《かんきょう》の変化《へんか》などによって観測《かんそく》がむずかしくなってきたため、気象庁《きしょうちょう》は2021年《ねん》以降《いこう》、調査対象《ちょうさたいしょう》を桜《さくら》の開花《かいか》と紅葉《こうよう》など数種類《すうしゅるい》にしぼりました。それ以外《いがい》については、2021年《ねん》から国立環境研究所《こくりつかんきょうけんきゅうじょ》が生物季節《せいぶつきせつ》モニタリングを行《おこな》っています。

桜《さくら》の開花《かいか》は、基準《きじゅん》となる「標本木《ひょうほんぼく》」で5～6輪以上《りんいじょう》の花《はな》

アブラゼミ

ソメイヨシノ

が開《ひら》いた最初《さいしょ》の日《ひ》を「開花日《かいかび》」、標本木《ひょうほんぼく》で約《やく》80％以上《いじょう》の花《はな》が開《ひら》いた日《ひ》を「満開日《まんかいび》」としています。桜《さくら》の開花《かいか》や満開《まんかい》の時期《じき》は、前年《ぜんねん》の秋《あき》から冬《ふゆ》にかけての気温《きおん》の変化《へんか》によって変《か》わるそうです。秋《あき》から冬《ふゆ》の気温《きおん》が高《たか》ければ、桜《さくら》の開花《かいか》も早《はや》まるそうです。

また、温暖化《おんだんか》によってアブラゼミの初鳴《はつな》きが早《はや》まっていることがわかりました。国立環境研究所《こくりつかんきょうけんきゅうじょ》などの調《ちょう》査《さ》によると、8月後半以降《がつこうはんいこう》の気温《きおん》が高《たか》いと、翌年夏《よくとしなつ》のアブラゼミの初鳴《はつな》きが早《はや》まるそう。

日本《にっぽん》では、季節《きせつ》ごとに、植物《しょくぶつ》や姿《すがた》を現《あらわ》す生《い》きものが変《か》わっていきます。その節目《ふしめ》を確認《かくにん》することで季節《きせつ》の移《うつ》り変《か》わりを実感《じっかん》する楽《たの》しみがあるんですね。

気象《きしょう》や環境《かんきょう》にまつわる重要《じゅうよう》な調査《ちょうさ》であるとともに、風流《ふうりゅう》でもありますね。

おまけ　桜《さくら》の標本木《ひょうほんぼく》は全国《ぜんこく》に58本《ほん》あります。基本的《きほんてき》には「ソメイヨシノ」ですが、北海道《ほっかいどう》では「エゾヤマザクラ」、沖縄県《おきなわけん》では「カンヒザクラ」です。

常識《じょうしき》クイズ
24

「猛暑日《もうしょび》」「猛烈《もうれつ》な雨《あめ》」はこの100年《ねん》で増《ふ》えている。本当《ほんとう》？ うそ？

毎年夏《まいとしなつ》になると、「今年《ことし》の暑《あつ》さは、今《いま》までにないくらい異常《いじょう》だよ」という声《こえ》が聞《き》こえてきますね。同《おな》じことを毎年《まいとし》いっている気《き》もしますが……。私《わたし》たちの実感《じっかん》の通《とお》り、**クイズの答《こた》えは「本当《ほんとう》」です。**

猛暑日《もうしょび》の定義《ていぎ》は、最高気温《さいこうきおん》が35℃以上《いじょう》の日《ひ》。日本気象協会《にほんきしょうきょうかい》では猛暑日《もうしょび》の連続記録《れんぞくきろく》をとっています。これまでの最長連続記録《さいちょうれんぞくきろく》は、2024年《ねん》7月《がつ》から8月《がつ》の福岡県太宰府市《ふくおかけんだざいふし》。なんと、**40日連続猛暑日《にちれんぞくもうしょび》だった**そうです。また、全国《ぜんこく》の猛暑日《もうしょび》の年間日数《ねんかんにっすう》の統計《とうけい》を見《み》ても、2000年《ねん》代《だい》、2010年代《ねんだい》、2020年代《ねんだい》と増加傾向《ぞうかけいこう》にあります。

今《いま》では猛暑日《もうしょび》という言葉《ことば》をよく聞《き》くようになりましたが、気象庁《きしょうちょう》のデータを見《み》ると、**20年《ねん》ほど前《まえ》には猛暑日《もうしょび》が0日《にち》の年《とし》もあったほど。大人《おとな》たちが「子《こ》どものこ**

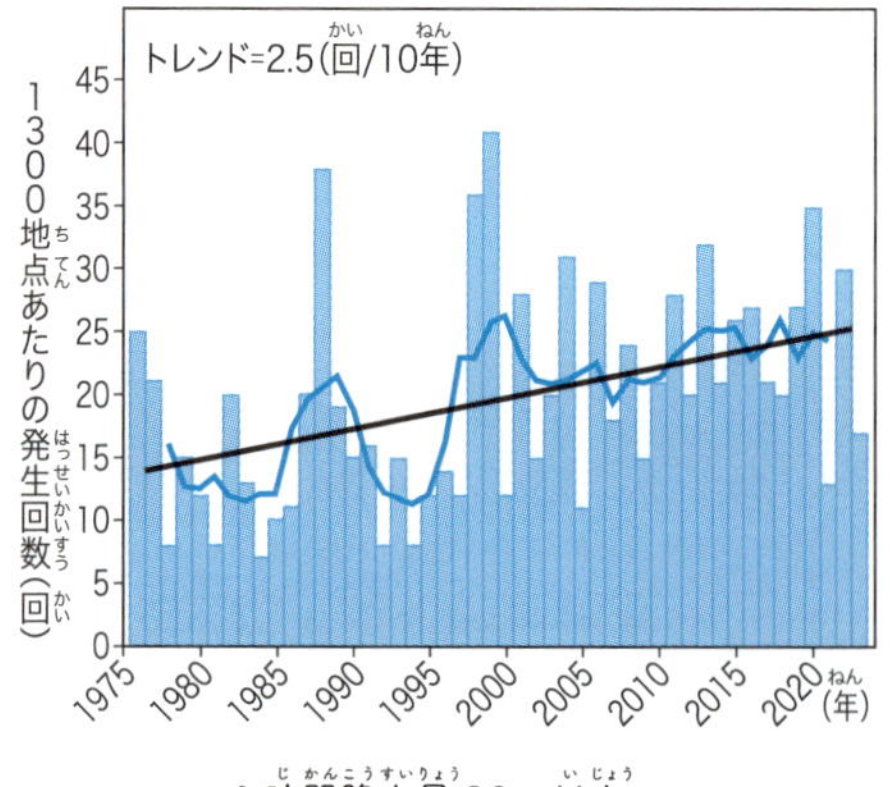

1時間降水量《じかんこうすいりょう》80㎜以上《いじょう》の年間発生回数《ねんかんはっせいかいすう》　参考《さんこう》／気象庁《きしょうちょう》

ろはこんなに暑《あつ》くなかったよ」というのは、ただの感覚《かんかく》ではなく、実際《じっさい》のデータからも明《あき》らかなのです。

また、今《いま》は「熱中症《ねっちゅうしょう》」といって子《こ》どもから高齢者《こうれいしゃ》まで注意喚起《ちゅういかんき》がされていますが、私《わたし》が子《こ》どものころは「日射病《にっしゃびょう》」といって、暑《あつ》い日《ひ》には外《そと》に出《で》なければ大丈《だいじょう》夫《ぶ》といわれていました。家《いえ》の中《なか》でも熱中症《ねっちゅうしょう》の危険《きけん》がある今《いま》とは大《おお》ちがいです。

猛暑日《もうしょび》が増《ふ》えると、局地的大雨《きょくちてきおおあめ》（ゲリラ豪雨《ごうう》）も増《ふ》えます。太陽《たいよう》の日差《ひざ》しによってあたためられた地上《ちじょう》の気温《きおん》と、冷《ひ》えた上空《じょうくう》の気温《きおん》の差《さ》が大《おお》きいことで起《お》こりやすくなる現象《げんしょう》です。1時間当《じかんあ》たり80㎜以上《いじょう》の**「猛《もう》烈《れつ》な雨《あめ》」は30年間《ねんかん》で約《やく》1・7倍《ばい》に増加《ぞうか》しており、局地的大雨《きょくちてきおおあめ》もここ数年《すうねん》で増加傾向《ぞうかけいこう》にある**ことはデータからも明《あき》らかになっています。

おまけ　2023年春《ねんはる》からの自然現象《しぜんげんしょう》であるエルニーニョ現象《げんしょう》（赤道付近《せきどうふきん》の海《かい》水温《すいおん》が高《たか》くなる現象《げんしょう》）も、2024年《ねん》の夏《なつ》の暑《あつ》さに影響《えいきょう》を与《あた》えました。

常識《じょうしき》クイズ
25

日本《にっぽん》に来《く》る台風《たいふう》は昔《むかし》より強《つよ》くなっている？ 弱《よわ》くなっている？

台風《たいふう》はとてつもない被害《ひがい》をもたらすので、できれば弱《よわ》くなってほしいものですが……**残念《ざんねん》ながら答《こた》えは「強《つよ》くなっている」です。**気象庁《きしょうちょう》気象研究所《きしょうけんきゅうじょ》によると、**過去《かこ》40年《ねん》で日本《にっぽん》に近《ちか》づく台風《たいふう》の数《かず》は増《ふ》え、かつ強《つよ》く、さらに移動速度《いどうそくど》が遅《おそ》くなっている**というのです。日本近《にっぽんきん》海《かい》の海水温《かいすいおん》の上昇《じょうしょう》などが台風《たいふう》の勢力《せいりょく》を強《つよ》めやすい状況《じょうきょう》にあることや、偏西風《へんせいふう》が弱《よわ》まっていることで台風《たいふう》の移動速度《いどうそくど》がゆっくりになっているとのことです。

台風《たいふう》は赤道《せきどう》に近《ちか》い海上《かいじょう》で発生《はっせい》します。台風《たいふう》の発生《はっせい》や発達《はったつ》に適《てき》した海水温《かいすいおん》は26・5℃以上《いじょう》とされていて、あたたかい海水《かいすい》から発生《はっせい》する水蒸気《すいじょうき》が台風《たいふう》のエネルギー源《げん》になります。**温暖化《おんだんか》によって海水《かいすい》の温度《おんど》が上《あ》がり、台風《たいふう》が発生《はっせい》する26・5℃以上《いじょう》の海域《かいいき》が、赤道《せきどう》をはさんで北半球《きたはんきゅう》では北上《ほくじょう》、南半球《みなみはんきゅう》では南《なん》**

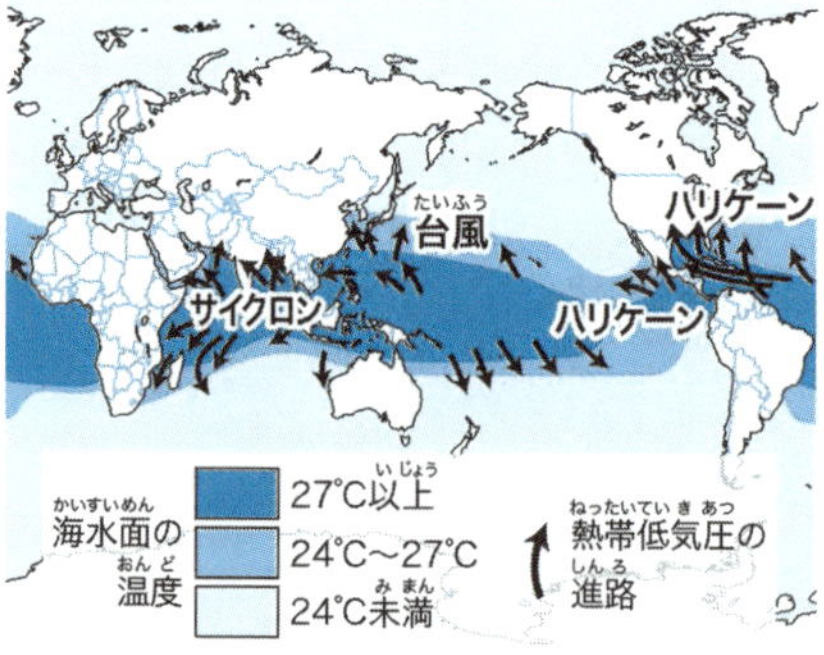

海水温《かいすいおん》の上昇《じょうしょう》と台風《たいふう》の関係《かんけい》

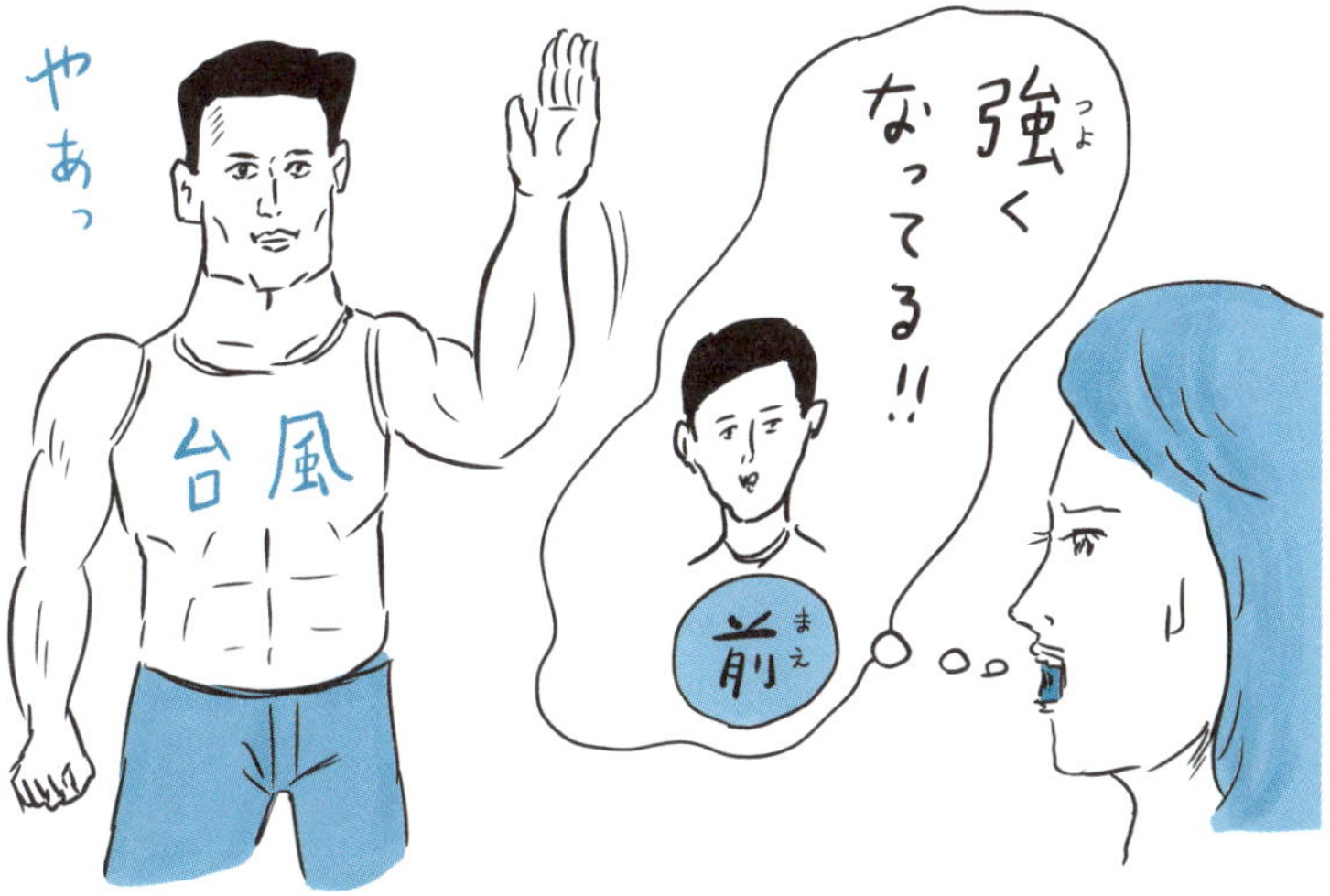

下《か》しているというのが現在《げんざい》の定説《ていせつ》となっています。つまり、**台風《たいふう》の発生位置《はっせいいち》の海域《かいいき》が広《ひろ》がっているのです。**これまで、台風《たいふう》が日本《にっぽん》に近《ちか》づいてくると、日本列島周辺《にっぽんれっとうしゅうへん》の海《うみ》は冷《つめ》たいので台風《たいふう》は急速《きゅうそく》に力《ちから》が弱《よわ》まっていました。

しかし、**今《いま》は日本近海《にっぽんきんかい》の海水温《かいすいおん》が高《たか》くなっているので、勢力《せいりょく》が強《つよ》いまま日本《にっぽん》にやってくるのです。**それどころか、**今後《こんご》は、日本《にっぽん》に近《ちか》い海《うみ》でも次々《つぎつぎ》に台風《たいふう》が発生《はっせい》するかもしれません。**

台風《たいふう》には大《おお》きさと強《つよ》さがあって、大《おお》きさが半径《はんけい》500～800kmの台風《たいふう》を「大型《おおがた》」、800km以上《いじょう》を「超《ちょう》大型《おおがた》」といいます。台風《たいふう》の大《おお》きさは、風速《ふうそく》が秒速《びょうそく》15m以上《いじょう》の強風域《きょうふういき》の広《ひろ》さを示《しめ》しています。強《つよ》さは、最大風《さいだいふう》速《そく》が秒速《びょうそく》33～44mのものを「強《つよ》い」、44～54mを「非《ひ》常《じょう》に強《つよ》い」、54m以上《いじょう》を「猛烈《もうれつ》な」と表現《ひょうげん》します。

おまけ ▶ 最大風速《さいだいふうそく》が秒速《びょうそく》67m以上《いじょう》の台風《たいふう》は「スーパー台風《たいふう》」といい、今後《こんご》は増《ふ》えるだろうといわれています。

もっと知《し》りたい！

季《き》節《せつ》による特《とく》徴《ちょう》的《てき》な気《き》圧《あつ》配《はい》置《ち》

冬《ふゆ》

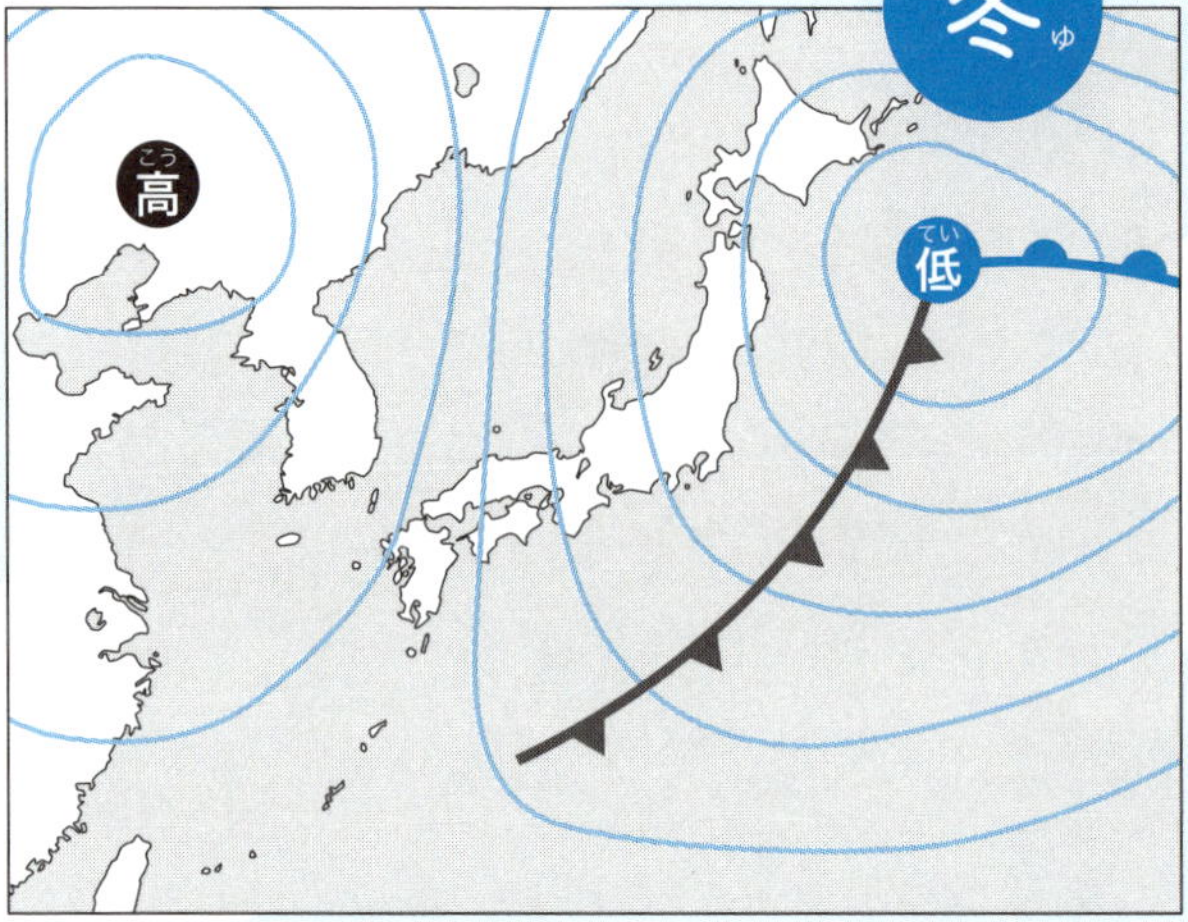

冬《ふゆ》に特徴的《とくちょうてき》なのは、西《にし》に高気圧《こうきあつ》、東《ひがし》に低気圧《ていきあつ》がある「西高東低《せいこうとうてい》」の気圧配置《きあつはいち》。空気《くうき》は気圧《きあつ》の高《たか》いところから低《ひく》いところに流《なが》れます。大陸《たいりく》からの寒《さむ》い空気《くうき》が日本《にっぽん》の西側《にしがわ》に流《なが》れこむので、日本列島《にっぽんれっとう》には冷《つめ》たい風《かぜ》がふきます。

夏《なつ》

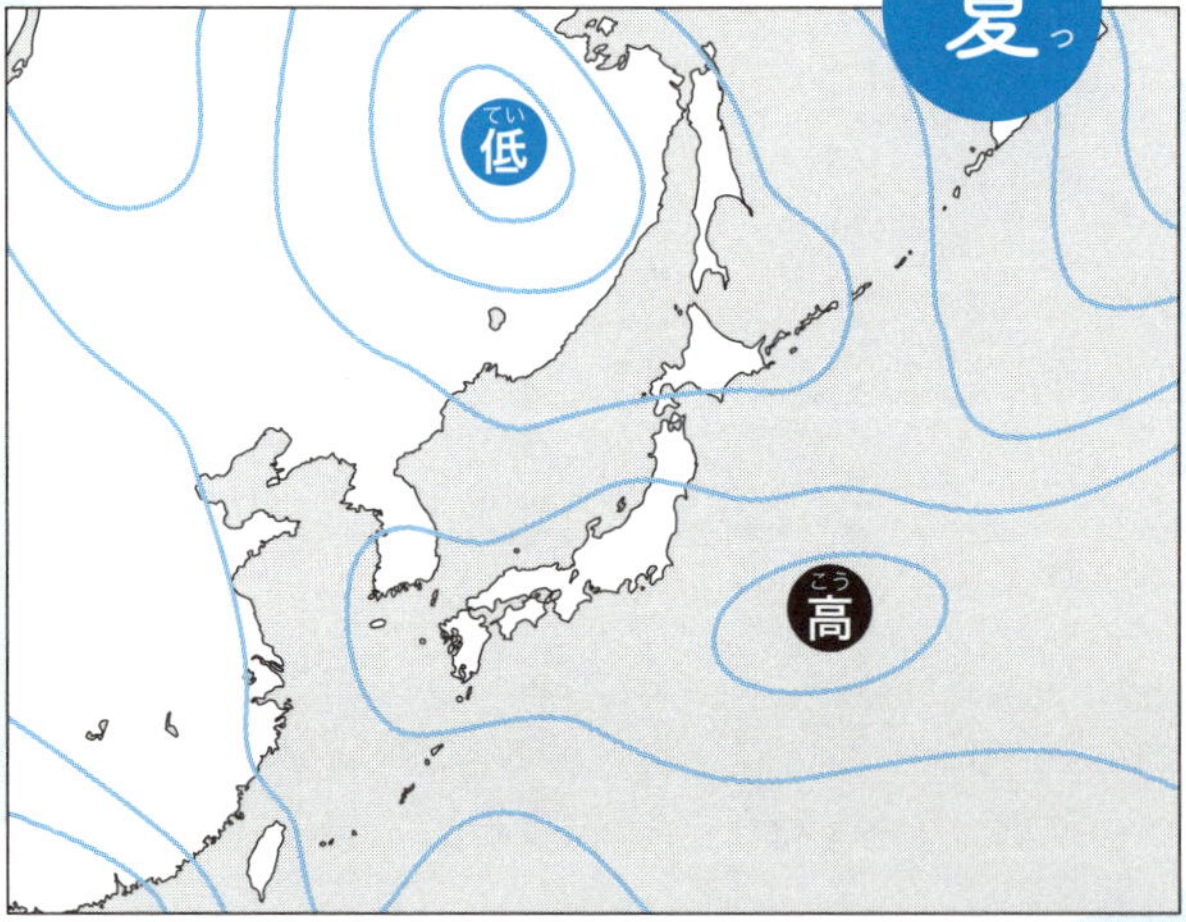

夏《なつ》は、南《みなみ》に高気圧《こうきあつ》、北《きた》に低気圧《ていきあつ》が位置《いち》し、「南高北低《なんこうほくてい》」の気圧配置《きあつはいち》になります。同《おな》じ気圧地点《きあつちてん》を結《むす》んだ等圧線《とうあつせん》が、東西《とうざい》に伸《の》びているのもこの時期《じき》の特徴《とくちょう》です。

梅雨《つゆ》

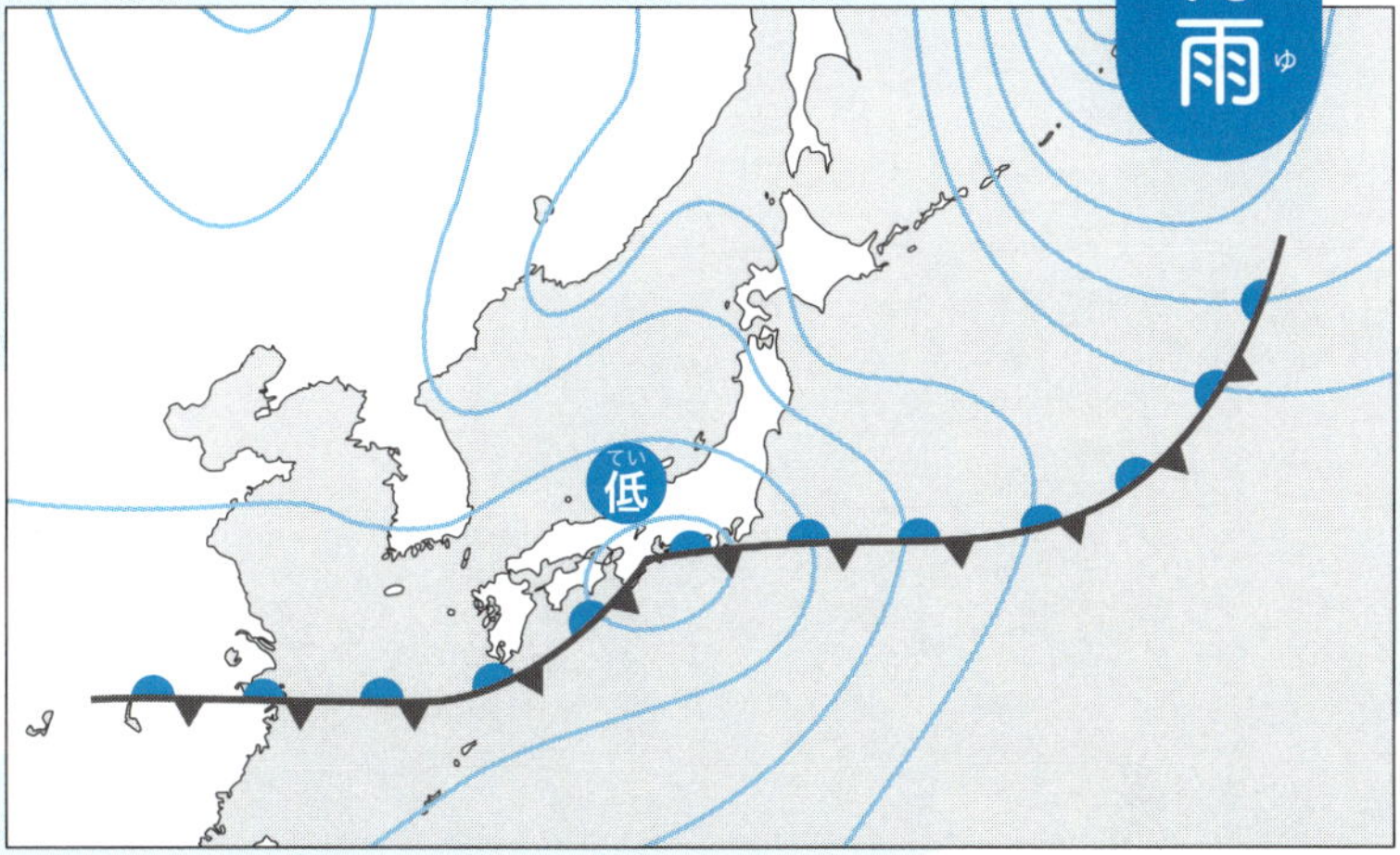

春《はる》の終《お》わりから夏《なつ》にかけて、北海道《ほっかいどう》の北《きた》には低温《ていおん》・多湿《たしつ》の「オホーツク海《かい》気団《きだん》」、日本《にっぽん》の南東《なんとう》の海洋上《かいようじょう》には温暖《おんだん》・多湿《たしつ》の「小笠原《おがさわら》気団《きだん》」が発生《はっせい》し、日本列島《にっぽんれっとう》でぶつかり、「梅雨前線《ばいうぜんせん》」が停滞《ていたい》。この時期《じき》は連日雨《れんじつあめ》が続《つづ》きます。

台風《たいふう》

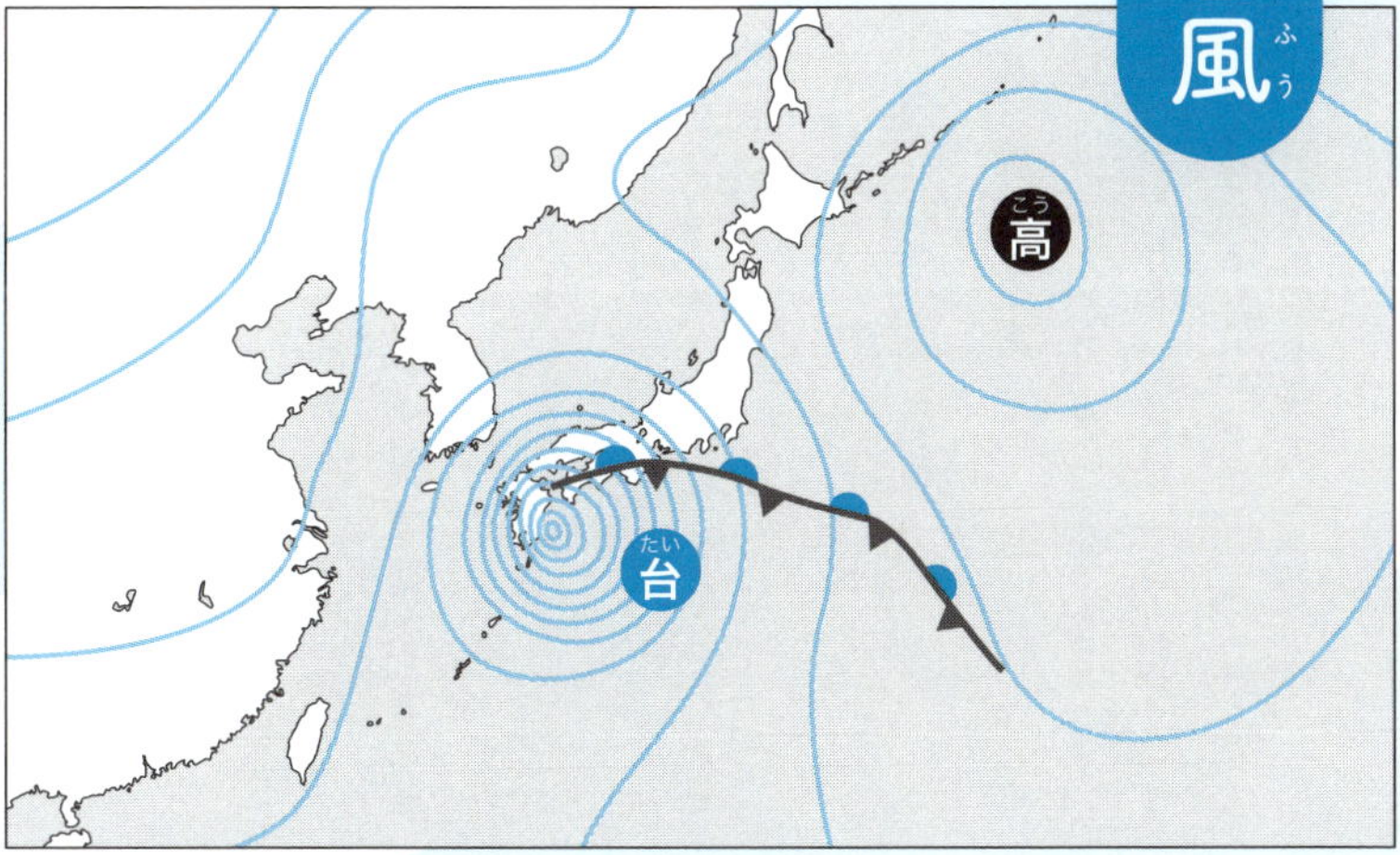

台風《たいふう》の等圧線《とうあつせん》は間隔《かんかく》がせまいのが特徴《とくちょう》。せまいほど風《かぜ》が強《つよ》いということ。台風《たいふう》は南《みなみ》の海上《かいじょう》で発生《はっせい》し偏西風《へんせいふう》の影響《えいきょう》で日本《にっぽん》を通過《つうか》することも多《おお》いのです。

気象《きしょう》のこぼれ話《ばなし》

こんなにある！観天望気《かんてんぼうき》あれこれ

遠《とお》くの山《やま》がはっきり見《み》えると晴《は》れ

遠《とお》くの景色《けしき》がはっきり見《み》える日《ひ》と、かすんで見《み》える日《ひ》があります。富士山《ふじさん》を見《み》てみると、それがよくわかると思《おも》います。景色《けしき》がはっきり見《み》えるのは、空気中《くうきちゅう》の水蒸気《すいじょうき》が少《すく》なく乾燥《かんそう》しているとき。ですので、その日《ひ》は晴《は》れるでしょう。

鐘《かね》の音《ね》がよく聞《き》こえると雨《あめ》

音《おと》は、気温《きおん》の高《たか》い方《ほう》から低《ひく》い方《ほう》に伝《つた》わりやすいので、あたたかい地表《ちひょう》から寒《さむ》い上空《じょうくう》に向《む》かって伝《つた》わります。ですが、雨《あめ》をもたらす低気圧《ていきあつ》が近《ちか》づいて上空《じょうくう》にあたたかい空気《くうき》が流《なが》れこむと、地表《ちひょう》が寒《さむ》くなり、上空《じょうくう》の音《おと》が地表《ちひょう》に戻《もど》って音《おと》がよく聞《き》こえるのだそう。

朝虹《あさにじ》は雨《あめ》 夕虹《ゆうにじ》は晴《は》れ

虹《にじ》は、太陽《たいよう》と反対《はんたい》の方向《ほうこう》に雨雲《あまぐも》があるときに見《み》えます。朝《あさ》は太陽《たいよう》が東《ひがし》にあり、虹《にじ》が出《で》るとしたら西《にし》。つまり、雨雲《あまぐも》があるのは西《にし》です。天気《てんき》は西《にし》からくずれるので、いずれ雨《あめ》になります。反対《はんたい》に、夕方《ゆうがた》に虹《にじ》が見《み》えたら、翌日《よくじつ》は晴《は》れるでしょう。

ネコが顔《かお》を洗《あら》うと雨《あめ》

これは諸説《しょせつ》ありますが、一般的《いっぱんてき》にいわれるのは、雨《あめ》が近《ちか》づくと湿度《しつど》が高《たか》くなり、ネコのひげがそれを敏感《びんかん》に察知《さっち》して顔《かお》を洗《あら》う仕草《しぐさ》をするという説《せつ》。また、湿度《しつど》が高《たか》くなると顔《かお》のノミが活動《かつどう》するのでかゆくなり、顔《かお》をこするという説《せつ》もあります。

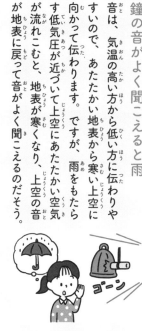

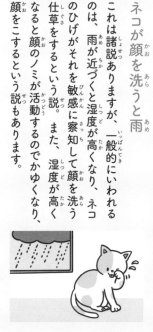

3 章《しょう》

地《ち》学《がく》

常識《じょうしき》クイズ
26

今後《こんご》30年《ねん》以内《いない》に南海《なんかい》トラフ地震《じしん》が来《く》る可能性《かのうせい》は高《たか》い？ 低《ひく》い？

南海《なんかい》トラフ地震《じしん》は、**今後《こんご》30年《ねん》以内《いない》に80％程度《ていど》の確率《かくりつ》で起《お》こるといわれているので、答《こた》えは「可能性《かのうせい》は高《たか》い」です。**　２０２４年《ねん》８月《がつ》８日《か》、宮崎県《みやざきけん》の日向灘《ひゅうがなだ》を震《しん》源《げん》とするマグニチュード７・１の地震《じしん》が発生《はっせい》。この地震《じしん》によって、気象庁《きしょうちょう》は「南海《なんかい》トラフ地震臨時情報《じしんりんじじょうほう》（巨大地震注《きょだいじしんちゅう》意《い》）」を発表《はっぴょう》しました。

南海《なんかい》トラフとは、**静岡県《しずおかけん》の駿河湾《するがわん》から九州地方《きゅうしゅうちほう》の東《ひがし》の沖《おき》に続《つづ》く深《ふか》い海《うみ》（海底《かいてい》の溝《みぞ》）のこと。**この南海《なんかい》トラフがあるところは、「フィリピン海《かい》プレート（海《うみ》のプレート）」と「ユーラシアプレート（陸《りく》のプレート）」の境界《きょうかい》にあたります。このプレート間《かん》のひずみが原因《げんいん》で起《お》こるのが南海《なんかい》トラフ地震《じしん》。「海溝型地震《かいこうがたじしん》」で、規模《きぼ》が大《おお》きいのです（くわしくは１０６ページ）。

南海《なんかい》トラフは深海《しんかい》にあり、
推定震源域《すいていしんげんいき》は九州《きゅうしゅう》から東海《とうかい》まで

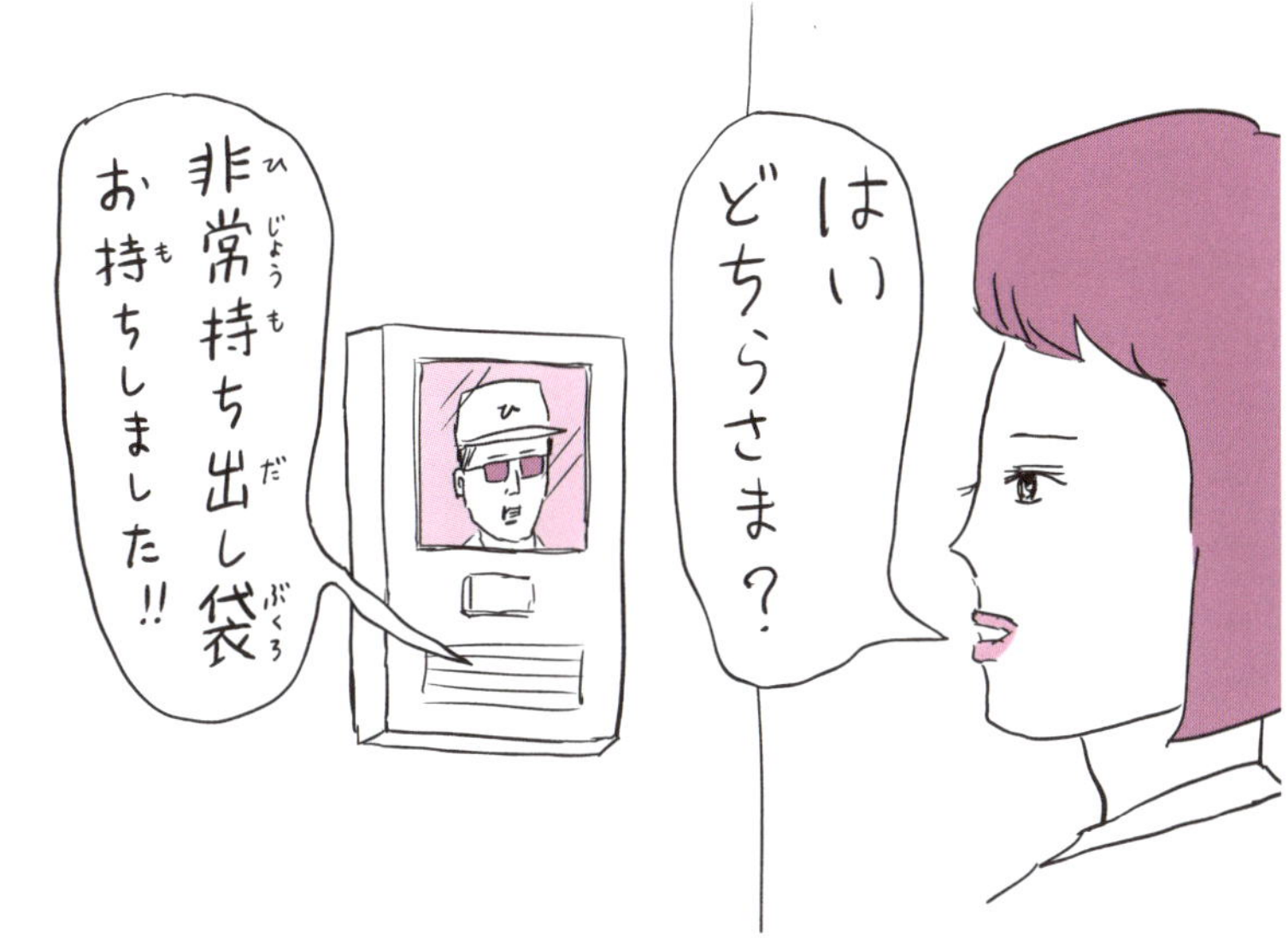

南海《なんかい》トラフ地震《じしん》は、**およそ100～200年《ねん》の間隔《かんかく》で発生《はっせい》しているので、前回《ぜんかい》の南海《なんかい》トラフ地震《じしん》から約《やく》80年《ねん》たっている現在《げんざい》、「30年以内《ねんいない》に」という予測《よそく》が立《た》っている**のです。

静岡県《しずおかけん》から宮崎県《みやざきけん》にかけての地域《ちいき》は震度《しんど》7の揺《ゆ》れが生《しょう》じる可能性《かのうせい》があり、その周辺《しゅうへん》の地域《ちいき》では震度《しんど》6強《きょう》の揺《ゆ》れが予測《よそく》されています。また、**関東地方《かんとうちほう》から九州地方《きゅうしゅうちほう》にかけての太平洋沿岸《たいへいようえんがん》に、10m以上《いじょう》の津波《つなみ》が来《く》る**ことが想定《そうてい》されています。

津波《つなみ》は、高知県《こうちけん》の海岸《かいがん》など、早《はや》いところでは**地震発生《じしんはっせい》から3分《ぷん》で来《く》る**と予測《よそく》されています。これは、震源《しんげん》が陸《りく》に近《ちか》いため、津波《つなみ》の到達時間《とうたつじかん》が短《みじか》いからです。地震《じしん》による建物《たてもの》の倒壊《とうかい》や火災《かさい》、土砂災害《どしゃさいがい》に気《き》をつけなければなりませんが、二次災害《にじさいがい》として、地面《じめん》の液状化《えきじょうか》や地盤沈下《じばんちんか》による浸水《しんすい》にも注意《ちゅうい》が必要《ひつよう》です。

おまけ 「30年《ねん》たっても起《お》こらないかもしれないし、今日起《きょうお》こるかもしれない」のが南海《なんかい》トラフ地震《じしん》です。

常識《じょうしき》クイズ
27

今後《こんご》30年《ねん》以内《いない》に大《おお》きな首都《しゅと》直下《ちょっか》地震《じしん》が来《く》る可能性《かのうせい》は高《たか》い？ 低《ひく》い？

政府《せいふ》の地震《じしん》調査《ちょうさ》委員会《いいんかい》によると、首都《しゅと》直下《ちょっか》地震《じしん》について、**今後《こんご》30年《ねん》以内《いない》に70％の確率《かくりつ》でマグニチュード7クラスの地震《じしん》が起《お》こると予想《よそう》**されています。ですので、**答《こた》えはこちらも「可能性《かのうせい》は高《たか》い」です。**

ここでいう首都《しゅと》とは南関東《みなみかんとう》のことで、千葉《ちば》、埼玉《さいたま》、茨城《いばらき》南部《なんぶ》、神奈川《かながわ》、東京《とうきょう》、山梨《やまなし》がふくまれます。**この地域《ちいき》すべてで地震《じしん》が起《お》こる、ということではなく、この地域《ちいき》のどこかを震源《しんげん》とした地震《じしん》が起《お》こる、**ということです。

30年《ねん》以内《いない》に70％の確率《かくりつ》で起《お》こるとされる首都《しゅと》直下《ちょっか》地震《じしん》は「海溝型地震《かいこうがたじしん》」とはタイプの異《こと》なる地震《じしん》も想定《そうてい》されています。

首都《しゅと》直下《ちょっか》地震《じしん》には、陸《りく》のプレートの浅《あさ》いところで起《お》こる内陸《ないりく》地震《じしん》や沈《しず》みこむプレートの

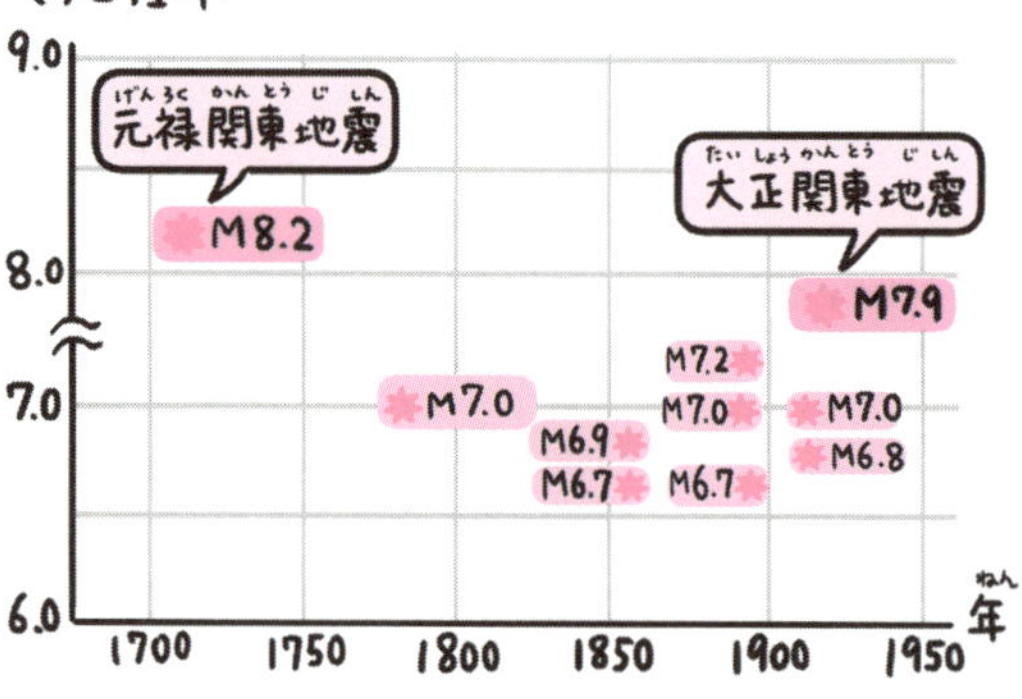

過去《かこ》300年《ねん》の首都《しゅと》直下《ちょっか》地震《じしん》

中《なか》で起《お》こる深《ふか》い地震《じしん》もふくまれます（くわしくは106ページ）。**海溝型《かいこうがた》に比《くら》べると地震《じしん》の規模《きぼ》は小《ちい》さいのですが、都市部直下《としぶちょっか》で起《お》こるため甚大《じんだい》な被害《ひがい》が予想《よそう》されます。** 1995年《ねん》に起《お》きた阪《はん》神《しん》・淡路大震災《あわじだいしんさい》は内陸地震《ないりくじしん》です。

今後《こんご》30年以内《ねんいない》に70%という数字《すうじ》は、右《みぎ》のページの図《ず》にある過去《かこ》の8つの地震《じしん》によって導《みちび》かれています。この8つの大地震《おおじしん》は、1703年《ねん》の元禄関東地震《げんろくかんとうじしん》と1923年《ねん》の大正関東地震《たいしょうかんとうじしん》（関東大震災《かんとうだいしんさい》）の間《あいだ》に発生《はっせい》しています。なお、この二《ふた》つの巨大地震《きょだいじしん》は海溝型《かいこうがた》です。

この二《ふた》つの巨大地震《きょだいじしん》を220年《ねん》のサイクルと考《かんが》え、その間《あいだ》に8つの地震《じしん》があったので、計算《けいさん》すると27・5年《ねん》に1回《かい》となります。 それを地震《じしん》の将来予測《しょうらいよそく》に基《もと》づいてはじき出《だ》すと「**今後《こんご》30年以内《ねんいない》に70%**」という確率《かくりつ》になるのです。

おまけ 首都直下地震《しゅとちょっかじしん》も南海《なんかい》トラフ地震《じしん》も、やみくもにこわがらず、備蓄品《びちくひん》や避難場所《ひなんばしょ》などを家族《かぞく》で確認《かくにん》するなど日《ひ》ごろから備《そな》えましょう。

常識《じょうしき》クイズ
28

地震《じしん》の「たて揺《ゆ》れ」と「横揺《よこゆ》れ」、先《さき》に来《く》るのはどっち？

地震《じしん》が発生《はっせい》すると、２種類《しゅるい》の波《なみ》が発生《はっせい》します。はじめに伝《つた》わるのは「Ｐ波《ピーは》」で、秒速《びょうそく》７㎞の速《はや》いたて揺《ゆ》れ。つまり、**正解《せいかい》は「たて揺《ゆ》れ」です。**その後《あと》に伝《つた》わるのが「Ｓ波《エスは》」で、秒速《びょうそく》４㎞の横揺《よこゆ》れです。

テレビやスマートフォンなどで緊急地震速報《きんきゅうじしんそくほう》が出《で》ることがありますよね。これは、**Ｐ波《ピーは》を感知《かんち》した瞬間《しゅんかん》に気象庁《きしょうちょう》が震源地《しんげんち》や地震《じしん》の規模《きぼ》、揺《ゆ》れの強《つよ》さなどを計算《けいさん》して伝《つた》えているのです。もし震源地《しんげんち》が遠《とお》ければ、Ｐ波《ピーは》が来《き》てからＳ波《エスは》が来《く》るまでの間《あいだ》に速報《そくほう》が出《で》ます。**そうすれば、Ｓ波《エスは》（横揺《よこゆ》れ）が来《く》る前《まえ》に、机《つくえ》の下《した》にもぐるなどして身《み》を守《まも》ることができるというわけです。

私《わたし》も、カタカタと小《ちい》さなたて揺《ゆ》れを感《かん》じたら、**次《つぎ》に大《おお》きな横揺《よこゆ》れが来《く》るまで何秒《なんびょう》**

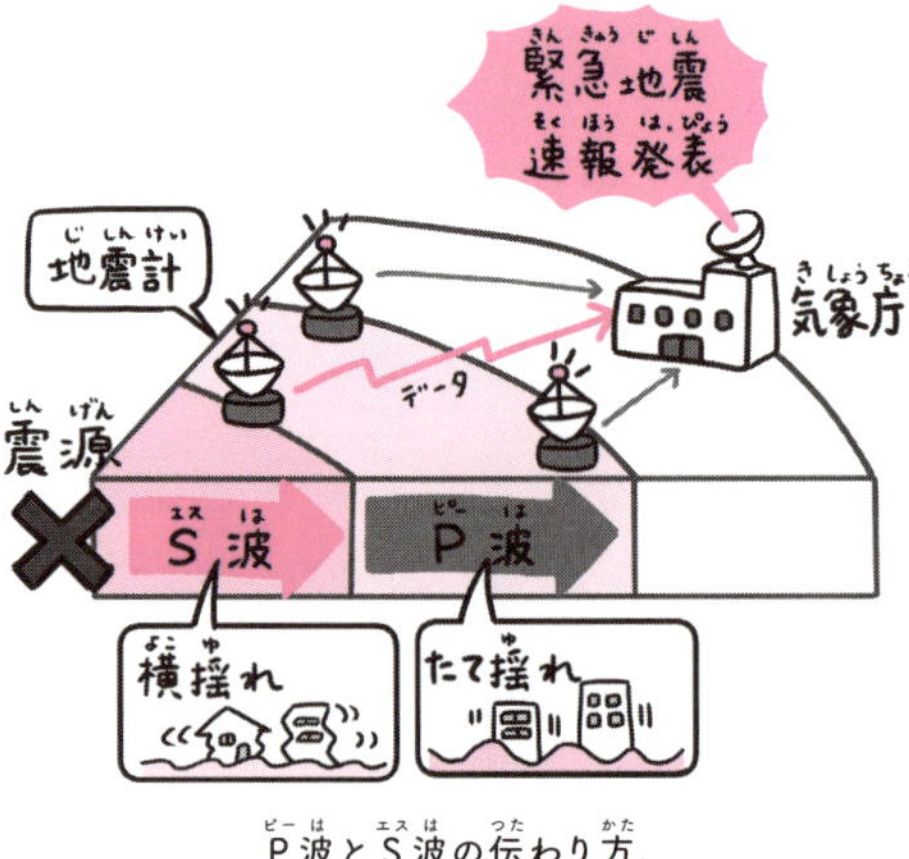

Ｐ波《ピーは》とＳ波《エスは》の伝《つた》わり方《かた》。
Ｐ波《ピーは》を感知《かんち》して緊急地震速報《きんきゅうじしんそくほう》が出《で》る

くらいかと数《かぞ》えて、震源地《しんげんち》との距離《きょり》を考《かんが》えています。

ただし、内陸《ないりく》の浅《あさ》い場所《ばしょ》が震源《しんげん》の場合《ばあい》は、P波《ピーは》とS波《エスは》はほぼ同時《どうじ》にやってくるので、緊急地震速報《きんきゅうじしんそくほう》は大《おお》きなS波《エスは》の揺《ゆ》れに間《ま》に合《あ》いません。

地震《じしん》の規模《きぼ》を表《あらわ》す**マグニチュード**は、岩盤《がんばん》がずれて地震《じしん》が起《お》こったことで放出《ほうしゅつ》されるエネルギーの値《あたい》です。一般的《いっぱんてき》にマグニチュードは地震計《じしんけい》によって測定《そくてい》されますが、規模《きぼ》の大《おお》きい地震《じしん》では、より正確《せいかく》な数値《すうち》を出《だ》すために、どのくらい断層《だんそう》がずれたかなどをもとにして計算《けいさん》します。それが、「モーメントマグニチュード」です。地震《じしん》の発生《はっせい》とほぼ同時《どうじ》に発表《はっぴょう》されるマグニチュードと、**しばらくしてから発表《はっぴょう》されるモーメントマグニチュードでは、数字《すうじ》がちがうことがあります。大《おお》きな地震《じしん》ではモーメントマグニチュードがよく使《つか》われます。**

おまけ　早期地震警報《そうきじしんけいほう》システム「FREQL（フレックル）」は、東京消防庁《とうきょうしょうぼうちょう》や東京《とうきょう》メトロなどに導入《どうにゅう》されています。

常識《じょうしき》クイズ
29

富士山《ふじさん》が噴火《ふんか》する可能性《かのうせい》はある？ ない？

富士山《ふじさん》は、過去《かこ》に噴火《ふんか》をくり返《かえ》した「活火山《かっかざん》」であり、噴火《ふんか》による溶岩《ようがん》が何層《なんそう》にも重《かさ》なってできた「成層火山《せいそうかざん》」です。なので、**答《こた》えは「（噴火《ふんか》する）可能性《かのうせい》はある」**です。

富士山《ふじさん》は標高《ひょうこう》3776mという日本一高《にっぽんいちたか》い山《やま》で、円《えん》すい形《けい》の美《うつく》しい形《かたち》から日本《にっぽん》の象徴《しょうちょう》ともいわれています。**2013年《ねん》には「富士山《ふじさん》 信仰《しんこう》の対象《たいしょう》と芸術《げいじゅつ》の源泉《げんせん》」として世界文化遺産《せかいぶんかいさん》に登録《とうろく》されました。**

しかし、はじめからこの美《うつく》しい姿《すがた》をしていたわけではありません。実《じつ》は、富士山《ふじさん》の内部《ないぶ》には3つの山《やま》がかくされているのです。**数十万年前《すうじゅうまんねんまえ》、マグマの噴出《ふんしゅつ》により「先小御岳火山《せんこみたけかざん》」ができ、それをおおうような形《かたち》で十数万年以上前《じゅうすうまんねんいじょうまえ》に「小御岳火山《こみたけかざん》」ができました。十万年《じゅうまんねん》前《まえ》には、小御岳火山《こみたけかざん》の噴火《ふんか》により降《ふ》り積《つ》もった溶岩《ようがん》や火山灰《かざんばい》によって「古《こ》**

噴火《ふんか》をくり返《かえ》し、大《おお》きくなっていく富士山《ふじさん》

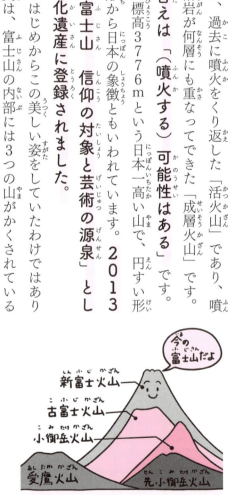

富士火山《ふじかざん》」がつくられ、約《やく》1万年前《まんねんまえ》に古富士《こふじ》火山《かざん》をおおう形《かたち》で「新富士火山《しんふじかざん》」ができ、現《げん》在《ざい》の富士山《ふじさん》になりました。富士山《ふじさん》は噴火《ふんか》のくり返《かえ》しによって大《おお》きくなってきたのです。

日本《にっぽん》では、火山《かざん》の噴火《ふんか》によって、地形《ちけい》が変《か》わったこともあります。1973年《ねん》、東京《とうきょう》の小笠原諸島《おがさわらしょとう》の「西《にし》之島《のしま》」の東《ひがし》で海底火山《かいていかざん》の噴火《ふんか》があり、新島《しんとう》ができました。その後《ご》も何度《なんど》か噴火《ふんか》をくり返《かえ》し、新島《しんとう》と西之島《にしのしま》がつながり、2019年《ねん》には西之島《にしのしま》の面積《めんせき》はもともとの約《やく》40倍《ばい》ほどになりました。また、明治時代《めいじじだい》の1888年《ねん》には、福島県《ふくしまけん》の磐梯山《ばんだいさん》で水蒸気爆発《すいじょうきばくはつ》が起《お》こり、山《やま》の上部《じょうぶ》3分《ぶん》の2がふき飛《と》ばされました。山《やま》から飛《と》んでいった岩石《がんせき》が川《かわ》をせきとめて、桧原湖《ひばらこ》、秋元湖《あきもとこ》といった美《うつく》しい湖《みずうみ》をつくりました。**日本《にっぽん》には、火山噴火《かざんふんか》によって風景《ふうけい》を変《か》えてきた歴史《れきし》があるのです。**

おまけ ▶ 火山《かざん》が私《わたし》たちにもたらすいいものとしては、温泉《おんせん》があります。多《おお》くの名湯《めいとう》にめぐまれているのは火山《かざん》のおかげともいえます。

常識《じょうしき》クイズ

30

道路《どうろ》にある「なまず」の標識《ひょうしき》。何《なん》のこと？

①緊急交通路《きんきゅうこうつうろ》　②立入禁止《たちいりきんし》　③水族館《すいぞくかん》

あなたも、大《おお》きな道路《どうろ》でなまずの標識《ひょうしき》を見《み》かけたことがありませんか？　**答《こた》えは「①緊急交通路《きんきゅうこうつうろ》」です。**わかりやすくいうと、**「この道路《どうろ》は、大地震《だいじしん》などの災害《さいがい》が起《お》きたときには、救急車《きゅうきゅうしゃ》や消防車《しょうぼうしゃ》、あるいは救助《きゅうじょ》するための自衛隊車両《じえいたいしゃりょう》などが通《とお》る緊急交通路《きんきゅうこうつうろ》になりますよ」**ということです。

災害時《さいがいじ》は、避難《ひなん》する人《ひと》たちの車《くるま》、救助《きゅうじょ》に向《む》かう車《くるま》、食料《しょくりょう》や物資《ぶっし》を運《はこ》ぶ車《くるま》などで道路《どうろ》が混雑《こんざつ》してしまいます。人命救助《じんめいきゅうじょ》の車《くるま》が優先的《ゆうせんてき》に通《とお》れるように道路《どうろ》を確保《かくほ》するため、日《ひ》ごろからこの標識《ひょうしき》で知《し》らせているのです。

２０１１年《ねん》3月《がつ》11日《にち》の東日本大震災《ひがしにほんだいしんさい》のときには、東北自動車道《とうほくじどうしゃどう》などの一部《いちぶ》の区間《くかん》が緊急交通路《きんきゅうこうつうろ》に指定《してい》されました。地震発生《じしんはっせい》の翌日《よくじつ》12日《にち》に指定《してい》され、24日《か》に全面解除《ぜんめんかいじょ》されました。

安政《あんせい》の大地震《おおじしん》で配《くば》られた、なまずの絵入《えい》りのかわら版《ばん》

12日間《にちかん》は、緊急車両《きんきゅうしゃりょう》の往来《おうらい》が多《おお》かったんですね。

でも、ここで疑問《ぎもん》がわきませんか? なぜ「なまず」のイラストなのか、と。**日本《にっぽん》ではその昔《むかし》、地《ち》底《てい》にいる大《おお》なまずが地震《じしん》を起《お》こすと信《しん》じられていました。** そして、そのなまずが暴《あば》れないようにおさえつけているという伝説《でんせつ》の「要石《かなめいし》」が、茨城県《いばらきけん》の鹿島神宮《かしまじんぐう》や千葉県《ちばけん》の香取神宮《かとりじんぐう》などにまつられています。「要石《かなめいし》」といえば、アニメ映画《えいが》『すずめの戸締《とじ》まり』にも登場《とうじょう》しています。

江戸時代末期《えどじだいまっき》の1855年《ねん》、江戸《えど》(今《いま》の東京《とうきょう》)で発《はっ》生《せい》した**安政《あんせい》の大地震《おおじしん》の後《あと》には、なまずの絵《え》が描《か》かれたかわら版《ばん》(今《いま》でいう新聞《しんぶん》の号外《ごうがい》)が発行《はっこう》されたくらい**なので、「地震《じしん》といえばなまず」というイメージが昔《むかし》から強《つよ》くあるのです。なまずにとっては無実《むじつ》の罪《つみ》ですが。

おまけ ▸「キジが鳴《な》くと地震《じしん》が起《お》こる」「地震《じしん》の前《まえ》には魚《さかな》がはねる」といういい伝《つた》えもありますが、科学的《かがくてき》な根拠《こんきょ》はわかっていません。

常識《じょうしき》クイズ
31

地球《ちきゅう》にある大陸《たいりく》は動《うご》いている。本当《ほんとう》？　うそ？

日々生活《ひびせいかつ》している中《なか》で、「日本列島《にっぽんれっとう》が動《うご》いている！」と感《かん》じることはないでしょう。ですが、**答《こた》えは「本当《ほんとう》」です。**

私《わたし》は子《こ》どものころ、**世界地図《せかいちず》でアフリカ大陸《たいりく》の西側《にしがわ》と南《みなみ》アメリカ大陸《たいりく》の東側《ひがしがわ》を見《み》ていて、「パズルみたいにくっつくかもしれない。どうしてだろう？」と疑問《ぎもん》に思《おも》いました。**

いろいろと本《ほん》を読《よ》むと、私《わたし》よりはるか前《まえ》に同《おな》じことを考《かんが》えた人《ひと》がいたことがわかりました。1912年《ねん》、ドイツの地球物理学者《ちきゅうぶつりがくしゃ》アルフレッド・ウェゲナーは**「今《いま》ある大陸《たいりく》は昔《むかし》は一《ひと》つの大陸《たいりく》だったのではないか」**と考《かんが》え、「大陸移動説《たいりくいどうせつ》」を発表《はっぴょう》し、昔々一《むかしむかしひと》つだった大陸《たいりく》を「パンゲア」と名付《なづ》けました。しかし、ウェゲナーは大陸移動説《たいりくいどうせつ》を証明《しょうめい》できないまま亡《な》くなります。

ここで、あなたも世界地図《せかいちず》を広《ひろ》げてみてください。大西洋《たいせいよう》の西《にし》にあるのが北《きた》アメリカ大《たい》

世界地図《せかいちず》や地球儀《ちきゅうぎ》を見《み》て、大陸同士《たいりくどうし》が「くっつきそう」と思《おも》ったことはある？

陸《りく》、大西洋《たいせいよう》の東《ひがし》にあるのが西《にし》ヨーロッパ（ユーラシア大陸《たいりく》）ですね。実《じつ》は、**この両大陸《りょうたいりく》には同《おな》じ種《しゅ》のカタツムリやミミズがいることがわかっています。**カタツムリやミミズが大西洋《たいせいよう》を泳《およ》いで行《い》き来《き》していた……？ そんなことはありませんよね。

ではなぜか？ これももともと一《ひと》つの大陸《たいりく》だったというパンゲアの考《かんが》え方《かた》なら、同《おな》じ大陸《たいりく》にいたからという説明《せつめい》が成《な》り立《た》ちます。

ウェゲナーの無念《むねん》をはらすように登場《とうじょう》したのが、**「プレートテクトニクス」**という考《かんが》え方《かた》。「プレート」は、地球《ちきゅう》をおおっている岩石《がんせき》の板《いた》のことです。**プレートが動《うご》くことによって、大陸《たいりく》も少《すこ》しずつ動《うご》いている。**ということは、**ウェゲナーが打《う》ち出《だ》した大陸移動説《たいりくいどうせつ》は、プレートの移動《いどう》によって解《と》き明《あ》かされることになったのです。**

おまけ　地球《ちきゅう》の深《ふか》いところにある熱《あつ》いマントルが長《なが》い年月《ねんげつ》をかけてゆっくりと対流《たいりゅう》することで、その上《うえ》にあるプレートが動《うご》くとされています。

常識《じょうしき》クイズ
32

ハワイ諸島《しょとう》は、いつか北海道《ほっかいどう》の横《よこ》に来《く》る。本当《ほんとう》？ うそ？

ハワイが北海道《ほっかいどう》の横《よこ》に来《く》るなんて、そんなことあるわけないじゃん！ と思《おも》った人《ひと》。残念《ざんねん》！ **クイズの答《こた》えは「本《ほん》当《とう》」です。** 地球《ちきゅう》のプレートの話《はなし》を思《おも》い出《だ》してください。プレートは1年《ねん》に数《すう》cmずつ動《うご》いています。そして、ハワイのある太平洋《たいへいよう》プレートは、1年《ねん》に6〜8cm北西《ほくせい》の方向《ほうこう》に動《うご》いています。さあ、地図《ちず》を見《み》てみましょう。**ハワイの北西《ほくせい》はちょうど千島列島《ちしまれっとう》のあたりです。** なので、**北海道《ほっかいどう》の東側《ひがしがわ》に到着《とうちゃく》することになりそうです。**

ではあと何年後《なんねんご》に着《つ》くのでしょう？ それは、8000万《まん》年《ねん》から1億年後《おくねんご》と推測《すいそく》されています。……あなたが、「そんなに先《さき》の話《はなし》なの？」とため息《いき》をついて肩《かた》を落《お》とす姿《すがた》が目《め》に浮《う》かびます。

ハワイ諸島《しょとう》の下《した》には、マグマ（岩石《がんせき》がとけた高温《こうおん》の物質《ぶっしつ》）がマントルから上昇《じょうしょう》してくる

ハワイが北海道《ほっかいどう》の近《ちか》くに来《き》たら、
ハワイなのに寒《さむ》い！

「ホットスポット」という場所《ばしょ》があります。

マグマが噴出《ふんしゅつ》して海底《かいてい》に火山《かざん》ができ、その火山《かざん》が成《せい》長《ちょう》し海面《かいめん》に顔《かお》を出《だ》すことで島《しま》になったのが、ハワイ諸《しょ》島《とう》なのです。

ハワイ諸島《しょとう》の地図《ちず》を見《み》ると、島《しま》が西北西《せいほくせい》の方向《ほうこう》にならんでいるのがわかります。**ホットスポットの位《い》置《ち》は変《か》わりませんが、島《しま》の土台《どだい》となるプレートが動《うご》いているため、昔《むかし》できた島《しま》がプレートの運動方向《うんどうほうこう》にならんでいるのです。**

島《しま》ができた年代《ねんだい》と島《しま》の間《あいだ》の距離《きょり》を測《はか》るとプレートの動《うご》く速《はや》さがわかります。ハワイ諸島《しょとう》の東側《ひがしがわ》の海底《かいてい》には、新《あたら》しい「カマエワカナロア海底火山《かいていかざん》」があり、ホットスポットからマグマが噴出《ふんしゅつ》したことによってできた火《か》山《ざん》です。この火山《かざん》も、いずれは「カマエワカナロア島《とう》」になることでしょう。

おまけ ▸ オアフ島《とう》きっての観光名所《かんこうめいしょ》・ダイヤモンドヘッドは、昔《むかし》の火山《かざん》の跡《あと》で、現在《げんざい》は活動《かつどう》を終《お》えています。

常識《じょうしき》クイズ
33

エベレストは今《いま》も高《たか》くなり続《つづ》けている。本当《ほんとう》？ うそ？

世界一《せかいいち》の高《たか》さ8848mを誇《ほこ》るエベレスト。エベレストは、誕生《たんじょう》したときから世界一《せかいいち》だったわけではなく、**長《なが》い年月《ねんげつ》をかけて世界一《せかいいち》の高《たか》さになり、今現《いまげん》在《ざい》も少《すこ》しずつ高《たか》くなり続《つづ》けています。ということで、答《こた》えは「本当《ほんとう》」です。**

その理由《りゆう》を説明《せつめい》するために、エベレストを有《ゆう》するヒマラヤ山脈《さんみゃく》の誕生《たんじょう》についてお話《はな》ししましょう。

昔々《むかしむかし》、今《いま》のインドはオーストラリアや南極《なんきょく》の方《ほう》にありました。**インド大陸《たいりく》が乗《の》ったインドプレートが、長《なが》い時間《じかん》をかけて北《きた》に移動《いどう》し、やがてインドプレートと、ユーラシア大陸《たいりく》が乗《の》ったユーラシアプレートが衝突《しょうとつ》します。つまり、インドが今《いま》の場所《ばしょ》にたどりついたということです。**これが今《いま》から数《すう》

ヒマラヤ山脈《さんみゃく》をグイグイ押《お》し続《つづ》ける
インドプレート

千万年前《せんまんねんまえ》のことと考《かんが》えられています。

このプレートの衝突《しょうとつ》により地面《じめん》がもり上《あ》がってできたのが、ヒマラヤ山脈《さんみゃく》です。**ヒマラヤ山脈《さんみゃく》、エベレストの高《たか》さを考《かんが》えると、衝突《しょうとつ》がどのくらいすごいものだったか、予想《よそう》がつきますね。**プレートは地球上《ちきゅうじょう》で動《うご》き続《つづ》けているので、この二《ふた》つのプレートも押《お》し合《あ》い続《つづ》けています。ですから、エベレストは高《たか》くなり続《つづ》けているというわけです。なお、**エベレストの頂上《ちょうじょう》から貝《かい》がらや海《うみ》の生物《せいぶつ》の化石《かせき》が発見《はっけん》されており、**このことからかつては海《うみ》だったことがわかります。

ちなみに日本《にっぽん》の伊豆半島《いずはんとう》も、約《やく》2000万年前《まんねんまえ》には本州《ほんしゅう》のはるか南《みなみ》、硫黄島近《いおうとうちか》くにありました。それが時《じ》間《かん》をかけて移動《いどう》し、本州《ほんしゅう》にぶつかって半島《はんとう》になり、その衝突《しょうとつ》で生《う》まれたのが丹沢山系《たんざわさんけい》です。

おまけ

伊豆半島《いずはんとう》は、生《は》えている植物《しょくぶつ》も本州《ほんしゅう》の他《ほか》の地域《ちいき》と異《こと》なり、南洋諸島《なんようしょとう》の雰囲気《ふんいき》があります。「バナナワニ園《えん》」もありますよ！

常識《じょうしき》クイズ

34

海《うみ》は、雨水《あまみず》でできている。本当《ほんとう》？ うそ？

雨《あめ》が降《ふ》ったくらいで海《うみ》ができるの？ と思《おも》いますよね。

ここでは「たくさん」がポイントです。ということで、**答《こた》えは「本当《ほんとう》」です。**

地球《ちきゅう》が誕生《たんじょう》したのは、今《いま》から46億年《おくねん》ほど前《まえ》。小《ちい》さい惑星《わくせい》がぶつかり合《あ》い、だんだん大《おお》きくなって地球《ちきゅう》ができたと考《かんが》えられています。

こうして誕生《たんじょう》した地球《ちきゅう》は、マグマの熱《あつ》い海《うみ》でおおわれていて、あちらこちらで火山《かざん》の噴火《ふんか》が起《お》こりました。それによって、地球《ちきゅう》の内部《ないぶ》にあった水蒸気《すいじょうき》や二酸化炭素《にさんかたんそ》が地表《ちひょう》から噴出《ふんしゅつ》し、地球《ちきゅう》のまわりに大気《たいき》をつくりました。火山《かざん》の噴火《ふんか》がおさまると、地球《ちきゅう》は急激《きゅうげき》に冷《ひ》えていきます。冷《ひ》えることで、大気中《たいきちゅう》の水蒸気《すいじょうき》が雨《あめ》になって地球《ちきゅう》に降《ふ》りました。**雨《あめ》が降《ふ》るとさらに温度《おんど》が下《さ》がり、また雨《あめ》が降《ふ》る……。それが、気《き》の遠《とお》くなるよ**

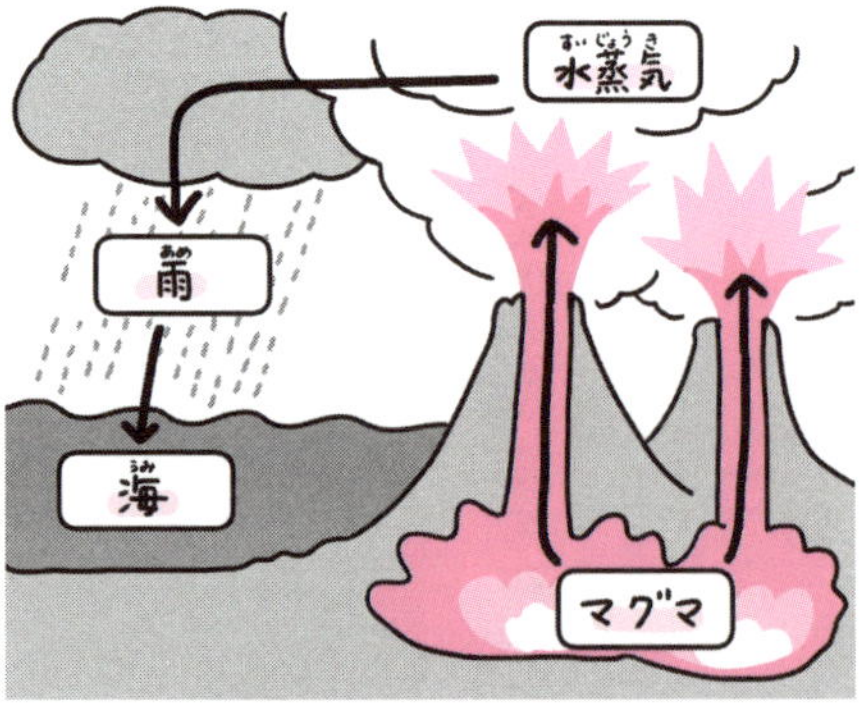

火山噴火《かざんふんか》の水蒸気《すいじょうき》が冷《ひ》やされて
雨《あめ》になり、海《うみ》となった

うな長《なが》い時間続《じかんつづ》いたことで、地球《ちきゅう》に海《うみ》ができたとされています。

では、**はじめから海《うみ》は塩《しお》からかったのか？**

実《じつ》はちがいます。当時《とうじ》の大気《たいき》には、今《いま》の大気《たいき》には存在《そんざい》しないさまざまな物質《ぶっしつ》がふくまれていました。その一《ひと》つが塩化水素《えんかすいそ》。これが水蒸気《すいじょうき》にとけると、塩酸《えんさん》という酸味《さんみ》のある液体《えきたい》になります。それが雨《あめ》として降《ふ》って海《うみ》になったので、海《うみ》はどちらかというとすっぱかったようです。**塩酸《えんさん》には物質《ぶっしつ》をとかす作用《さよう》があるため、塩酸《えんさん》の雨《あめ》が岩石《がんせき》にふくまれていたナトリウムやマグネシウムをたくさんとかし、それが海《うみ》に流《なが》れこんだことで、今《いま》のような塩《しお》からい海《うみ》になったのです。**

もっとも塩分濃度《えんぶんのうど》の高《たか》い水域《すいいき》は、西《にし》アジアの「死海《しかい》」。海水《かいすい》の約《やく》10倍《ばい》の濃度《のうど》で、生物《せいぶつ》はほぼ生《い》きられません。

おまけ　火星《かせい》には、川《かわ》の跡《あと》と思《おも》われる土地《とち》などがあり、大昔《おおむかし》には地表面《ちひょうめん》に水《みず》があったとされています。

北極《ほっきょく》と南極《なんきょく》、より寒《さむ》いのはどっち？

北極《ほっきょく》は陸地《りくち》ではなく「北極海《ほっきょくかい》」という海《うみ》であり、地域名《ちいきめい》です。南極《なんきょく》は「南極大陸《なんきょくたいりく》」というように陸地《りくち》です。**海《うみ》より陸地《りくち》の方《ほう》が冷《ひ》えやすいので、答《こた》えは「南極《なんきょく》」です。**「北《きた》」だから北極《ほっきょく》の方《ほう》が寒《さむ》いと思《おも》いますよね。

まわりの大人《おとな》にも聞《き》いてみてください。けっこうまちがうかもしれませんよ。

北極海《ほっきょくかい》の氷《こおり》の厚《あつ》さは10mほどですが、南極大陸《なんきょくたいりく》の氷《こおり》は厚《あつ》さ最大《さいだい》4000mほどで、富士山級《ふじさんきゅう》です。山《やま》でもそうですが、高《たか》いところの方《ほう》が寒《さむ》くなります。また、くり返《かえ》しますが北極《ほっきょく》は氷《こおり》でおおわれた海《うみ》で、南極《なんきょく》は大陸《たいりく》です。**海《うみ》は冷《ひ》えにくく陸《りく》は冷《ひ》えやすい。南極大陸《なんきょくたいりく》でも海側《うみがわ》より内陸《ないりく》の方《ほう》が温度《おんど》は下《さ》がります。**年間《ねんかん》の平均気温《へいきんきおん》は場所《ばしょ》によって異《こと》なりますが、**北極《ほっきょく》が約《やく》マイナス18℃、南極《なんきょく》が約《やく》マイナス50℃。**だいぶ気温《きおん》

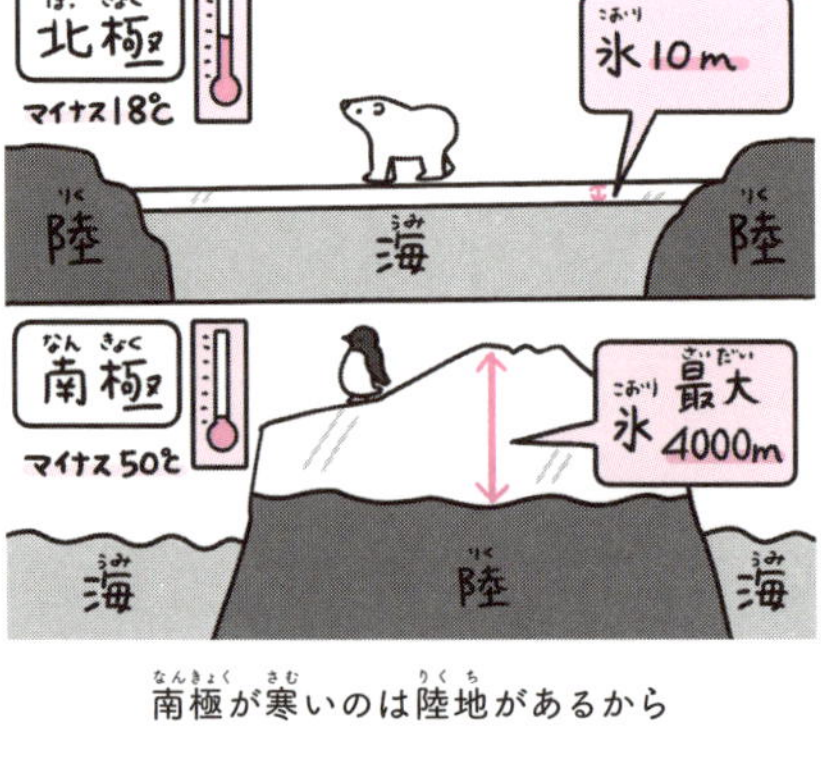

南極《なんきょく》が寒《さむ》いのは陸地《りくち》があるから

がちがいますね。最低気温《さいていきおん》の記録《きろく》でいえば、北極《ほっきょく》はオイミャコンという都市《とし》の**マイナス67・8℃**、南極《なんきょく》ではボストーク基地《きち》で**マイナス89・2℃**を記録《きろく》しました。ここまでくると、そう変《か》わらないのかもしれませんね。北極《ほっきょく》も南極《なんきょく》も、「夏《なつ》」はあります。北極圏《ほっきょくけん》に近《ちか》いシベリアでは、夏至《げし》がある6月《がつ》から7月《がつ》ごろまでは日中《にっちゅう》の気温《きおん》が30℃を超《こ》える日《ひ》もあるそうです。一方《いっぽう》、南極《なんきょく》の夏《なつ》は1月《がつ》。海《うみ》に近《ちか》いところでも平均気温《へいきんきおん》は0℃なので、スイカを食《た》べるどころではないようです。

北極圏《ほっきょくけん》は、ロシア・カナダ・アメリカ・デンマーク（グリーンランド）・ノルウェーなどの8か国《こく》が領土《りょうど》をもっています。しかし、南極大陸《なんきょくたいりく》はどの国《くに》にも属《ぞく》していません。各国《かっこく》が共同《きょうどう》で科学調査《かがくちょうさ》を行《おこな》うため、日本《にっぽん》をふくむ57か国《こく》で南極条約《なんきょくじょうやく》を結《むす》んでいて、締約国《ていやくこく》は自由《じゆう》に訪《おとず》れることができます。

おまけ

北極圏《ほっきょくけん》と南極圏《なんきょくけん》の面積《めんせき》は、どちらも約《やく》1400万《まん》km²でほぼ同《おな》じ。日本列島《にっぽんれっとう》の約《やく》37倍《ばい》です。

常識《じょうしき》クイズ
36

地球《ちきゅう》は新幹線《しんかんせん》の5倍《ばい》の速《はや》さで回《まわ》っている。本当《ほんとう》？うそ？

ふだん生活《せいかつ》していて、「地球《ちきゅう》が回《まわ》っているなあ」と感《かん》じることはないですよね。ですが、**実《じつ》は地球《ちきゅう》はかなりのスピードで回《まわ》っているので、答《こた》えは「本当《ほんとう》」です。**

地球《ちきゅう》は、北極《ほっきょく》と南極《なんきょく》をつらぬく「地軸《ちじく》」を中心《ちゅうしん》に1日《にち》に1回転《かいてん》していて、これを「自転《じてん》」といいます。赤道《せきどう》のまわり（地球《ちきゅう》の外周《がいしゅう》）は約《やく》4万《まん》kmで、それが1日《にち》＝24時間《じかん》かけて回《まわ》ります。速《はや》さを求《もと》める公式《こうしき》は「距離《きょり》÷時間《じかん》」なので、4万《まん》km÷24時間《じかん》＝**時速約《じそくやく》1700km**となります。

東北《とうほく》・秋田新幹線《あきたしんかんせん》「はやぶさ」「こまち」の最高速度《さいこうそくど》は時《じ》速《そく》320kmなので、赤道上《せきどうじょう》の**地球《ちきゅう》の自転《じてん》は新幹線《しんかんせん》の約《やく》5倍《ばい》。**日本航空《にほんこうくう》によると、航《こう》空機《くうき》の時速《じそく》は約《やく》900km。**地球《ちきゅう》は航空機《こうくうき》の約《やく》2倍《ばい》の速《はや》さで回《まわ》っています。**

それなのに、どうして私《わたし》たちは目《め》が回《まわ》らないのでしょう？　それは、地球《ちきゅう》のまわりの空《くう》

猛《もう》スピードで回《まわ》っている地球《ちきゅう》

気《き》も一緒《いっしょ》に回《まわ》っているからなんです。

あなたは、新幹線《しんかんせん》に乗《の》っているとき、外《そと》の景色《けしき》が見《み》えなければ、どれだけのスピードで走《はし》っているかわからないはずです。それは、新幹線《しんかんせん》の中《なか》の空気《くうき》も同《おな》じスピードで動《うご》いているからです。地球《ちきゅう》も新幹線《しんかんせん》と同《おな》じことだと考《かんが》えられます。

もし、地球《ちきゅう》の自転《じてん》が急《きゅう》に止《と》まってしまったらどうなるでしょう？ おそらく、人《ひと》も建物《たてもの》も、ものすごい勢《いきお》いでふき飛《と》ばされてしまいます。

ただ、地球上《ちきゅうじょう》で2か所《しょ》だけ、安全《あんぜん》なところがあります。それは、緯度《いど》が90度《ど》の場所《ばしょ》、つまり北極《ほっきょく》と南極《なんきょく》の「極《きょく》」です。地軸《ちじく》の極付近《きょくふきん》では、自転速度《じてんそくど》が遅《おそ》いので、万《まん》が一急《いちきゅう》に止《と》まっても、コテッと転《ころ》ぶくらいかもしれません。たまたま「極《きょく》」にいることなんて、そうそうないでしょうけどね。

おまけ

地球《ちきゅう》だけでなく、火星《かせい》や水星《すいせい》、木星《もくせい》など、太陽系《たいようけい》の惑星《わくせい》はすべて自転《じてん》しています。太陽《たいよう》も自転《じてん》しています。

常識《じょうしき》クイズ

37

日本《にっぽん》で最近発見《さいきんはっけん》された新《あら》たなエネルギー資源《しげん》とは？

①石油《せきゆ》　②石炭《せきたん》　③メタンハイドレート

国内《こくない》でまかなえるエネルギー資源《しげん》が全体《ぜんたい》の消費量《しょうひりょう》のわずか13%という日本《にっぽん》にとって、**「③メタンハイドレート」の発見《はっけん》はかなりの朗報《ろうほう》です。これが答《こた》えです。**

メタンハイドレートは**「燃《も》える氷《こおり》」として知《し》られる天然《てんねん》ガスの一《ひと》つで、メタンガスと水《みず》が結合《けつごう》してできた氷《こおり》のようなもの。**メタンガスが燃《も》えるときに出《だ》す二酸化炭素《さんかたんそ》の量《りょう》は石油《せきゆ》が燃《も》える時《とき》の約《やく》70%。メタンハイドレートは**燃《も》やすと水《みず》しか残《のこ》らないので環境《かんきょう》にやさしい**のです。それに、1m^3のメタンハイドレートから取《と》り出《だ》せるメタンガスは約《やく》160m^3。日本近海《にっぽんきんかい》の底《そこ》には100年分《ねんぶん》のメタンハイドレートが眠《ねむ》っているとされていて、これで日本《にっぽん》も安泰《あんたい》！　と思《おも》いますよね。

……世《よ》の中《なか》に、そうそう甘《あま》い話《はなし》はありません。メタンハイドレートがあることは確実《かくじつ》な

「燃《も》える氷《こおり》」と呼《よ》ばれるメタンハイドレート

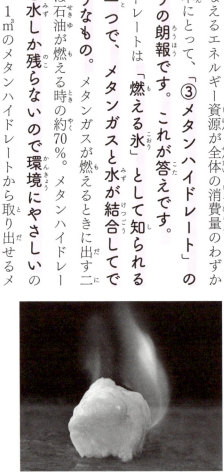

のですが、**これを海底《かいてい》から取《と》り出《だ》すのが至難《しなん》の業《わざ》**なのです。

石油《せきゆ》や石炭《せきたん》、天然《てんねん》ガスといった化石燃料《かせきねんりょう》（数千万年《すうせんまんねん》以上前《いじょうまえ》の動植物《どうしょくぶつ》の化石《かせき》から生《う》み出《だ》されたエネルギー源《げん》）は、掘《ほ》ったりくみ上《あ》げたりすれば使《つか》えます。ですがメタンハイドレートは、地上《ちじょう》にもってきたらとけてしまい、そこでメタンガスが発生《はっせい》してしまうので、**海底《かいてい》で水《みず》とメタンガスに分解《ぶんかい》してメタンガスだけを回収《かいしゅう》する必要《ひつよう》がある**のです。**非常《ひじょう》にむずかしくて高額《こうがく》な費用《ひよう》がかかります。**

そのための技術研究《ぎじゅつけんきゅう》が進《すす》められていて、日本《にっぽん》では2013年《ねん》3月《がつ》に、地球深部探査船《ちきゅうしんぶたんさせん》「ちきゅう」によって水深《すいしん》1000mの海底《かいてい》の下《した》から、約《やく》12万《まん》m³のメタンガスを取《と》り出《だ》すことに成功《せいこう》しています。**これは世界《せかい》初《はつ》！　今後《こんご》の研究《けんきゅう》に期待《きたい》がかかります。**

おまけ　天然《てんねん》ガスは、もともと無色透明《むしょくとうめい》で無臭《むしゅう》。私《わたし》たちが使《つか》うときにはガスもれなどに気《き》づくように、後《あと》から人工的《じんこうてき》ににおいをつけているのです。

常識《じょうしき》クイズ

38

アリストテレスは「地球《ちきゅう》は丸《まる》い」を「月食《げっしょく》」で証明《しょうめい》した。本当《ほんとう》？うそ？

「地球《ちきゅう》は丸《まる》い」のではなく「球体《きゅうたい》」だと答《こた》えた人《ひと》。すばらしい！ 花《はな》まるです！ なお、**答《こた》えは「本当《ほんとう》」です。**

もし、地球《ちきゅう》が球体《きゅうたい》だとわかる方法《ほうほう》を教《おし》えてといわれたら、あなたは答《こた》えられますか？ 日常生活《にちじょうせいかつ》で「地球《ちきゅう》が丸《まる》い」と実感《じっかん》する機会《きかい》はほとんどありませんからむずかしいですよね。人間《にんげん》の体《からだ》に比《くら》べて地球《ちきゅう》はとても大《おお》きいので、本当《ほんとう》は丸《まる》いのに平《たい》らだと感《かん》じてしまいます。

現代《げんだい》の私《わたし》たちは、地球《ちきゅう》が球体《きゅうたい》であることは知識《ちしき》として知《し》っています。ですが、古代《こだい》の人々《ひとびと》は、地球《ちきゅう》は平《たい》らだと思《おも》っていました。平面《へいめん》の上《うえ》で生活《せいかつ》しているのですから、無理《むり》もありませんね。**約《やく》2300年前《ねんまえ》、地球《ちきゅう》は球体《きゅうたい》なのではないか？ と考《かんが》えた人《ひと》がいます。それは、「万学《ばんがく》の祖《そ》（あらゆる学問《がくもん》の基礎《きそ》をつくった）」と呼《よ》ばれる哲学者《てつがくしゃ》・アリストテレスです。**アリストテレスは、

左《ひだり》・海《うみ》の向《む》こうから来《く》る船《ふね》は上《うえ》から見《み》えはじめる。右《みぎ》・月食《げっしょく》の仕組《しく》み

海《うみ》のむこうからなんか来《く》る

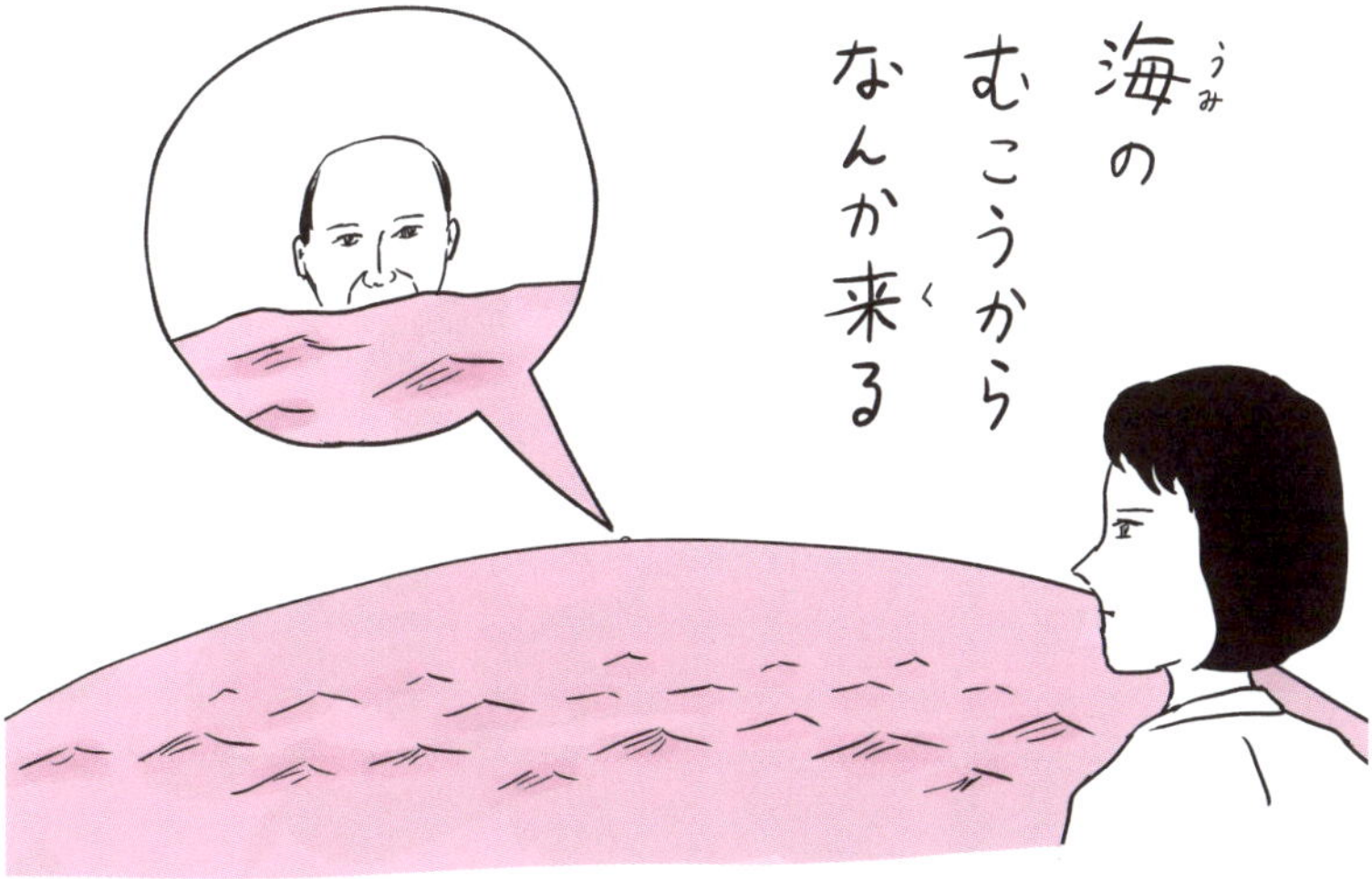

主《おも》に次《つぎ》の方法《ほうほう》で地球《ちきゅう》が球体《きゅうたい》であることを証明《しょうめい》しました。

①月食《げっしょく》　月食《げっしょく》は、太陽《たいよう》→地球《ちきゅう》→月《つき》の順《じゅん》に一直線《いっちょくせん》にならぶときに起《お》こる現象《げんしょう》のこと。**月食《げっしょく》のとき、月《つき》は地球《ちきゅう》の影《かげ》がかかって欠《か》けて見《み》えます。その影《かげ》は丸《まる》く見《み》えますよね？　ですから、地球《ちきゅう》の輪郭《りんかく》は丸《まる》いといえます。**

②陸地《りくち》に近《ちか》づく船《ふね》　**水平線《すいへいせん》の向《む》こうから船《ふね》が近《ちか》づいてくるとき、船《ふね》の上《うえ》の部分《ぶぶん》からだんだんと船体《せんたい》が見《み》えてきますね。これも地球《ちきゅう》が球体《きゅうたい》である証拠《しょうこ》。**もし平《たい》らだったら、はじめは全体《ぜんたい》が小《ちい》さくぼやっと見《み》えていて、だんだんハッキリ見《み》えてくるはずですから。

他《ほか》にも高《たか》いところに登《のぼ》れば登《のぼ》るほど遠《とお》くが見《み》えること、観測《かんそく》する場所《ばしょ》によって北極星《ほっきょくせい》の高度《こうど》が変《か》わることなどで証明《しょうめい》しました。

おまけ ▸ 地球《ちきゅう》の半径《はんけい》は、赤道《せきどう》のあたりで約《やく》6380㎞、南北《なんぼく》の「極《きょく》」では約《やく》6360㎞。地球《ちきゅう》は、ほんの少《すこ》し横《よこ》につぶれた形《かたち》です。

常識《じょうしき》クイズ
39

津波《つなみ》は台風《たいふう》によって起《お》こる。本当《ほんとう》？ うそ？

津波《つなみ》とは、津《つ》（港《みなと》）に押《お》し寄《よ》せる大《おお》きな波《なみ》のこと。主《おも》に**地震《じしん》によって起《お》こるので、答《こた》えは「うそ」です。津波《つなみ》を起《お》こす地震《じしん》は、74ページにも出《で》てきた「海溝型地震《かいこうがたじしん》」。**地震《じしん》によって海底《かいてい》が動《うご》き、海《うみ》の水《みず》がぐっと押《お》し上《あ》げられることによって大《おお》きな波《なみ》になって海岸《かいがん》に押《お》し寄《よ》せるというわけです。

津波《つなみ》は水深《すいしん》が深《ふか》いほど速《はや》く伝《つた》わり、深海《しんかい》では時速《じそく》８００kmのジェット機《き》の速《はや》さといわれます。水深《すいしん》が浅《あさ》くなっていくと時速《じそく》１１０km程度《ていど》になり、沿岸部《えんがんぶ》では時速《じそく》36kmの自動車《じどうしゃ》の速《はや》さくらいになります。波《なみ》の速度《そくど》がゆっくりになると、その後《うし》ろから押《お》し寄《よ》せる波《なみ》が合体《がったい》して、波《なみ》は高《たか》くなっていきます。ゆっくりといっても、自動車《じどうしゃ》ほどの速《はや》さの津波《つなみ》は、津波《つなみ》を見《み》てから逃《に》げては間《ま》に合《あ》いません。１９６０年《ねん》のチリ地震《じしん》の津波《つなみ》は、震源《しんげん》から約《やく》１万《まん》７０

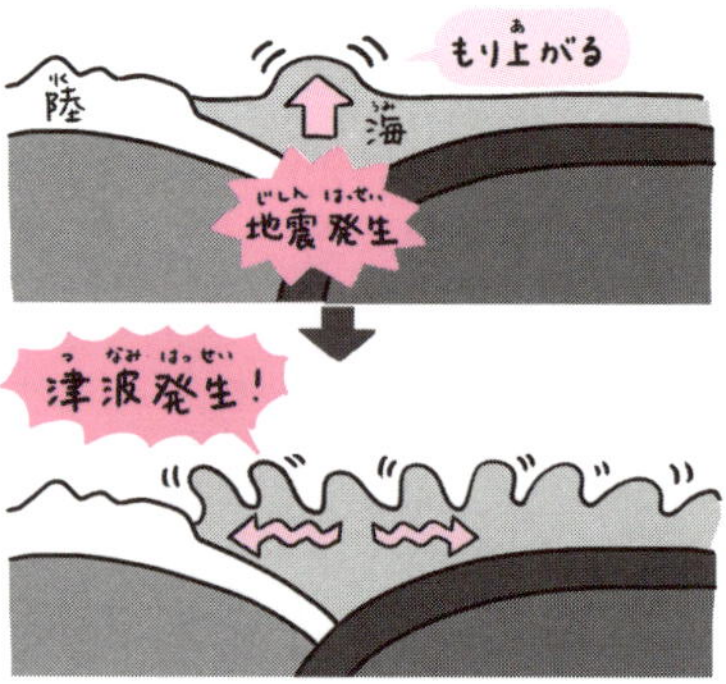

地震《じしん》が発生《はっせい》すると海底《かいてい》が海水《かいすい》を押《お》し上《あ》げ、津波《つなみ》が起《お》こる

00kmある日本《にっぽん》まで約《やく》1日《にち》かけて伝《つた》わり、日本《にっぽん》にも大《おお》きな被害《ひがい》をもたらしました。また、津波《つなみ》の高《たか》さは海岸《かいがん》の地形《ちけい》によっても変《か》わります。入江《いりえ》や湾《わん》になっているところには波《なみ》が集中《しゅうちゅう》するので、高《たか》くなります。

津波《つなみ》は、地震《じしん》以外《いがい》にも、海底《かいてい》にある火山《かざん》の噴火《ふんか》や海《かい》底《てい》での地《じ》すべりなどでも起《お》こることがあります。これらのニュースはチェックしておきたいですね。

一方《いっぽう》、**台風《たいふう》によって起《お》こる海《うみ》の災害《さいがい》は高潮《たかしお》です。**高潮《たかしお》とは、海面《かいめん》の水位《すいい》が上昇《じょうしょう》することです。**台風《たいふう》による気圧《きあつ》の低下《ていか》によって海面《かいめん》がもち上《あ》がることを「吸《す》い上《あ》げ効果《こうか》」といい、台風《たいふう》による暴風雨《ぼうふうう》で海水《かいすい》が海岸《かいがん》にふきこんで海面《かいめん》が上昇《じょうしょう》することを「ふき寄《よ》せ効果《こうか》」といいます。**台風《たいふう》の多《おお》い9月《がつ》は、海水《かいすい》の温度《おんど》上昇《じょうしょう》もあいまって水《すい》位《い》が上《あ》がるので、高潮《たかしお》には要注意《ようちゅうい》です。

おまけ

津波《つなみ》は英語《えいご》で「タイダルウェーブ」「ビッグウェーブ」と呼《よ》ばれていましたが、現在《げんざい》は「tsunami《ツナミ》」が国際語《こくさいご》になっています。

常識《じょうしき》クイズ 40

「地震《じしん》が来《き》たら竹林《たけばやし》に逃《に》げろ」といういい伝《つた》え。地震時《じしんじ》に竹林《たけばやし》は安全《あんぜん》？ 安全《あんぜん》とは限《かぎ》らない？

あなたのまわりの大人《おとな》に聞《き》いたら、子《こ》どものころにこのようないい伝《つた》えを聞《き》いたことがあるという人《ひと》も多《おお》いのではないでしょうか。

昔《むかし》はそのように伝《つた》えられていましたが、今《いま》は「安全《あんぜん》とは限《かぎ》らない」のです。消防庁《しょうぼうちょう》が発表《はっぴょう》している「防災《ぼうさい》に関《かか》わる『言《い》い伝《つた》え』」の中《なか》でも、**宮城県《みやぎけん》、千葉県《ちばけん》、神奈川県《かながわけん》、新潟県《にいがたけん》、静岡県《しずおかけん》、愛知県《あいちけん》など多《おお》くの地域《いき》でいわれてきた**と紹介《しょうかい》されています。

この背景《はいけい》には、竹《たけ》の地下茎《ちかけい》はあみ目《め》のように広《ひろ》く張《は》り巡《めぐ》らされているため、地面《じめん》をしっかり支《ささ》えていて地震《じしん》の揺《ゆ》れに強《つよ》いと考《かんが》えられたということがあります。

自然《しぜん》を大切《たいせつ》にし、自然《しぜん》とともに暮《く》らしてきた先祖《せんぞ》たちの知恵《ちえ》のたまものですね。

「地震《じしん》が来《き》たら竹林《たけばやし》に逃《に》げろ！」といわれて育《そだ》った大人《おとな》も多《おお》い

京都《きょうと》は、美《うつく》しい竹林《たけばやし》で有名《ゆうめい》です。京都《きょうと》は活断層《かつだんそう》が多《おお》くある土地《とち》で、頻繁《ひんぱん》に起《お》こる地震《じしん》で地盤《じばん》がゆるんでしまったことから、地盤《じばん》を強化《きょうか》するために竹《たけ》を植《う》えたと伝《つた》えられています。

とはいえ、効果《こうか》について**実証《じっしょう》はされていません。**

地震《じしん》が来《き》たら、その場所《ばしょ》や状況《じょうきょう》に応《おう》じて身《み》の安全《あんぜん》を確保《かくほ》しましょう。室内《しつない》なら、窓《まど》や棚《たな》から離《はな》れて、机《つくえ》の下《した》に身《み》をかくしましょう。外出時《がいしゅつじ》なら、ブロック塀《べい》や自動販売機《じどうはんばいき》、電柱《でんちゅう》などは倒《たお》れるおそれがあるので、離《はな》れましょう。海《うみ》が近《ちか》いところでは、津波《つなみ》の危険《きけん》があるので、できる限《かぎ》り高《たか》いところに逃《に》げることが大切《たいせつ》です。

東日本大震災《ひがしにほんだいしんさい》を教訓《きょうくん》として、自治体《じちたい》による「津波避難《つなみひなん》ビル」も増《ふ》えているので、海《うみ》へ遊《あそ》びに行《い》くときや海《うみ》が近《ちか》い場所《ばしょ》に家《いえ》がある場合《ばあい》は、場所《ばしょ》を確認《かくにん》しておきましょう。

おまけ　いい伝《つた》えというのは、根拠《こんきょ》のないものもあれば、事実《じじつ》に近《ちか》いものもあります。きちんと調《しら》べて正《ただ》しく判断《はんだん》しましょう。

常識《じょうしき》クイズ

41

富士山《ふじさん》は奈良時代《ならじだい》から噴火《ふんか》している。本当《ほんとう》？ うそ？

富士山《ふじさん》の噴火《ふんか》についてのもっとも古《ふる》い記録《きろく》は、７８１年《ねん》の噴火《ふんか》です。「鳴《な》くよ（７９４年《ねん》）うぐいす平安京《へいあんきょう》」は平安時《へいあんじ》代《だい》なので、７８１年《ねん》はその前《まえ》の奈良時代《ならじだい》ということになります。**答《こた》えは「本当《ほんとう》」です。この噴火《ふんか》が記《しる》されているのは、平安時代《へいあんじだい》のはじめごろに編《へん》さんされた『続日本紀《しょくにほんぎ》』です。**

この後《あと》も富士山《ふじさん》はたびたび噴火《ふんか》していて、７８１年《ねん》以降《いこう》で少《すく》なくとも**17回噴火《かいふんか》した**という記録《きろく》が残《のこ》っています。そのうちの12回《かい》は平安時代《へいあんじだい》です。「平安《へいあん》」とは名《な》ばかり、富士《ふじ》山《さん》は活発《かっぱつ》に活動《かつどう》していたんですね。最近《さいきん》の噴火《ふんか》は江戸時代《えどじだい》、１７０７年《ねん》の「宝永大噴火《ほうえいだいふんか》」で、富士山《ふじさん》に近《ちか》い地域《ちいき》はもちろん、江戸《えど》の町《まち》にまで火山灰《かざんばい》が降《ふ》るほどの激《はげ》しい噴火《ふんか》だったそうです。**ここから３００年以上《ねんいじょう》、富士山《ふじさん》は噴火《ふんか》していません。**

富士山《ふじさん》は山頂火口《さんちょうかこう》と、南東斜面《なんとうしゃめん》にある宝永火口《ほうえいかこう》があり、後者《こうしゃ》は江戸時代《えどじだい》の宝永大噴火《ほうえいだいふんか》のときにできた火口《かこう》

富士山《ふじさん》の噴火《ふんか》は、古《ふる》くから文学作品《ぶんがくさくひん》にも登場《とうじょう》してきました。奈良時代末期《ならじだいまっき》に成立《せいりつ》したとされる『万葉集《まんようしゅう》』は、天皇《てんのう》から農民《のうみん》まで、幅広《はばひろ》い身分《みぶん》の人々《ひとびと》がつくった和歌《わか》がおさめられていて、この中《なか》で富士山《ふじさん》の噴火《ふんか》の様《よう》子《す》がうたわれています。

「我妹子《わぎもこ》に　逢《あ》ふよしをなみ　駿河《するが》なる　富士《ふじ》の高嶺《たかね》の　燃《も》えつつかあらむ《ん》（愛《いと》しい人《ひと》に会《あ》えずにつらくて、私《わたし》の心《こころ》は富士山《ふじさん》のように燃《も》え続《つづ》けているのだろうか）」

ずいぶん情熱的《じょうねつてき》で、激《はげ》しい和歌《わか》ですね。

もう一《ひと》つ、有名《ゆうめい》なのが**『竹取物語《たけとりものがたり》』**。そう、かぐや姫《ひめ》のお話《はなし》です。物語《ものがたり》のラストで、「富士山《ふじさん》」の名前《なまえ》の由来《ゆらい》として、**①帝《みかど》の使者《ししゃ》が多《おお》く（富《とみ》）の「士《つわもの》」を率《ひき》いて登《のぼ》ったから　②かぐや姫《ひめ》の残《のこ》した「不死《ふし》」の薬《くすり》を山頂《さんちょう》で焼《や》いたから**　という二《ふた》つの説《せつ》が読《よ》み取《と》れます。

おまけ　富士山《ふじさん》の高《たか》さは3776 mですが、1991年《ねん》に測《はか》ったところ、3776.24 mであることがわかりました。

もっと知《し》りたい！

地震《じしん》が起《お》こるメカニズム

地震《じしん》が起《お》こる仕組《しく》みを知《し》るために、地球《ちきゅう》の構造《こうぞう》からお話《はな》ししましょう。

地球《ちきゅう》は、十数枚《じゅうすうまい》の「プレート」という岩石《がんせき》の板《いた》でおおわれています。プレートといってもうすい板《いた》ではなく、厚《あつ》さは30～100㎞ほどもあります。プレートは、毎年《まいとし》ほんの少《すこ》しずつ（数《すう》㎝くらい）動《うご》きます。そのため、プレートとプレートの境目《さかいめ》がずれることがあり、それによって地震《じしん》が発生《はっせい》します。

日本列島《にっぽんれっとう》は、「ユーラシアプレート」「北《きた》アメリカプレート」という陸《りく》のプレート、「フィリピン海《かい》プレート」「太平洋《たいへいよう》プレート」という海《うみ》のプレートの合計《ごうけい》4つのプレートの境界《きょうかい》の上《うえ》にあるので、地震《じしん》が起《お》こりやすいのです。

地震《じしん》には、「海溝型地震《かいこうがたじしん》」と「内陸地震《ないりくじしん》」があります。

海溝型地震《かいこうがたじしん》

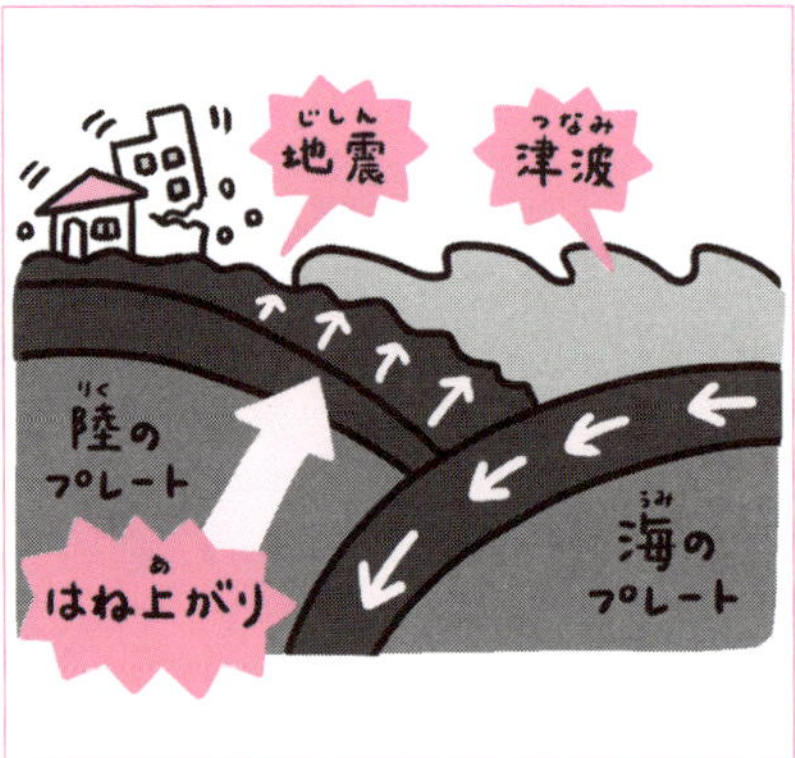

プレート

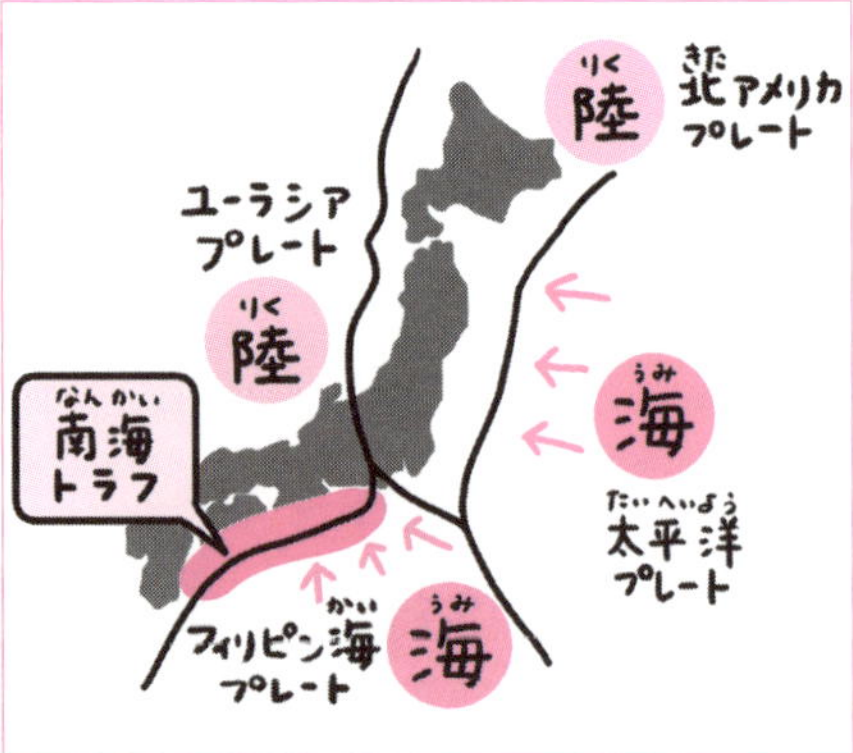

海《うみ》のプレートは陸《りく》のプレートの下《した》に沈《しず》みこむように動《うご》いて、そのため陸《りく》のプレートの先端《せんたん》は海《うみ》のプレートにより少《すこ》しずつ引《ひ》きずりこまれます。その先端《せんたん》が元《もと》に戻《もど》ろうとする際《さい》に、急《きゅう》にぐんとはね上《あ》がることがあります。そのときに陸地《りくち》が大《おお》きく揺《ゆ》れるのが「海溝型地震《かいこうがたじしん》」です。はね上《あ》がるときに、プレートの上《うえ》に乗《の》っている海水《かいすい》が押《お》し上《あ》げられて発生《はっせい》するのが津波《つなみ》です。

海《うみ》のプレートが陸《りく》のプレートを圧迫《あっぱく》して、陸地《りくち》の岩盤《がんばん》のひび（断層《だんそう》）が破壊《はかい》されることで起《お》こるのが「内陸地震《ないりくじしん》」。地震《じしん》の巣《す》ともいえる「活断層《かつだんそう》（今後《こんご》も動《うご》く可能性《かのうせい》のある断層《だんそう》）」は、全《ぜん》国《こく》に少《すく》なくとも2000あるといわれています。

内陸地震《ないりくじしん》は、震源地《しんげんち》が陸地《りくち》で津波《つなみ》の可能性《かのうせい》は低《ひく》いのですが、震源《しんげん》が浅《あさ》いため、震源地近《しんげんちちか》くでは大《おお》きな被害《ひがい》をもたらすことが予想《よそう》されます。

海溝型地震《かいこうがたじしん》の震源地《しんげんち》は海域《かいいき》で、大《おお》きな津波《つなみ》が起《お》こることもあります。

内陸地震《ないりくじしん》

地学《ちがく》のこぼれ話《ばなし》

実《じっ》はすごいぞ！チバニアン

地球《ちきゅう》は大《おお》きな磁石《じしゃく》です。地球《ちきゅう》のまわりには、磁気《じき》の力《ちから》が働《はたら》く「磁場《じば》＝地磁気《ちじき》」があり、北極《ほっきょく》（N《エヌ》）と引《ひ》き合《あ》うのがS極《エスきょく》、南極《なんきょく》（S《エス》）と引《ひ》き合《あ》うのがN極《エヌきょく》。地磁気《ちじき》は下《した》のイラストのような向《む》きになっています。

地球《ちきゅう》の長《なが》い歴史《れきし》の中《なか》で、実《じつ》は地磁気《ちじき》は何回《なんかい》も逆転《ぎゃくてん》しています。最近逆転《さいきんぎゃくてん》が起《お》こったのが、約《やく》77万年前《まんねんまえ》。南半球《みなみはんきゅう》にあったS極《エスきょく》が、北半球《きたはんきゅう》に移動《いどう》したのです。その証拠《しょうこ》が刻《きざ》まれた地層《ちそう》が、千葉県市原市《ちばけんいちはらし》にあります。地層《ちそう》の成分《せいぶん》を調《しら》べることで、地質年代《ちしつねんだい》（生物《せいぶつ》の進化《しんか》や絶滅《ぜつめつ》の区切《くぎ》り）がわかります。この千葉《ちば》の地層《ちそう》には、約《やく》77万年前《まんねんまえ》から約《やく》13万年前《まんねんまえ》の「更新世《こうしんせい》中期《ちゅうき》」という地質年代《ちしつねんだい》の証拠《しょうこ》が明確《めいかく》に残《のこ》っていました。そこで、「更新世中期《こうしんせいちゅうき》」を「チバニアン」と呼《よ》ぶことになったのです。

地磁気《ちじき》の逆転《ぎゃくてん》と、地球《ちきゅう》の歴史《れきし》が刻《きざ》まれた地層《ちそう》が日本《にっぽん》にあるなんて、すごいことです！

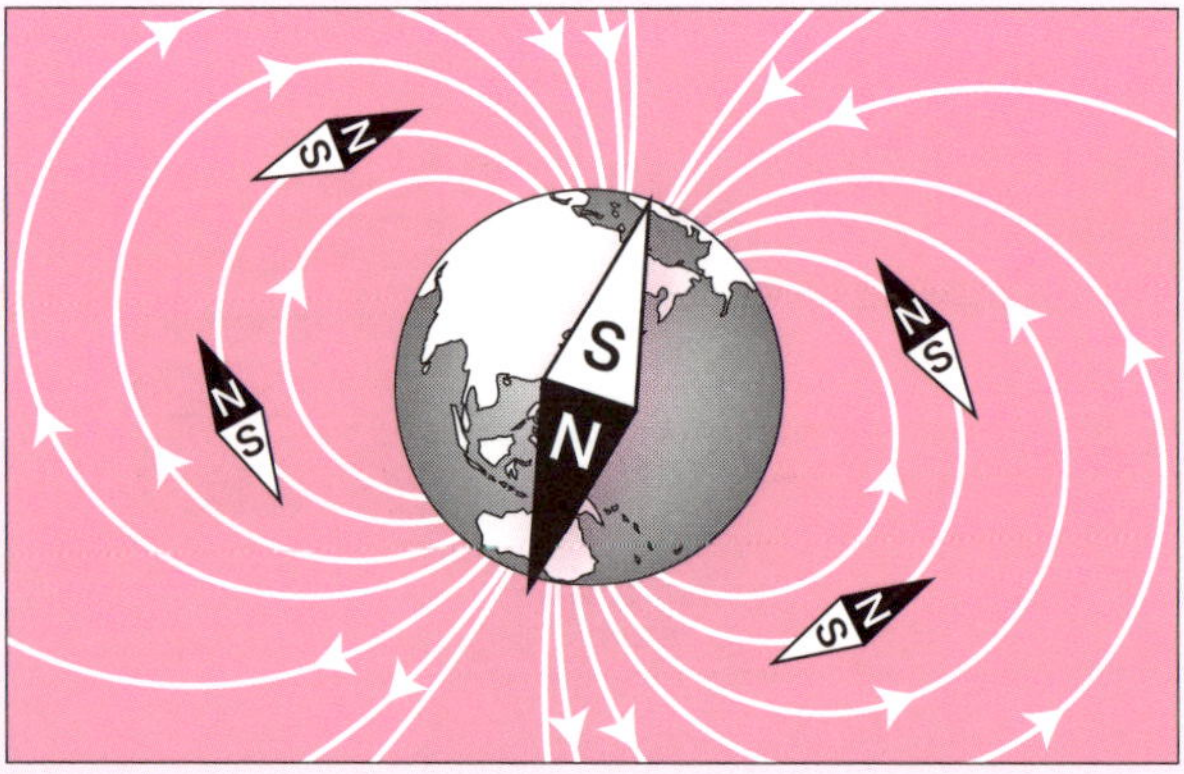

4章《しょう》

物《ぶつ》理《り》

常識《じょうしき》クイズ
42

この世《よ》でもっとも小《ちい》さな物質《ぶっしつ》は？
①分子《ぶんし》 ②原子《げんし》 ③素粒子《そりゅうし》

パソコンの中身《なかみ》を知《し》りたいと思《おも》ったことはありませんか？　そんなときは、分解《ぶんかい》するという方法《ほうほう》がありますね。科学者《かがくしゃ》たちは、この世界《せかい》がどうなっているかを知《し》りたいと思《おも》い、物体《ぶったい》を細《こま》かく分解《ぶんかい》しました。**そうしてたどり着《つ》いた最小《さいしょう》のものを、「③素粒子《そりゅうし》」といいます。**

私《わたし》たちの体《からだ》も、パソコンも車《くるま》も、物質《ぶっしつ》でできています。物質《ぶっしつ》を細《こま》かく分解《ぶんかい》すると、分子《ぶんし》というものがありました。分子《ぶんし》をさらに分解《ぶんかい》すると原子《げんし》がありました。さらに分解《ぶんかい》を進《すす》めます。原子《げんし》は、「**原子核《げんしかく》**」と、原子核《げんしかく》のまわりを回《まわ》る「**電子《でんし》**」に分解《ぶんかい》できます。電子《でんし》はこれ以上《いじょう》分解《ぶんかい》できないのですが、原子核《げんしかく》はまだ分解《ぶんかい》できます。原子核《げんしかく》を分解《ぶんかい》すると、「**中性子《ちゅうせいし》**」と「**陽子《ようし》**」になります。そして、陽子《ようし》をさらに分《わ》けると、「**クォーク**」になります。**はい、**

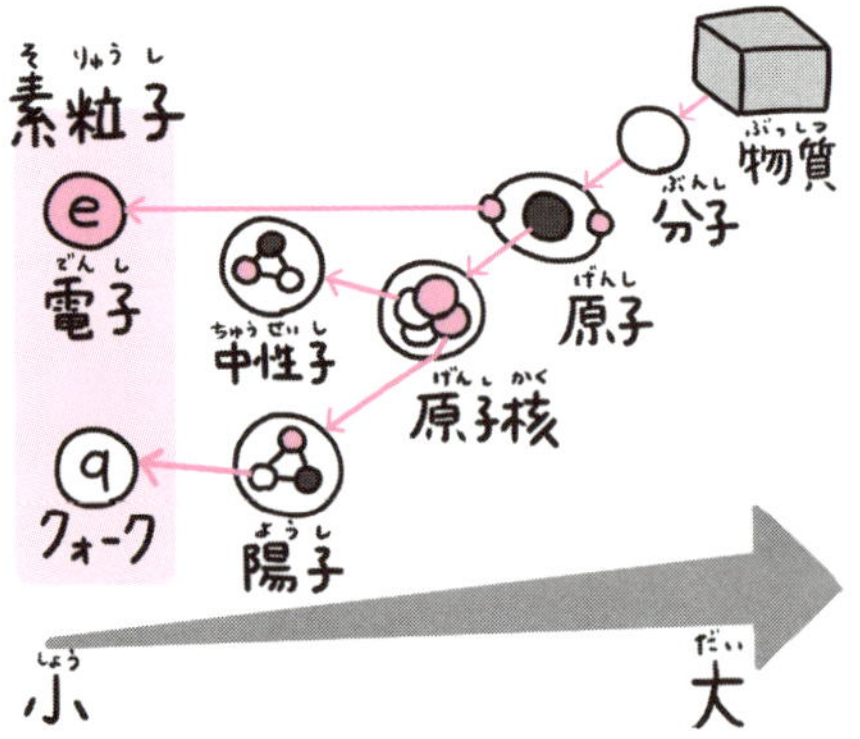

物質《ぶっしつ》→分子《ぶんし》→原子《げんし》→電子《でんし》・原子核《げんしかく》→陽子《ようし》・中性子《ちゅうせいし》→クォーク・電子《でんし》

ここで分解完了《ぶんかいかんりょう》！「電子《でんし》」と「クォーク」が最小単位《さいしょうたんい》、これが「素粒子《そりゅうし》」です。

今度《こんど》は、視野《しや》を広《ひろ》げて宇宙《うちゅう》を考《かんが》えてみましょう。宇《う》宙《ちゅう》には17種類《しゅるい》の素粒子《そりゅうし》があり、その中《なか》にニュートリノというものがあり、「電子《でんし》ニュートリノ、ミューニュートリノ、タウニュートリノ」の3種類《しゅるい》があります。ニュートリノは小《ちい》さすぎて物体《ぶったい》をすり抜《ぬ》けてしまいます。まるでおばけのように！　ですから、ニュートリノの存在《そんざい》はわかっていても観測《かんそく》はむずかしかったのです。そのような中《なか》、物理学者《ぶつりがくしゃ》の小柴昌俊《こしばまさとし》さんによる「カミオカンデ」という実験装置《じっけんそうち》がはじめて宇宙《うちゅう》の超《ちょう》新星爆発《しんせいばくはつ》で放出《ほうしゅつ》されたニュートリノを観測《かんそく》しました。

宇宙《うちゅう》という果《は》てしなく大《おお》きいものから、素《そ》粒子《りゅうし》という限《かぎ》りなく小《ちい》さいものまで研究《けんきゅう》するのが物理学《ぶつりがく》。ロマンがありますよね。

おまけ　自分自身《じぶんじしん》と1以外《いがい》で割《わ》ることのできない数字《すうじ》は「素数《そすう》」。素粒子《そりゅうし》の「素《そ》」と同《おな》じ意味《いみ》です。

常識《じょうしき》クイズ
43

手近《てぢか》な金属《きんぞく》から、高価《こうか》な「金《きん》」をかんたんにつくることはできる？ できない？

自然界《しぜんかい》にはさまざまな金属《きんぞく》などの鉱物《こうぶつ》があります。鉱物《こうぶつ》は、人間《にんげん》の手《て》を加《くわ》えず、長《なが》い時間《じかん》をかけて自然《しぜん》がつくり出《だ》した貴《き》重《ちょう》な物質《ぶっしつ》です。**中《なか》でも「金《きん》」は希少《きしょう》で高価《こうか》なもの。それをかんたんにつくることは、残念《ざんねん》ながら「できない」のです。鉛《なまり》や銅《どう》のようなありふれた鉱物《こうぶつ》から、金《きん》のような高価《こうか》な鉱物《こうぶつ》をつくり出《だ》そうとすることを「錬金術《れんきんじゅつ》」といいます。**

実《じつ》は、理論上《りろんじょう》はつくることができるのですが、ぼうだいなお金《かね》、時間《じかん》、手間《てま》がかかるので、現実的《げんじつてき》ではありません。

ではなぜ、「錬金術《れんきんじゅつ》」なるものが生《う》まれたと思《おも》いますか？ その問《と》いに答《こた》える前《まえ》に、あなたに一《ひと》つ質問《しつもん》です。先《さき》ほど、「ありふれた鉱物《こうぶつ》から高価《こうか》な金《きん》をつくり出《だ》す」といいましたが、ちょっとでも「いいなぁ」と思《おも》った人《ひと》、いませんか？ そんなことができたら大金《おおがね》

1500年代《ねんだい》に描《えが》かれた
ブリューゲルの『錬金術師《れんきんじゅつし》』

もちになれますよね。つまり、そういう私《わたし》たちの気持《きも》ちが、「錬金術《れんきんじゅつ》」なるものを生《う》み出《だ》したといえるのです。太古《たいこ》から「豊《ゆた》かになりたい」というのは人間《にんげん》の欲《よく》望《ぼう》でした。その欲望《よくぼう》をかなえるために、錬金術《れんきんじゅつ》に取《と》り組《く》んできた歴史《れきし》があるのです。

ときは、紀元前《きげんぜん》。マケドニアのアレキサンダー大王《だいおう》は、98ページに登場《とうじょう》した「万学《ばんがく》の祖《そ》」アリストテレスに勉強《べんきょう》を教《おし》えてもらっていたので、科学《かがく》に興味《きょうみ》がありました。**アレキサンダー大王《だいおう》が「鉛《なまり》を金《きん》に変《か》えることができるのではないか」と考《かんが》えたのが、錬金術《れんきんじゅつ》のはじまりといわれています。**

その後《ご》、アラビア、ヨーロッパへと錬金術研究《れんきんじゅつけんきゅう》が伝《つた》えられ、その過程《かてい》で火薬《かやく》や硝酸《しょうさん》、塩酸《えんさん》の生成《せいせい》、蒸留《じょうりゅう》の技術《ぎじゅつ》などが進《すす》んでいきました。錬金術《れんきんじゅつ》への情熱《じょうねつ》と知識《ちしき》は、科学《かがく》の進歩《しんぽ》に一役《ひとやく》も二役《ふたやく》も買《か》ったのです。

おまけ　万有引力《ばんゆういんりょく》で知《し》られるアイザック・ニュートンも、錬金術《れんきんじゅつ》の研究《けんきゅう》をしていたことが知《し》られています。

常識《じょうしき》クイズ
44

科学研究《かがくけんきゅう》が兵器開発《へいきかいはつ》に応用《おうよう》されることがある。本当《ほんとう》？　うそ？

純粋《じゅんすい》な科学研究《かがくけんきゅう》は、ときとして兵器開発《へいきかいはつ》に応用《おうよう》されることがあります。**悲《かな》しいことですが、答《こた》えは「本当《ほんとう》」です。**

例《れい》として、原子爆弾《げんしばくだん》（原爆《げんばく》）が挙《あ》げられます。**ウラン235という元素《げんそ》の原子核《げんしかく》に中性子《ちゅうせいし》を当《あ》てると、原子核《しかく》が二《ふた》つに分《わ》かれ（核分裂《かくぶんれつ》）、熱《ねつ》エネルギーと新たな2、3個《こ》の中性子《ちゅうせいし》が生《う》まれます。それらの中性子《せいし》がまたそれぞれ別《べつ》のウラン235に当《あ》たってエネルギーが生《う》まれ……と核分裂《かくぶんれつ》が連鎖《れんさ》することで大《おお》きな熱《ねつ》エネルギーが生《う》まれます。**これを利用《りよう》したのが原爆《げんばく》です。原子力発電所《げんしりょくはつでんしょ》も、この熱《ねつ》エネルギーを少《すこ》しずつ使《つか》って水《みず》を水蒸気《すいじょうき》に変《か》え、タービンを回《まわ》して電力《でんりょく》をつくるので、原理《げんり》は同《おな》じです。

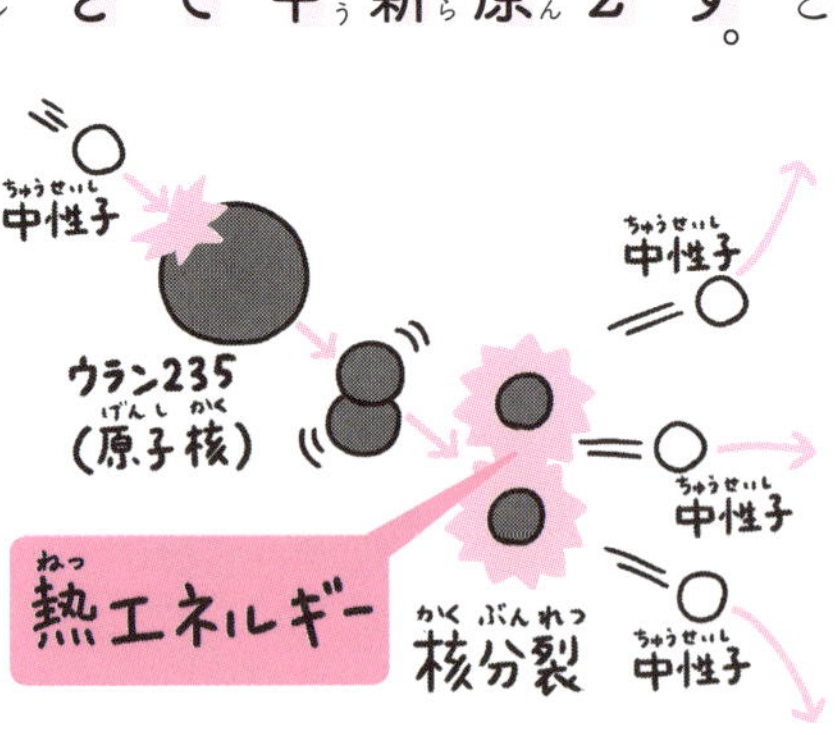

核分裂反応《かくぶんれつはんのう》の仕組《しく》み

そもそもこの核分裂実験《かくぶんれつじっけん》は、ドイツの科学者《かがくしゃ》による純粋《じゅんすい》な科学研究《かがくけんきゅう》で、核分裂反応《かくぶんれつはんのう》が莫《ばく》

大《だい》なエネルギーを生《う》むことに気《き》づいて、発表《はっぴょう》したことが発端《ほったん》です。それが、第二次世界大戦《だいにじせかいたいせん》（1939～1945年《ねん》）がはじまる9か月前《げつまえ》。核分裂《かくぶんれつ》の連鎖反応《れんさはんのう》を瞬時《しゅんじ》に起《お》こせば、すさまじい威力《いりょく》の爆弾《ばくだん》になりますから、戦争間近《せんそうまぢか》の世界各国《せかいかっこく》で、この核分裂反応《かくぶんれつはんのう》を利用《りよう》した兵器開発競争《へいきかいはつきょうそう》がはじまるのです。

他《ほか》にも、車《くるま》のエンジン技術《ぎじゅつ》は、戦車《せんしゃ》や戦闘機《せんとうき》などの兵器《へいき》に使《つか》われることもあります。平和《へいわ》にも戦争《せんそう》にも利用《りよう》できる科学技術《かがくぎじゅつ》は、どう使《つか》うかが大切《たいせつ》であり、私《わたし》たち人類《じんるい》の課題《かだい》でもあります。

戦後《せんご》の1949年《ねん》に創立《そうりつ》した、全分野《ぜんぶんや》の科学者《かがくしゃ》で構成《こうせい》される「日本学術会議《にほんがくじゅつかいぎ》」は「戦争《せんそう》を目的《もくてき》とする科学《かがく》研究《けんきゅう》には絶対従《ぜったいしたが》わない決意《けつい》の表明《ひょうめい》」を決議《けつぎ》していますよ。

おまけ

スウェーデンの化学者《かがくしゃ》、アルフレッド・ノーベルは、発明《はつめい》したダイナマイトの兵器使用《へいきしよう》を強《つよ》く後悔《こうかい》し、「ノーベル賞《しょう》」の設立《せつりつ》を遺言《ゆいごん》しました。

常識《じょうしき》クイズ
45

人類初《じんるいはつ》の原子爆弾《げんしばくだん》をつくったのはどの国《くに》？

①ドイツ ②アメリカ ③日本《にっぽん》

114ページでお伝《つた》えしたように、核分裂《かくぶんれつ》によるエネルギーを爆弾《ばくだん》に利用《りよう》したのが原子爆弾《げんしばくだん》で、1939年《ねん》からの第《だい》二次世界大戦中《にじせかいたいせんちゅう》に開発《かいはつ》が進《すす》められ、**世界《せかい》で初《はじ》めて製造《せいぞう》したのは、「②アメリカ」です。**

ですが、もともと原子爆弾《げんしばくだん》の研究自体《けんきゅうじたい》は、アメリカよりもドイツの方《ほう》が進《すす》んでいました。当時《とうじ》ドイツでは、ナチスという政党《せいとう》が権力《けんりょく》をにぎり、ユダヤ人《じん》を弾圧《だんあつ》していました。その迫害《はくがい》から逃《のが》れるために、多《おお》くのユダヤ人《じん》が亡命《ぼうめい》（他国《たこく》に逃《に》げること）したのです。

アメリカに亡命《ぼうめい》したのが物理学者《ぶつりがくしゃ》のアルバート・アインシュタインとレオ・シラード。ドイツでは核分裂反応《かくぶんれつはんのう》によって莫大《ばくだい》なエネルギーが生《う》まれることが発表《はっぴょう》されていましたから、ナチスが自分《じぶん》たちの研究成果《けんきゅうせいか》を利用《りよう》して原子爆弾《げんしばくだん》をつくってしま

核兵器廃絶《かくへいきはいぜつ》と科学技術《かがくぎじゅつ》の平和利用《へいわりよう》を訴《うった》えた「ラッセル＝アインシュタイン宣言《せんげん》」に署名《しょめい》した湯川秀樹《ゆかわひでき》（右《みぎ》）。左《ひだり》はアインシュタイン

うことを恐《おそ》れて、アメリカの大統領《だいとうりょう》に「ドイツが先《さき》に原子爆弾《げんしばくだん》をつくってしまう、アメリカでも研究《けんきゅう》を進《すす》めなければ」という手紙《てがみ》を書《か》きました。これが有名《ゆうめい》な**「アインシュタイン＝シラード書簡《しょかん》」**です。

それをきっかけにアメリカは原子爆弾《げんしばくだん》の開発《かいはつ》を本格的《ほんかくてき》に進《すす》め、製造《せいぞう》に成功《せいこう》しました。

その後《ご》、戦《たたか》いに敗《やぶ》れてドイツは降伏《こうふく》。シラードは、ドイツの脅威《きょうい》を恐《おそ》れて原爆《げんばく》の開発《かいはつ》を進《すす》めたものの、ドイツが降伏《こうふく》したので、**原子爆弾《げんしばくだん》を人間《にんげん》に対《たい》して使《つか》ってはならないと強《つよ》く考《かんが》えるようになります。そして、大統領《だいとうりょう》あてにそれを訴《うった》える手紙《てがみ》を書《か》き、シラードをふくむ約《やく》70人《にん》の科学者《かがくしゃ》たちの署名《しょめい》とともに提出《ていしゅつ》しました。**しかし、その手紙《てがみ》を大統領《だいとうりょう》が受《う》け取《と》ることはなく、1945年《ねん》、広島《ひろしま》と長崎《ながさき》に原爆《げんばく》が落《お》とされたのです。

おまけ　第二次大戦後《だいにじたいせんご》も原子爆弾《げんしばくだん》の製造《せいぞう》を悔《く》やんでいたアインシュタインは、核兵器廃絶《かくへいきはいぜつ》と核《かく》の平和利用《へいわりよう》を訴《うった》え続《つづ》けました。

常識《じょうしき》クイズ
46

月《つき》の上《うえ》で、「羽根《はね》」と「ハンマー」を落《お》としたら、先《さき》に地面《じめん》に着《つ》くのはどっち？

ここまで科学《かがく》のクイズに挑戦《ちょうせん》してきたあなたなら、「そんなのかんたんだよ」と思《おも》うかもしれません。あるいは「ひっかけ問題《もんだい》かも⁉」と警戒《けいかい》する人《ひと》もいるでしょう。さて、どちらが正解《せいかい》か？　**答《こた》えは「同時《どうじ》に着《つ》く」です。これは、ガリレオ・ガリレイの「落体《らくたい》の法則《ほうそく》」によるもので、真空《しんくう》（空気《くうき》のないところ）では、重《おも》いものも軽《かる》いものも同時《どうじ》に落下《らっか》するのです。**

ガリレオは、今《いま》から約《やく》400年前《ねんまえ》の人《ひと》で、「近代科学《きんだいかがく》の父《ちち》」と呼《よ》ばれています。当時《とうじ》のヨーロッパでは、物体《ぶったい》の落下《らっか》について、アリストテレスによる「重《おも》いものが軽《かる》いものよりも速《はや》く落《お》ちる」という説《せつ》が「常識《じょうしき》」でした。**しかしガリレオは、「本当《ほんとう》にそうだろうか？」と疑《うたが》いをもちます。**「常識《じょうしき》」だからと鵜呑《うの》みにせず、科学《かがく》は実験《じっけん》によって証明《しょうめい》すべきという考《かんが》えをも

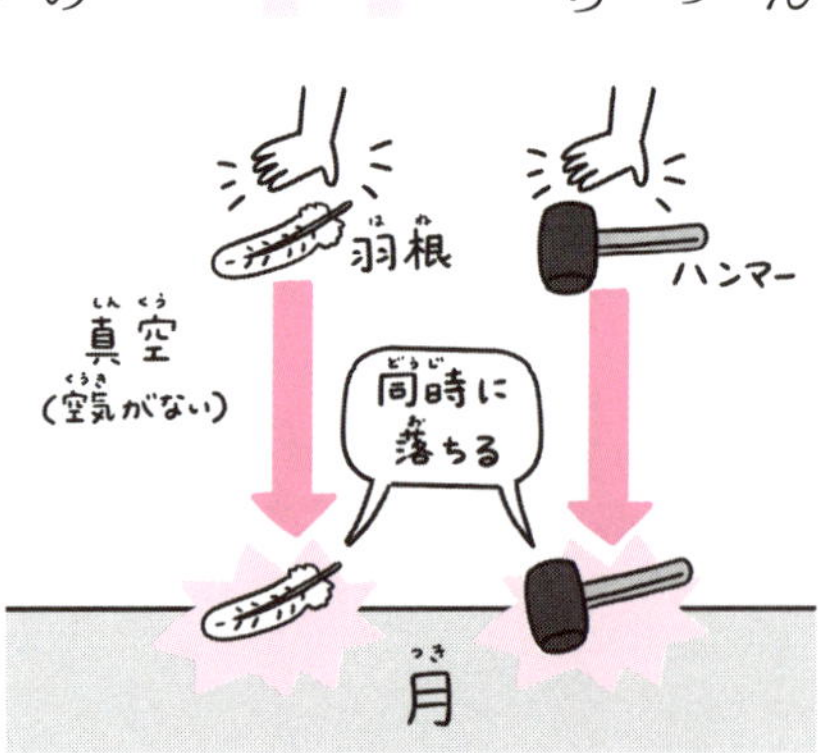

真空《しんくう》では重《おも》いものも軽《かる》いものも同時《どうじ》に落下《らっか》する

っていたガリレオは、自《みずか》ら実験《じっけん》することに決《き》めました。斜面《しゃめん》を利用《りよう》して物《もの》が落《お》ちる様子《ようす》を観察《かんさつ》し、落下速度《らっかそくど》と時間《じかん》の関係《かんけい》を測《はか》り、物《もの》が落《お》ちる速度《そくど》は、物《もの》の重《おも》さとは無関係《むかんけい》であるという法則《ほうそく》を導《みちび》き出《だ》します。

そして、ガリレオの死《し》から約《やく》３３０年《ねん》がたった１９７１年《ねん》、**アポロ15号《ごう》の乗組員《のりくみいん》が、真空《しんくう》の宇宙《うちゅう》空間《くうかん》で、鳥《とり》の羽根《はね》とハンマーを同時《どうじ》に月面《げつめん》に落《お》とす実験《じっけん》を行《おこな》いました。羽根《はね》とハンマーは月面《げつめん》に同時《どうじ》に落《お》ち、見事《みごと》にガリレオの説《せつ》が証《しょう》明《めい》されたのです。**

科学《かがく》の仮説《かせつ》は、数百年後《すうひゃくねんご》に証明《しょうめい》されることも珍《めずら》しくありません。アインシュタインが提唱《ていしょう》した宇宙《うちゅう》のブラックホールは、約《やく》１００年後《ねんご》の２０１９年《ねん》に初《はじ》めて撮《さつ》影《えい》されました。科学者《かがくしゃ》たちは時代《じだい》を越《こ》えて協力《きょうりょく》し合《あ》っているんですね。

おまけ　ガリレオは、「どうして君《きみ》は他人《たにん》の報告《ほうこく》を信《しん》じるばかりで自分《じぶん》の目《め》で観察《かんさつ》したり見《み》たりしなかったのですか」という言葉《ことば》を残《のこ》しています。

常識《じょうしき》クイズ
47

山《やま》びこの正体《しょうたい》はどっち？ ①音《おと》の反射《はんしゃ》 ②山《やま》の神《かみ》の声《こえ》

あなたも、ハイキングや登山《とざん》をしたときに、頂上《ちょうじょう》で「ヤッホー」と叫《さけ》んだことがあるでしょう。叫《さけ》んでからしばらくすると、「ヤッホー」と返《かえ》ってきますよね。このように、**叫《さけ》んだ声《こえ》（音《おと》）がはね返《かえ》って聞《き》こえてくるのが山《やま》びこなので、答《こた》えは「①音《おと》の反射《はんしゃ》」です。**私《わたし》は、「山《やま》の神《かみ》の声《こえ》」の方《ほう》がワクワクしますけどね。

山頂《さんちょう》だけではなく広《ひろ》い空間《くうかん》、たとえばだれもいない体育館《たいいくかん》で「ワーッ」と叫《さけ》んだらどうでしょう。このときも、エコーがかかったように声《こえ》が返《かえ》ってきます。あるいは、体育館《たいいくかん》で友《とも》だちと大《おお》きな声《こえ》で話《はな》したら、ワンワン響《ひび》くように音《おと》が返《かえ》ってくる。これも、音《おと》の反射《はんしゃ》によるものです。**音《おと》とは「空気《くうき》の振動《しんどう》（揺《ゆ》れ）」なので、空気《くうき》の振動《しんどう》が起《お》こらない真空《しんくう》の宇宙空間《うちゅうくうかん》では、会話《かいわ》の声《こえ》はもちろん、山《やま》びこも聞《き》こえません。**

音《おと》が返《かえ》ってくる秒数《びょうすう》で山《やま》までの距離《きょり》がわかる

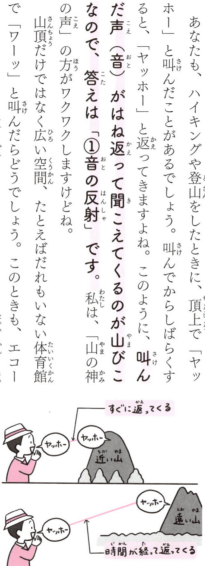

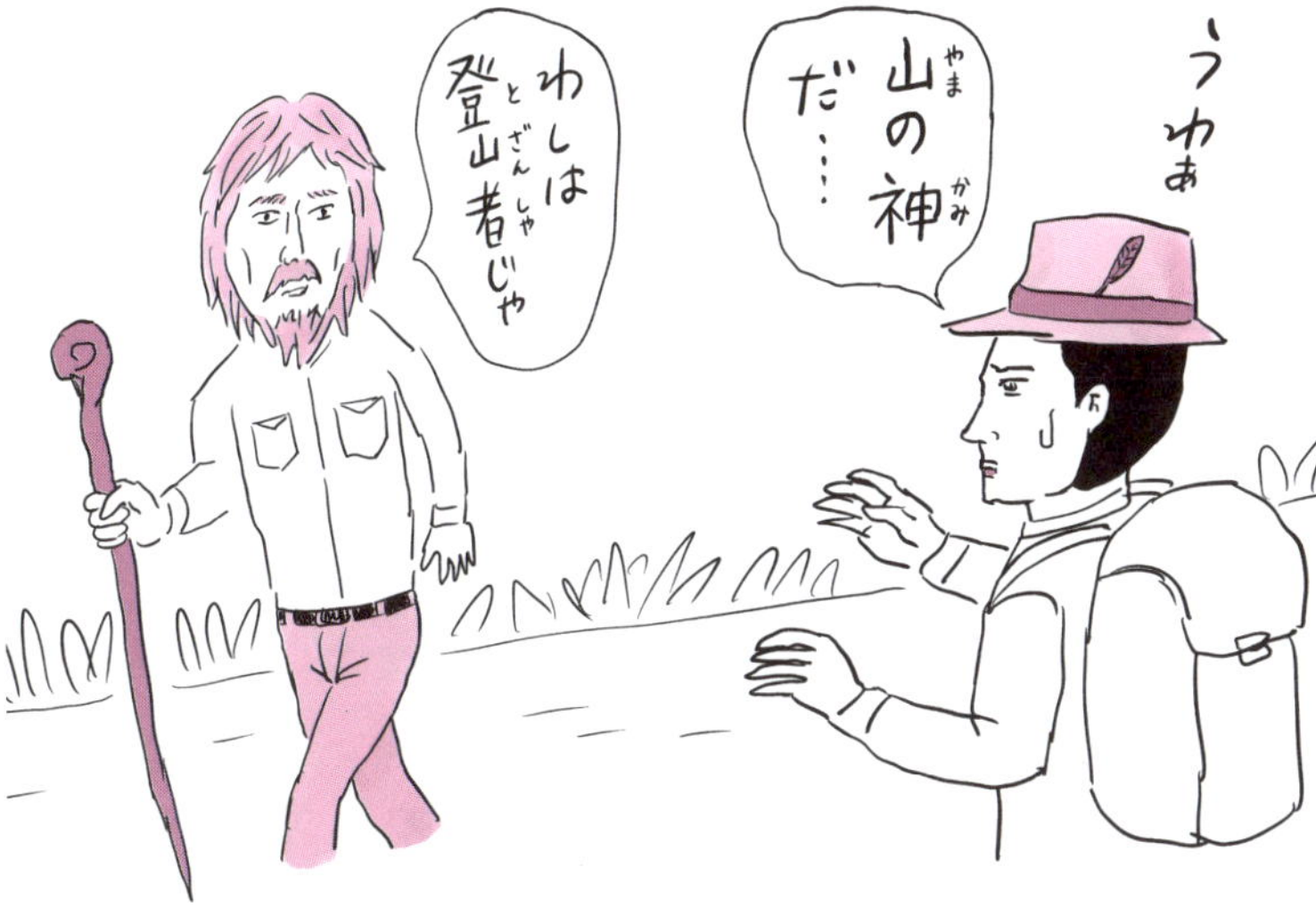

音《おと》が振動《しんどう》であるということは、紀元前《きげんぜん》500年《ねん》ごろにはわかっていました。ギリシャの哲学者《てつがくしゃ》であり数学者《すうがくしゃ》である**ピタゴラスが、音《おと》は振動《しんどう》によるものであると**いっていたのです。今《いま》から約《やく》2500年《ねん》も前《まえ》の科学者《かがくしゃ》が発見《はっけん》したことを、今《いま》の私《わたし》たちがこうして学《まな》んでいるのですから、科学《かがく》の歴史《れきし》は壮大《そうだい》です。

さて、音《おと》の速《はや》さがどのくらいだったか覚《おぼ》えていますか？ 52ページで説明《せつめい》しましたよね。**そう、音《おと》は秒速《びょうそく》340mです。「ヤッホー」といってから、山《やま》にぶつかってはね返《かえ》って聞《き》こえるまでの時間《じかん》を計《はか》れば、山《やま》とのおおよその距離《きょり》がわかります。**音《おと》をよく反射《はんしゃ》させるのは、表面《ひょうめん》がツルツルでかたいもの。鏡《かがみ》や下敷《したじ》きなどはよく反射《はんしゃ》します。逆《ぎゃく》に音《おと》を吸収《きゅうしゅう》してしまうのは、布《ぬの》やスポンジなどザラザラしたやわらかいものです。

おまけ　「山《やま》びこ」は、「こだま」ともいいます。「やまびこ」「こだま」といえば……東北新幹線《とうほくしんかんせん》と東海道新幹線《とうかいどうしんかんせん》の名前《なまえ》ですね。

常識《じょうしき》クイズ

48

タイムマシンはつくれる。本当《ほんとう》？ うそ？

タイムマシンがあったら、どの時代《じだい》に行《い》きたいですか？ 私《わたし》はイエス・キリストに会《あ》いに行《い》きたいです。インタビューしたいことがたくさんあります。

タイムマシンがつくれるかということですが、**理論上《りろんじょう》、未来《みらい》に行《い》くことはできるので、答《こた》えは「（理論上《りろんじょう》は）本当《ほんとう》」**というところでしょうか。

元《もと》になる理論《りろん》は、アインシュタインの「**相対性理論《そうたいせいりろん》**」です。**時間《じかん》と空間《くうかん》はいつも一定《いってい》というわけではなく、その人《ひと》がどこで観察《かんさつ》するかによって変化《へんか》するもの、つまり相対的《そうたいてき》なものであるという考《かんが》え方《かた》です。**そして、相対性《そうたいせい》理論《りろん》における基本的《きほんてき》な考《かんが》えは、**ものすごく高速《こうそく》で動《うご》く物体《ぶったい》の時間《じかん》は、静止《せいし》している物体《ぶったい》の時間《じかん》よりもゆっくり進《すす》む**、というもの。

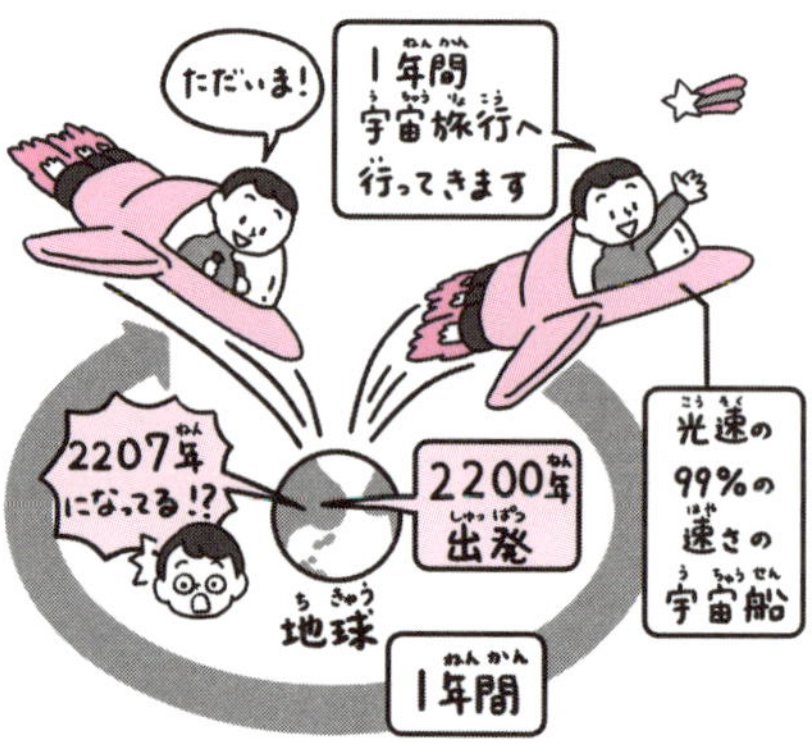

ほぼ光速《こうそく》の宇宙船《うちゅうせん》で未来《みらい》へGO《ゴー》！

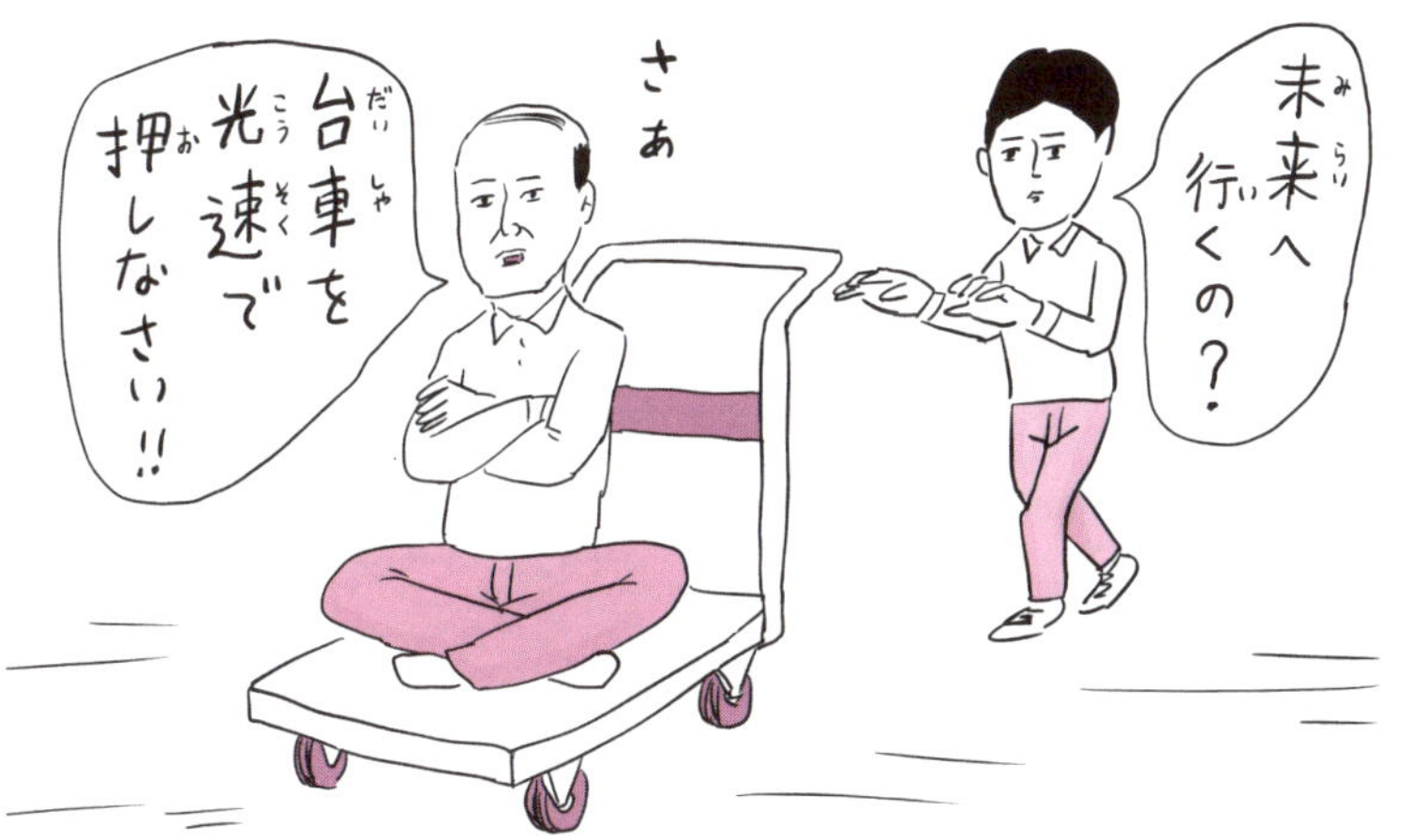

たとえば、光速《こうそく》（30万《まん》km／秒《びょう》）の99％の速度《そくど》の宇宙《うちゅう》船《せん》に乗《の》って1年間《ねんかん》宇宙旅行《うちゅうりょこう》をするとします。光速《こうそく》の99％の速度《そくど》で動《うご》くと、時間《じかん》の進《すす》み方《かた》は地球上《ちきゅうじょう》の約《やく》7分《ぶん》の1とゆっくりになるので、1年後《ねんご》に地球《ちきゅう》に戻《もど》ると、さらに6年先《ねんさき》の地球《ちきゅう》になっています。**自分《じぶん》の体感《たいかん》では、1年《ねん》しかたっていないのに、6年先《ねんさき》の未《み》来《らい》に着《つ》く**という、まさにタイムマシンですね。

新幹線《しんかんせん》も、ある意味《いみ》ではタイムマシンといえそうです。時速《じそく》300kmで走《はし》る新幹線《しんかんせん》は1時間《じかん》で何十億分《なんじゅうおくぶん》の1秒《びょう》、時間《じかん》がゆっくり進《すす》むのでその時間分《じかんぶん》未来《みらい》に到着《とうちゃく》しているのです。また、国際宇宙《こくさいうちゅう》ステーションにいる宇宙飛行士《うちゅうひこうし》たちは、地球《ちきゅう》の自転《じてん》より高速《こうそく》で動《うご》いているため、地球《ちきゅう》より時間《じかん》はゆっくり流《なが》れ、ほんの少《すこ》しだけ未来《みらい》の地球《ちきゅう》に戻《もど》ることになります。タイムマシンは、理論上《りろんじょう》は可能《かのう》ですが、実現《じつげん》には時間《じかん》がかかりそうです。

おまけ　タイムマシンで未来《みらい》に行《い》くことは理論上可能《りろんじょうかのう》でも、過去《かこ》に行《い》くことはむずかしいです。

常識《じょうしき》クイズ 49

夢《ゆめ》の乗《の》りもの「超電導《ちょうでんどう》リニア」は浮《う》いて走《はし》る。本当《ほんとう》？ うそ？

「超電導《ちょうでんどう》リニア」「リニアモーターカー」など、聞《き》いたことはあるでしょう。これは、**磁力《じりょく》で車体《しゃたい》を浮《う》かせて走《はし》る乗《の》りものなので、答《こた》えは「本当《ほんとう》」です。**

超電導《ちょうでんどう》とは、金属《きんぞく》をものすごく冷《ひ》やしたときに電気抵抗《でんきていこう》がゼロになる状態《じょうたい》のこと。超電導状態《ちょうでんどうじょうたい》になった金属《きんぞく》に電気《でんき》を流《なが》すと、抵抗《ていこう》がないので、半《はん》永久的《えいきゅうてき》に電気《でんき》が流《なが》れ続《つづ》けます。この状態《じょうたい》の金属《きんぞく》を「超電導磁石《ちょうでんどうじしゃく》」と呼《よ》びます。リニアにおける超電導磁石《ちょうでんどうじしゃく》は、ふつうの電車《でんしゃ》でいう車輪《しゃりん》。そして、ふつうの電車《でんしゃ》のレールにあたるのが、コイル（導線《どうせん》をバネ状《じょう》に巻《ま》きつけたもの）を取《と》りつけた「ガイドウェイ」です。車体《しゃたい》の超電導磁石《ちょうでんどうじしゃく》とガイドウェイのコイルが磁石《じしゃく》のように引《ひ》きつけ合《あ》ったり反《はん》発《ぱっ》したりする力《ちから》によって、浮《う》いたまま走行《そうこう》するという仕組《しく》みになっているのです。**電車《でんしゃ》**

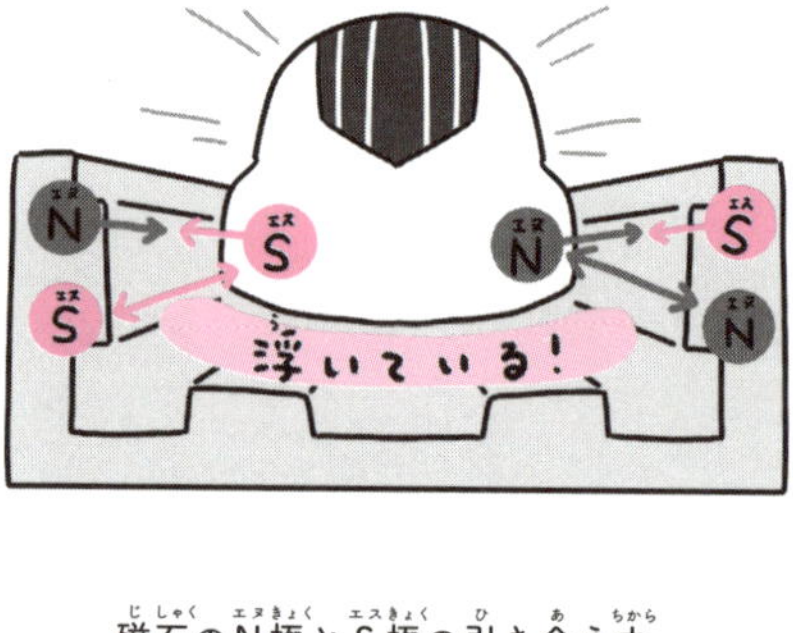

磁石《じしゃく》のN極《エヌきょく》とS極《エスきょく》の引《ひ》き合《あ》う力《ちから》、
N極《エヌきょく》・S極同士《エスきょくどうし》の反発《はんぱつ》する力《ちから》で前進《ぜんしん》する

のような摩擦《まさつ》による騒音《そうおん》が軽減《けいげん》され、二酸化《にさんか》炭素《たんそ》の排出量《はいしゅつりょう》も少《すく》ないので、環境《かんきょう》の面《めん》からも注目《ちゅうもく》されています。

ではここで、もう一《ひと》つクイズです。浮《う》いた状態《じょうたい》で走《はし》る超電導《ちょうでんどう》リニアですが、車輪《しゃりん》はついていないのでしょうか？　……答《こた》えは「ついています」。走《はし》りはじめは車輪《しゃりん》で動《うご》いていて、スピードが上《あ》がり時速《じそく》150kmになったくらいから、車輪《しゃりん》をしまって磁力《じりょく》で走行《そうこう》します。

山陽新幹線《さんようしんかんせん》を走《はし》る「のぞみ」の最高時速《さいこうじそく》は約《やく》300kmですが、リニア中央新幹線《ちゅうおうしんかんせん》の時速《じそく》は約《やく》500km、**2015年《ねん》6月《がつ》には、鉄道《てつどう》の世界最高速度時《せかいさいこうそくどじ》速《そく》603kmとギネスブックに認定《にんてい》されました。**東京《とうきょう》と大阪《おおさか》を1時間《じかん》ほどで結《むす》ぶことになります。実現《じつげん》すれば、東京《とうきょう》・名古屋《なごや》・大阪《おおさか》が一《ひと》つの都市圏《としけん》になり、経済活動《けいざいかつどう》が活発《かっぱつ》になることも見《み》こまれます。

おまけ　リニアモーターカーの研究《けんきゅう》がスタートしたのは、1962年《ねん》。60年以上《ねんいじょう》かけて開発《かいはつ》されたのです。

常識《じょうしき》クイズ
50

人類《じんるい》が最初《さいしょ》に発見《はっけん》した電気《でんき》は雷《かみなり》。本当《ほんとう》？ うそ？

電気《でんき》があることによって、私《わたし》たちは冷《つめ》たいアイスクリームを食《た》べたり、明《あか》るい部屋《へや》で勉強《べんきょう》したりすることができます。そんな便利《べんり》な電気《でんき》が発見《はっけん》されたのは、今《いま》から約《やく》2600年《ねん》ほど前《まえ》。ギリシャのタレスという哲学者《てつがくしゃ》が、琥珀《こはく》を布《ぬの》でこするとホコリや鳥《とり》の羽根《はね》などがくっつくことに気《き》づきました。

これは静電気《せいでんき》。ですので、答《こた》えは「うそ」。人類《じんるい》が初《はじ》めて発見《はっけん》した電気《でんき》は、静電気《せいでんき》です。

電気《でんき》は英語《えいご》で「エレクトリシティ」といいます。これは、ギリシャ語《ご》の「エレクトロン（琥珀《こはく》）」が元《もと》になった言葉《ことば》。琥珀《こはく》を見《み》たことはありますか？ あめ色《いろ》、あるいは黄色《きいろ》っぽい褐色《かっしょく》で、琥珀色《こはくいろ》という言葉《ことば》があるくらい美《うつく》しい色《いろ》をしています。琥珀《こはく》は、数千万年《すうせんまんねん》から数億年前《すうおくねんまえ》の樹脂《じゅし》が化石《かせき》になって固《かた》まったもので、とても貴重《きちょう》なもの。日本《にっぽん》では、岩手県《いわてけん》の久慈地方《くじちほう》が最大《さいだい》の産地《さんち》です。

過激《かげき》な実験《じっけん》を行《おこな》った
ベンジャミン・フランクリン

雷《かみなり》が電気《でんき》であるとわかったのは、アメリカの科学者《かがくしゃ》ベンジャミン・フランクリンの実験《じっけん》のおかげです。**1752年《ねん》、フランクリンはなんと雷《かみなり》の中《なか》で凧《たこ》あげをするというかなり危険《きけん》な実験《じっけん》をしました**（決《けっ》してマネしてはいけません！）。**雷《かみなり》の電気《でんき》がタコ糸《いと》を通《つう》じてライデンびん（電気《でんき》をためる装置《そうち》）にたまったことで、雷《かみなり》は電気《でんき》であることが明《あき》らかになった**と同時《どうじ》に、とがった金属《きんぞく》が電気《でんき》を引《ひ》き寄《よ》せることがわかったので、避雷針《ひらいしん》（雷《かみなり》を集《あつ》める装置《そうち》）も開発《かいはつ》しました。

110ページで紹介《しょうかい》したように、物質《ぶっしつ》を分解《ぶんかい》していくと、途中段階《とちゅうだんかい》で原子《げんし》になります。原子《げんし》はプラスの電《でん》気《き》を帯《お》びた原子核《げんしかく》と、マイナスの電気《でんき》を帯《お》びた電子《でんし》になります。この電子《でんし》が動《うご》くことによって「電気《でんき》の流《なが》れ」が生《う》まれます。

おまけ ▸ 日本《にっぽん》で初《はじ》めて電灯《でんとう》がついたのは1878年《ねん》3月《がつ》25日《にち》、今《いま》の東京大学工学部《とうきょうだいがくこうがくぶ》にアーク灯《とう》がともりました。

常識《じょうしき》クイズ
51

スマホ画面《がめん》を指《ゆび》で操作《そうさ》できるのは何《なん》のおかげ？

①体温《たいおん》 ②振動《しんどう》 ③静電気《せいでんき》

軽《かる》くさわるだけで操作《そうさ》ができるスマホ、便利《べんり》ですよね。私《わたし》も、電話《でんわ》やメールなどの通信手段《つうしんしゅだん》としてだけでなく、情報収《じょうほうしゅう》集《しゅう》や勉強《べんきょう》にも大《おお》いに活用《かつよう》しています。スマホのタッチパネルは「静電容量方式《せいでんようりょうほうしき》」といって、**人《ひと》の体《からだ》に流《なが》れているわずかな電流《でんりゅう》（静電気《せいでんき》）に反応《はんのう》して操作《そうさ》できるようになっています。**

つまり、答《こた》えは「③静電気《せいでんき》」です。

指《ゆび》でさわると操作《そうさ》できるのに、爪《つめ》や手袋《てぶくろ》の上《うえ》からだと操作《そうさ》できないのは、爪《つめ》には電気《でんき》が通《とお》っておらず、手袋《てぶくろ》は電気《でんき》を通《とお》さないから。ですが、最近《さいきん》では電気《でんき》を通《とお》す繊維《せんい》でつくられた手袋《てぶくろ》もあるので、冬《ふゆ》でも便利《べんり》ですね。

体《からだ》に電流《でんりゅう》が流《なが》れているなんていうと、感電《かんでん》してしまうのではないかと心配《しんぱい》になるかもし

身近《みぢか》なものの原理《げんり》を知《し》ろう

れません。でも、心配《しんぱい》しなくて大丈夫《だいじょうぶ》です。静電気《せいでんき》なので、そこまで強《つよ》い電流《でんりゅう》ではありません。

下敷《したじ》きを頭《あたま》の上《うえ》でこすって髪《かみ》を逆立《さかだ》てて遊《あそ》んだことはありませんか？　あれも静電気《せいでんき》のしわざです。冬《ふゆ》の乾燥《かんそう》した日《ひ》に、だれかと手《て》がふれたりドアの取《と》っ手《て》をさわったりしたときに「パチッ」とするのも静電気《せいでんき》。

126ページの琥珀《こはく》の話《はなし》にもあったように、**物《もの》と物《もの》がこすれると、その摩擦《まさつ》によって電子《でんし》の移動《いどう》が起《お》こり、余分《よぶん》な電子《でんし》が表面《ひょうめん》にたまることがあります。これが静電気《せいでんき》の正体《しょうたい》です。**

静電気《せいでんき》は、空気《くうき》が乾燥《かんそう》している時期《じき》に起《お》こりやすいのです。私《わたし》は、冬場《ふゆば》にエレベーターのボタンを押《お》すときは、その前《まえ》に金属《きんぞく》ではない壁《かべ》などにふれることで静《せい》電気《でんき》を逃《に》がしてから押《お》すようにしています。いきなり金属《きんぞく》にふれると「バチッ」とくるのでご注意《ちゅうい》を。

おまけ　雷《かみなり》は、静電気《せいでんき》による自然現象《しぜんげんしょう》。雲《くも》にたまった静電気《せいでんき》が一気《いっき》に外《そと》に出《で》るので、大《おお》きな電気《でんき》を発《はっ》します。

常識《じょうしき》クイズ
52

火力《かりょく》・水力《すいりょく》・風力《ふうりょく》・原子力《げんしりょく》の発電所《はつでんしょ》では、すべてタービンを回《まわ》して発電《はつでん》している。本当《ほんとう》？ うそ？

あなたは、発電《はつでん》の方法《ほうほう》をいくつ知《し》っていますか？ 火力《かりょく》・水力《すいりょく》・風力《ふうりょく》・原子力《げんしりょく》の他《ほか》に、地熱発電《ちねつはつでん》、最近《さいきん》ではバイオマス発電《はつでん》（動植物《どうしょくぶつ》の死《し》がいなどを燃《も》やして発電《はつでん》すること）などもありますね。**問《と》いに挙《あ》げた発電方法《はつでんほうほう》のちがいは、タービンを回《まわ》す方法《ほうほう》のちがいです。つまり、答《こた》えは「本当《ほんとう》」です。**

電気《でんき》は、たくさんの羽根《はね》がついたタービンという機械《きかい》を回《まわ》し、その力《ちから》をモーター（発電機《はつでんき》）に伝《つた》えることでつくられます。**仕組《しく》みは、自転車《じてんしゃ》のライトと同《おな》じ。ペダルをふんでこぐことでその力《ちから》がライトに伝《つた》わって明《あ》かりがつきますよね。**

火力発電《かりょくはつでん》は、石炭《せきたん》・石油《せきゆ》・天然《てんねん》ガスといった化石燃料《かせきねんりょう》を燃《も》やして水《みず》を熱《ねっ》し、その蒸気《じょうき》でタービンを回《まわ》します。水力発電《すいりょくはつでん》は、水《みず》が高《たか》いところから低《ひく》いところに流《なが》れる力《ちから》を使《つか》って

どのように風車《かざぐるま》（タービン）を回《まわ》すかが
発電方法《はつでんほうほう》のちがい

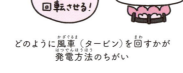

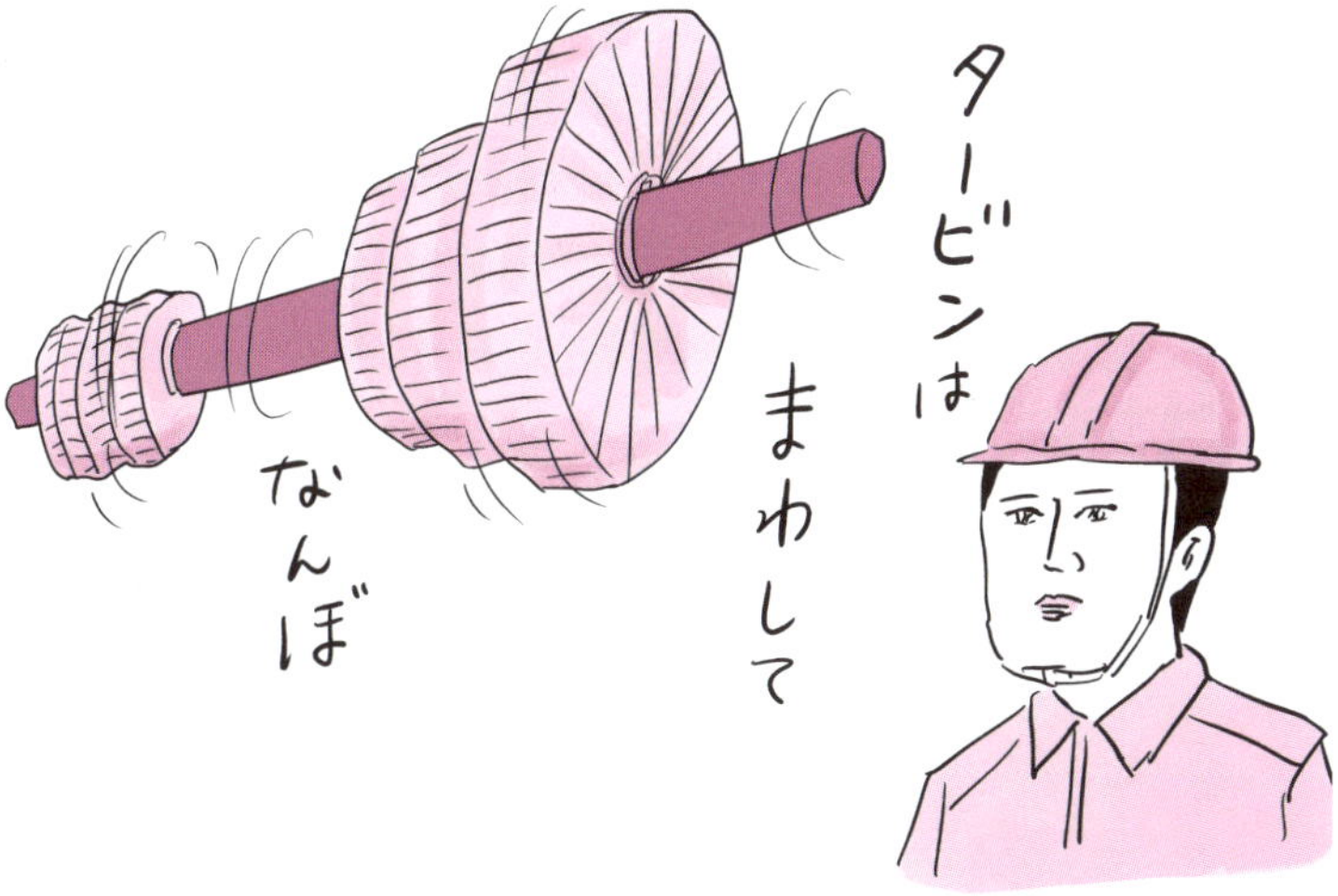

タービンを回《まわ》し、風力発電《ふうりょくはつでん》は風《かぜ》の力《ちから》でタービンを回《まわ》す。原子力発電《げんしりょくはつでん》は114ページで説明《せつめい》したように、核分裂《かくぶんれつ》による熱《ねつ》で蒸気《じょうき》を発生《はっせい》させてタービンを回《まわ》します。いってみれば、**いろんな方法《ほうほう》で自転車《じてんしゃ》をこいでいるということ。ペダルのこぎ方《かた》のちがいが発《はっ》電方法《でんほうほう》のちがい、ということなのです。**

あらゆる発電方法《はつでんほうほう》の中《なか》で、世界《せかい》でもっとも多《おお》く使《つか》われているのが火力発電《かりょくはつでん》。世界全体《せかいぜんたい》では約《やく》60％が火力発《かりょくはっ》電《でん》で、日本《にっぽん》では約《やく》73％にのぼります。火力発電《かりょくはつでん》は安定《あんてい》的《てき》に電力《でんりょく》を供給《きょうきゅう》できるのが特徴《とくちょう》なのですが、その一方《いっぽう》で、化石燃料《かせきねんりょう》を燃《も》やすと大量《たいりょう》の二酸化炭素《にさんかたんそ》が発生《はっせい》するのが問題《もんだい》です。

二酸化炭素《にさんかたんそ》は地球温暖化《ちきゅうおんだんか》の原因《げんいん》にもなることから、どの国《くに》も電力《でんりょく》の供給《きょうきゅう》と環境問題《かんきょうもんだい》のはざまで悩《なや》んでいるのです。

おまけ

各国《かっこく》とも環境《かんきょう》にやさしい発電方法《はつでんほうほう》を模索《もさく》して、太陽光発電《たいようこうはつでん》や風力発電《ふうりょくはつでん》（132ページ）に取《と》り組《く》んでいます。

常識《じょうしき》クイズ
53

海《うみ》に設置《せっち》されている風力発電機《ふうりょくはつでんき》がある。本当《ほんとう》？うそ？

日本《にっぽん》の国土面積《こくどめんせき》は約《やく》38万《まん》㎢、世界第《せかいだい》61位《い》で、決《けっ》して広《ひろ》くはありません。陸地《りくち》に風力発電機《ふうりょくはつでんき》を設置《せっち》するのには限界《げんかい》があるので、**現在《げんざい》では海《うみ》の上《うえ》での設置《せっち》が進《すす》められています。ということで、答《こた》えは「本当《ほんとう》」です。**

海《うみ》に囲《かこ》まれた島国《しまぐに》である日本《にっぽん》は、領海《りょうかい》と、開発《かいはつ》の権利《けんり》を有《ゆう》する排他的経済水域《はいたてきけいざいすいいき》を合《あ》わせた面積《めんせき》が約《やく》４４７万《まん》㎢と世界第《せかいだい》6位《い》。洋上風力発電《ようじょうふうりょくはつでん》に期待《きたい》が高《たか》まっています。

風力発電《ふうりょくはつでん》は、風《かぜ》によって風車《ふうしゃ》を回《まわ》したエネルギーによって発電機《はつでんき》を動《うご》かす仕組《しく》みです。**燃料《ねんりょう》を燃《も》やす必要《ひつよう》もないので、環境《かんきょう》にやさしいエネルギーといえます。**太陽光発電《たいようこうはつでん》も環境《かんきょう》にやさしいのですが、雨《あめ》が降《ふ》ったりくもったりすると発電《はつでん》できません。**その点《てん》、海《うみ》の上《うえ》なら常《つね》に風《かぜ》がふいていますし、昼《ひる》も夜《よる》も関係《かんけい》なく発電《はつでん》できる点《てん》で、風力発電《ふうりょくはつでん》に軍配《ぐんばい》**

秋田県《あきたけん》にある洋上風力発電機《ようじょうふうりょくはつでんき》

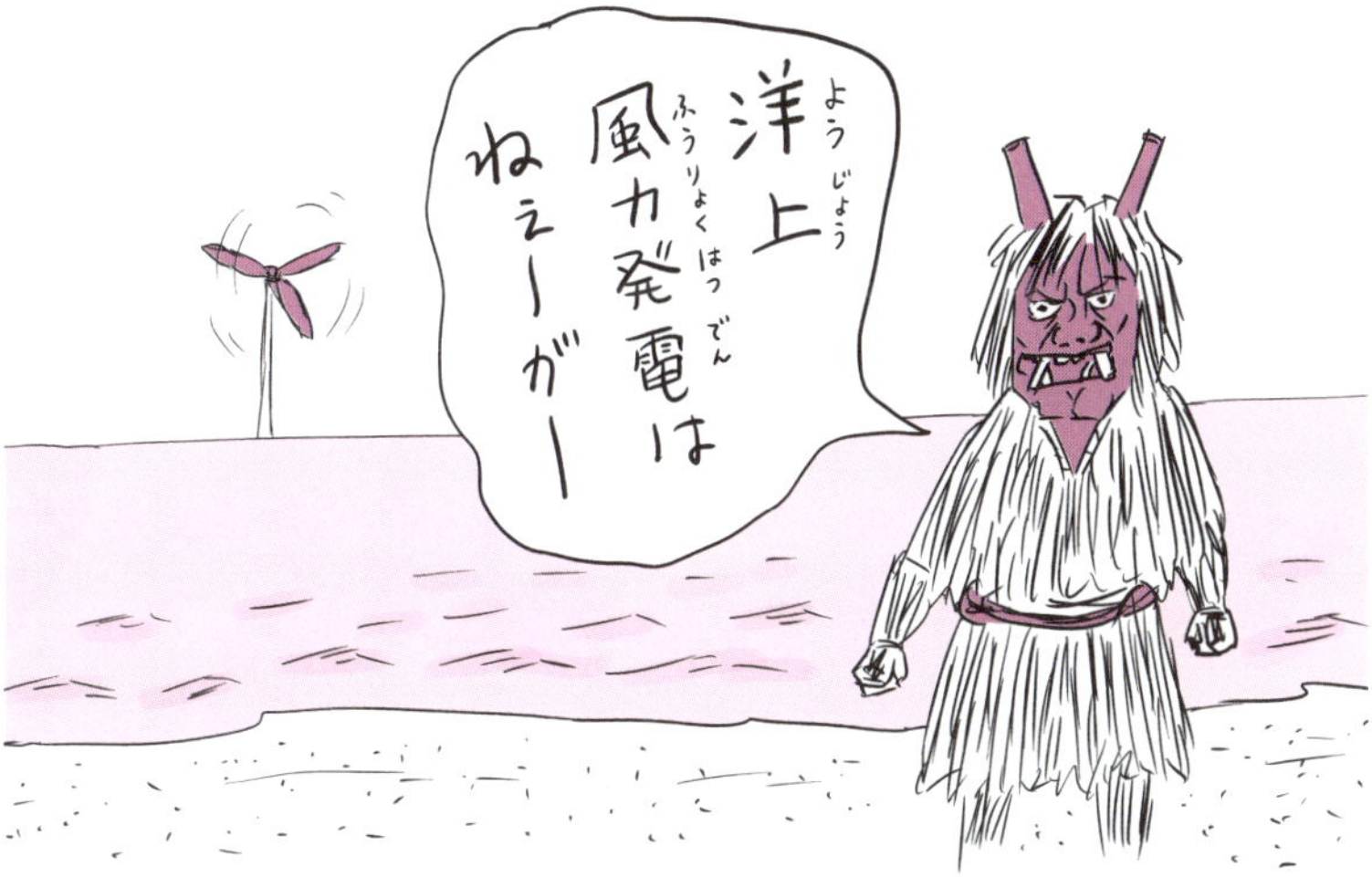

が上《あ》がるのです。

洋上風力発電《ようじょうふうりょくはつでん》には、「浮体式《ふたいしき》」と「着床式《ちゃくしょうしき》」の2種《しゅ》類《るい》があります。浮体式《ふたいしき》は、その名《な》の通《とお》り発電機《はつでんき》を浮《う》かべるもので、コストが高《たか》いのです。一方《いっぽう》、着床式《ちゃくしょうしき》は、海《かい》底《てい》に発電機《はつでんき》を固定《こてい》するもので、比較的《ひかくてき》コストは安《やす》く済《す》みます。ですが、着床式《ちゃくしょうしき》は浅《あさ》い海域《かいいき》に適《てき》しているので、水深《すいしん》が深《ふか》い日本《にっぽん》の海《うみ》にはあまり適《てき》しません。そのため、現在《げんざい》は浮体式《ふたいしき》の風力発電《ふうりょくはつでん》にシフトしているのです。

現在《げんざい》、洋上風力発電《ようじょうふうりょくはつでん》が活発《かっぱつ》に進《すす》められている都道府《とどうふ》県《けん》の一《ひと》つに、**秋田県《あきたけん》があります。秋田県《あきたけん》の日本《にほん》海側《かいがわ》はよく西風《にしかぜ》がふいています。**すでに能代港《のしろこう》、秋田港《あきたこう》などで洋上風力発電所《ようじょうふうりょくはつでんしょ》が稼働《かどう》しています。

風力発電機《ふうりょくはつでんき》の設置《せっち》による生態系《せいたいけい》や漁業《ぎょぎょう》への影響《えいきょう》などの課題《かだい》に取《と》り組《く》みながら、今後《こんご》も発展《はってん》していくことでしょう。

おまけ ▸ 2024年《ねん》1月《がつ》には、北海道《ほっかいどう》の石狩湾《いしかりわん》で国内最大級《こくないさいだいきゅう》の洋上風力発電所《ようじょうふうりょくはつでんしょ》が稼働《かどう》しはじめました。

常識《じょうしき》クイズ
54

5万《まん》トンの船《ふね》は海《うみ》で浮《う》くけれど、5万《まん》トンの鉄《てつ》のかたまりは浮《う》かない。本当《ほんとう》？ うそ？

「重《おも》さが同《おな》じなら、両方《りょうほう》とも浮《う》く」と思《おも》いましたか？ 実《じつ》は、**物体《ぶったい》が浮《う》くかどうかは重《おも》さだけでは決《き》められません。ということで、答《こた》えは「本当《ほんとう》」です。**

物体《ぶったい》が浮《う》くかどうかは、**重《おも》さと体積《たいせき》**が関係《かんけい》します。物《ぶっ》体《たい》を水《みず》に入《い》れたとき、物体《ぶったい》を浮《う》かせる力《ちから》（水《みず》が押《お》し上《あ》げる上向《うわむ》きの力《ちから》）のことを「浮力《ふりょく》」といいます。**浮力《ふりょく》は、物《ぶっ》体《たい》が水《みず》に入《はい》ることで押《お》しのけた水《みず》の重《おも》さと等《ひと》しくなります。**

たとえば、なみなみとお湯《ゆ》がたまった浴《よく》そうに入《はい》って気《き》持《も》ちよく浮《う》いたとします。そのときに、ザバーッとこぼれたお湯《ゆ》の重《おも》さをはかると、あなたの体《からだ》に働《はたら》く浮力《ふりょく》がわかるということ。しかし、**あなたと同《おな》じ重《おも》さの鉄球《てっきゅう》を浴《よく》そうに入《い》れても、ほとんどお湯《ゆ》はこぼれませんし、鉄球《てっきゅう》も浮《う》きません。**

鉄球《てっきゅう》とあ

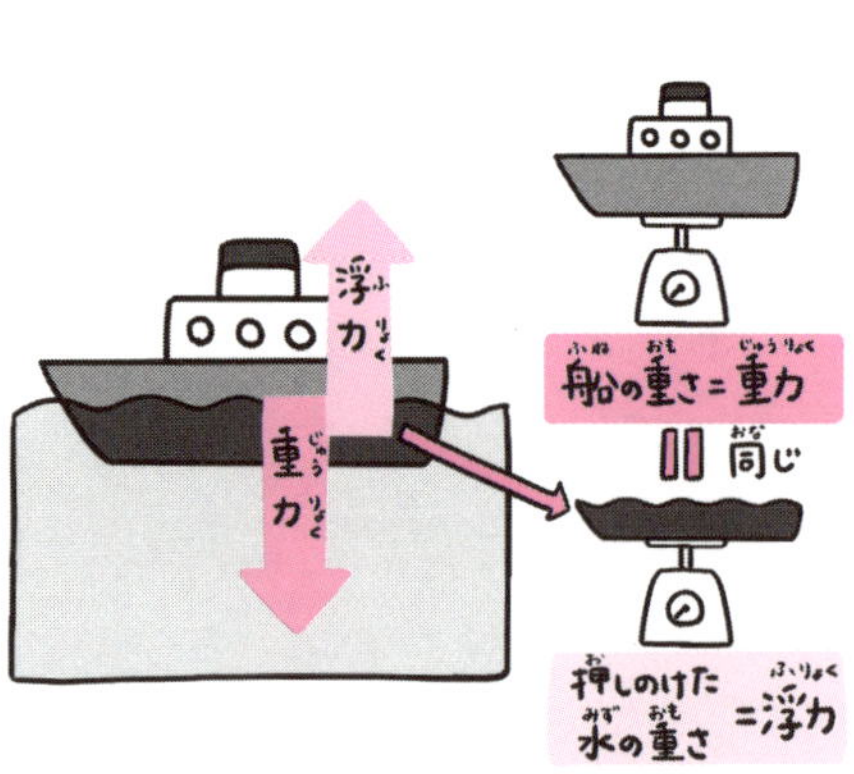

浮力《ふりょく》＝押《お》しのけた水《みず》の重《おも》さ

なたでは、お湯《ゆ》につかった（お湯《ゆ》の中《なか》の）体積《たいせき》がちがいますよね。同《おな》じ重《おも》さでも、体積《たいせき》が大《おお》きい方《ほう》が浮力《ふりょく》を受《う》けやすい＝浮《う》きやすいのです。

これら浮力《ふりょく》の法則《ほうそく》を「アルキメデスの原理《げんり》」といいます。古代《こだい》ギリシャの数学者《すうがくしゃ》で物理学者《ぶつりがくしゃ》のアルキメデスがこの原理《げんり》を発見《はっけん》したときのエピソードがあります。

アルキメデスは王《おう》さまから、金《きん》のかんむりに金《きん》ではないものが混《ま》ざっていないか調《しら》べてほしいといわれます。アルキメデスはどうやって調《しら》べればわかるのか、考《かんが》えに考《かんが》え、あるとき、なみなみとたまった風呂《ふろ》に入《はい》って湯《ゆ》が流《なが》れたときにひらめきます。**純粋《じゅんすい》な金《きん》の王冠《おうかん》と何《なに》かが混《ま》ざった金《きん》の王冠《おうかん》では流《なが》れる湯《ゆ》の量《りょう》に差《さ》が出《で》るのです。「ユーレカ！（わかったぞ）」**と叫《さけ》んで町中《まちじゅう》を裸《はだか》でかけまわったと伝《つた》えられています。うれしい気持《きも》ちが伝《つた》わりますね。

おまけ

海水《かいすい》の約《やく》10倍《ばい》の塩分濃度《えんぶんのうど》の「死海《しかい》」では、よく体《からだ》が浮《う》きます。これは塩水《しおみず》が水《みず》より重《おも》く、浮力《ふりょく》が大《おお》きくなるためです。

常識《じょうしき》クイズ
55

海《うみ》で潮《しお》の満《み》ち引《ひ》きが起《お》こる理由《りゆう》は何《なに》？
①月《つき》の引力《いんりょく》 ②海流《かいりゅう》

1日《にち》を海岸《かいがん》で過《す》ごすと、海水《かいすい》が満《み》ちたり引《ひ》いたりする様子《ようす》が見《み》られて、潮《しお》の満《み》ち引《ひ》きを実感《じっかん》することができます。海岸《かいがん》で砂浜《すなはま》がほとんど海水《かいすい》でかくれるときが「満潮《まんちょう》」、砂浜《すなはま》がたくさん見《み》えて海水《かいすい》が遠《とお》くまで引《ひ》いているときが「干潮《かんちょう》」です。

これには月《つき》と地球《ちきゅう》の引力《いんりょく》が関係《かんけい》しています。答《こた》えは「①月《つき》の引力《いんりょく》」です。

月《つき》は地球《ちきゅう》のまわりを回《まわ》っていて、地球《ちきゅう》は太陽《たいよう》のまわりを回《まわ》っています。ものすごいスピードで回《まわ》っていますが、おたがいバラバラに飛《と》び出《だ》したりはしません。これは月《つき》と地球《ちきゅう》、太陽《たいよう》と地球《ちきゅう》がおたがいに「引力《いんりょく》」で引《ひ》き合《あ》っていてバランスがとれているからです。そして、地球《ちきゅう》のまわりを回《まわ》る月《つき》にももちろん引力《いんりょく》があります。

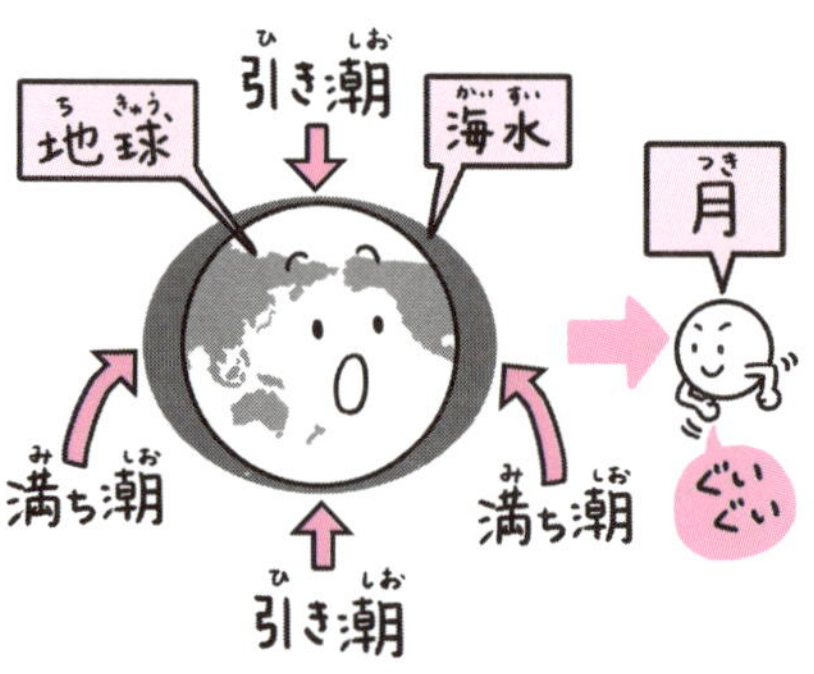

満潮《まんちょう》と干潮《かんちょう》は約《やく》6時間《じかん》ごとに交互《こうご》に起《お》こる。
満潮《まんちょう》から次《つぎ》の満潮《まんちょう》までは約《やく》12時間《じかん》

右《みぎ》の図《ず》のように、**月《つき》と近《ちか》い場所《ばしょ》では、月《つき》の引力《いんりょく》によって海水《かいすい》がもり上《あ》がり、満《み》ち潮《しお》になります。また、反対側《はんたいがわ》の月《つき》から遠《とお》いところは、月《つき》の引力《いんりょく》は弱《よわ》くなり、海水《かいすい》が残《のこ》されてもり上《あ》がり、満《み》ち潮《しお》になります。その中間《ちゅうかん》の海《うみ》では、海水《かいすい》が引《ひ》っぱられて引《ひ》き潮《しお》になるのです。**

潮《しお》の満《み》ち引《ひ》きの規模《きぼ》は、季節《きせつ》によって変《か》わります。**日本《にっぽん》の太平洋側《たいへいようがわ》では春《はる》から夏《なつ》にかけての昼間《ひるま》に引《ひ》き潮《しお》が大《おお》きくなるので、潮《しお》が引《ひ》いた磯《いそ》や砂浜《すなはま》などであさりなどの貝《かい》や小魚《こざかな》を捕《つか》まえて遊《あそ》ぶ潮干狩《しおひが》りができます。**

日本海側《にほんかいがわ》では、海水《かいすい》が太平洋《たいへいよう》ほど多《おお》くないので、あまり潮《しお》が引《ひ》きません。なので、ほとんど潮干狩《しおひが》りはしないのです。日本海側《にほんかいがわ》に住《す》んでいる人《ひと》は、ぜひ太平洋《たいへいよう》岸《がん》で潮干狩《しおひが》りを楽《たの》しんでみてくださいね。

おまけ　新月《しんげつ》や満月《まんげつ》のときには、太陽《たいよう》と月《つき》と地球《ちきゅう》が一直線《いっちょくせん》にならび、引力《いんりょく》が重《かさ》なって潮《しお》の満《み》ち引《ひ》きが大《おお》きくなります。これを大潮《おおしお》といいます。

常識《じょうしき》クイズ
56

オーロラは太陽《たいよう》の影響《えいきょう》で起《お》こる。本当《ほんとう》？ うそ？

オーロラは夜《よる》に見《み》えるものなので、一見太陽《いっけんたいよう》とは関係《かんけい》がなさそうですが、太陽《たいよう》から届《とど》くある粒《つぶ》が関係《かんけい》しています。ですので、**答《こた》えは「本当《ほんとう》」です。**

太陽《たいよう》は、**「プラズマ」**という電気《でんき》を帯《お》びた小《ちい》さい粒《つぶ》を放出《ほうしゅつ》しています。それが風《かぜ》のようにふき出《だ》しているのを「太陽風《たいようふう》」と呼《よ》んでいます。プラズマをふくんだ太陽風《たいようふう》が地球《ちきゅう》に届《とど》く前《まえ》に、地球《ちきゅう》の大気《たいき》の層《そう》で、**プラズマと、酸素《さんそ》や窒素《ちっそ》などの大気《たいき》の粒《つぶ》がぶつかって光《ひかり》を放《はな》つ現象《げんしょう》が起《お》こります。これがオーロラとして見《み》えるのです。**

一般的《いっぱんてき》にオーロラが見《み》られるのは、北極《ほっきょく》や南極《なんきょく》などの極地《きょくち》です。これは、地球《ちきゅう》が大《おお》きな磁石《じしゃく》であることと関係《かんけい》しています。方位磁針《ほういじしん》だと、N《エヌ》が北《きた》を指《さ》し、S《エス》が南《みなみ》を指《さ》しますよね。**磁石《じしゃく》はN《エヌ》とS《エス》が引《ひ》き合《あ》うので、N《エヌ》で表《あらわ》す北《きた》はS極《エスきょく》、S《エス》で表《あらわ》す南《みなみ》はN極《エヌきょく》です。**

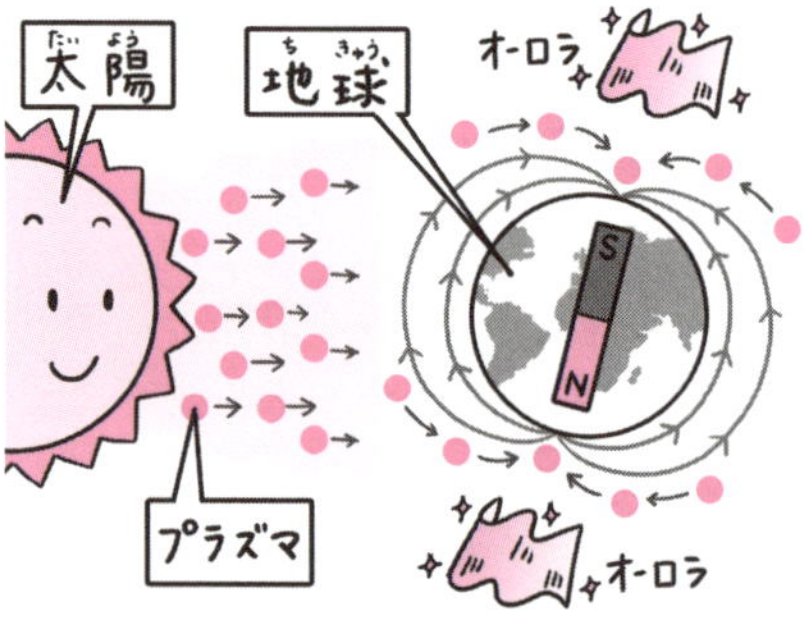

プラズマが大気《たいき》の中《なか》の酸素《さんそ》や窒素《ちっそ》とぶつかって、光《ひかり》として見《み》えるのがオーロラ

太陽風《たいようふう》にふくまれるプラズマは、磁力《じりょく》の強《つよ》い北極《ほっきょく》（S極《エスきょく》）と南極《なんきょく》（N極《エヌきょく》）に引《ひ》き寄《よ》せられます。だから、オーロラが見《み》えるのは極地《きょくち》なのです。

太陽《たいよう》の活動《かつどう》が活発《かっぱつ》になれば、オーロラが現《あらわ》れる頻度《ひんど》も高《たか》くなるようです。太陽《たいよう》の表面《ひょうめん》で起《お》こる爆発《ばくはつ》のことを「太陽《たいよう》フレア」といい、約《やく》11年周期《ねんしゅうき》でその活動《かつどう》が強《つよ》まるとされています。２０１３年《ねん》に太陽《たいよう》フレアが強《つよ》まった記録《きろく》があり、その11年後《ねんご》は２０２４年《ねん》。２０２４年《ねん》5月《がつ》には日本《にっぽん》の北海道《ほっかいどう》でオーロラが見《み》られたので、この予測《よそく》は信頼度《しんらいど》が高《たか》いですね。**次《つぎ》は２０３５年《ねん》、あなたは何歳《なんさい》になっているでしょうか？**

私《わたし》がオーロラを見《み》たのは飛行機《ひこうき》の中《なか》からでした。なんとなくオーロラっぽい色《いろ》が見《み》えたくらいだったので、いつかは地上《ちじょう》からオーロラを見《み》てみたいものです。

おまけ ▸ オーロラと名付《なづ》けたのは天文学者《てんもんがくしゃ》で物理学者《ぶつりがくしゃ》のガリレオ・ガリレイだといわれています。ローマ神話《しんわ》の女神《めがみ》アウロラから名付《なづ》けたようです。

地球《ちきゅう》の表面《ひょうめん》に大気《たいき》と水《みず》がなかったら、昼《ひる》と夜《よる》の気温差《きおんさ》は、大《おお》きくなる？ 小《ちい》さくなる？

私《わたし》たちは、空気《くうき》や水《みず》が当《あ》たり前《まえ》にあるものと思《おも》いがちです。「空気《くうき》のような存在《そんざい》」とは、特《とく》に気《き》にかけることのない人《ひと》という意味《いみ》ですよね。ですが、大気《たいき》と水《みず》は私《わたし》たちが生《い》きる上《うえ》でなくてはならないもの。**大気《たいき》と水《みず》がなかったら、昼間《ひるま》はものすごく暑《あつ》く、夜《よる》はものすごく寒《さむ》くなるのです。ですので、答《こた》えは「大《おお》きくなる」です。**

大気《たいき》とは惑星《わくせい》（主《おも》に地球《ちきゅう》）を包《つつ》みこむ気体《きたい》の層《そう》のことで、大気《たいき》が広《ひろ》がっている空間《くうかん》を大気圏《たいきけん》といいます。その先《さき》は宇宙《うちゅう》空間《くうかん》になります。**大気《たいき》は酸素《さんそ》など生《い》きものに欠《か》かせないものがふくまれるとともに、地球上《ちきゅうじょう》の熱《ねつ》を逃《に》がさず、温度《おんど》を一定《いってい》に保《たも》ち、かつ有害《ゆうがい》な太陽《たいよう》の強《つよ》い紫外線《しがいせん》などをある程度遮断《ていどしゃだん》しています。**

また、**水《みず》には、あたたまりにくく冷《さ》めにくい性質《せいしつ》があります。**地球全体《ちきゅうぜんたい》の7

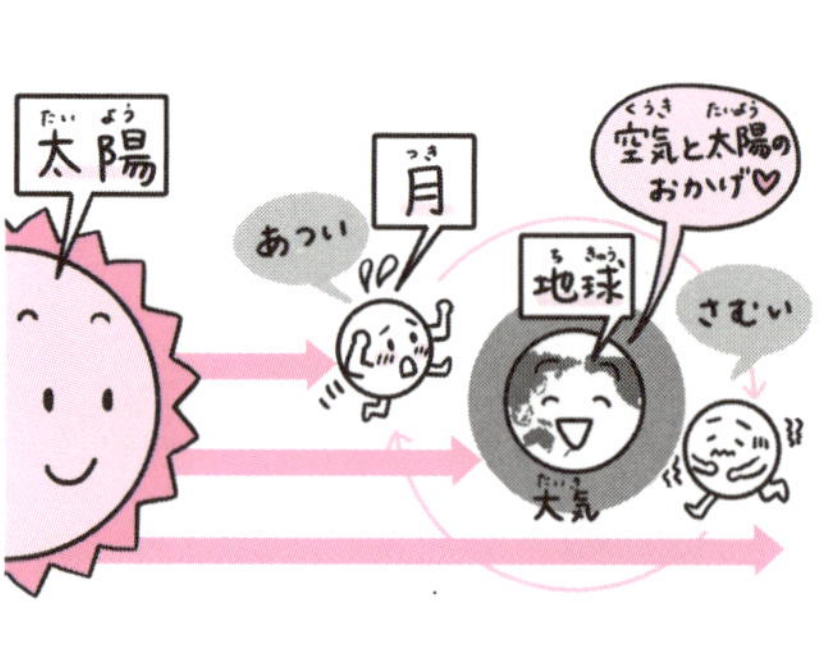

大気《たいき》がない月《つき》は
暑《あつ》くなったり寒《さむ》くなったりと大変《たいへん》

割《わり》が海《うみ》であり、**水《みず》が豊富《ほうふ》な地球《ちきゅう》では、急激《きゅうげき》な温《おん》度変化《どへんか》は起《お》こりにくいのです。**

大気《たいき》も水《みず》もない月《つき》では（月《つき》に氷《こおり》があることは確認《かくにん》されていますが、液体《えきたい》の水《みず》とは異《こと》なります）、昼《ひる》の気温《きおん》が１１０℃、夜《よる》の気温《きおん》がマイナス１７０℃です。これでは人間《にんげん》が生活《せいかつ》するのはむずかしいですね。

また、宇宙空間《うちゅうくうかん》には多《おお》くの放射線《ほうしゃせん》が飛《と》び交《か》っています。**地球《ちきゅう》には大気《たいき》や地磁気《ちじき》という磁場《じば》があって、放射線《ほうしゃせん》を防《ふせ》いでくれています。**もし月《つき》に行《い》ったら、暑《あつ》さ寒《さむ》さだけでなく、強《つよ》い放射線《ほうしゃせん》も浴《あ》びることになってしまいます。

なお、太陽系《たいようけい》でもっとも昼夜《ちゅうや》の気温差《きおんさ》が大《おお》きいのは水星《すいせい》です。水星《すいせい》には大気《たいき》がなく、昼間《ひるま》は４３０℃、夜《よる》はマイナス１６０℃と、気温差《きおんさ》は６００℃程度《ていど》といわれています。

おまけ ▸ 国際線《こくさいせん》の飛行機《ひこうき》の乗務員《じょうむいん》は、年間《ねんかん》の乗務時間《じょうむじかん》の上限《じょうげん》が決《き》められています。これは、上空《じょうくう》にいるときに放射線《ほうしゃせん》を浴《あ》びる量《りょう》を抑《おさ》えるためです。

常識《じょうしき》クイズ
58

明《あ》かりの第《だい》4世代《せだい》は何《なに》?
①AED《エーイーディー》 ②SNS《エスエヌエス》 ③LED《エルイーディー》

どれも最近《さいきん》よく見《み》る単語《たんご》なので、少《すこ》し迷《まよ》ったかもしれません。**正解《せいかい》は「③LED《エルイーディー》」です。**ちなみに、①AED《エーイーディー》は「自動体外式除細動器《じどうたいがいしきじょさいどうき》」のことで、心臓《しんぞう》が止《と》まったときに電《でん》気《き》ショックを与《あた》えて心臓《しんぞう》の動《うご》きを再開《さいかい》させるもの。駅《えき》や商業《しょうぎょう》施設《しせつ》に設置《せっち》されています。②SNS《エスエヌエス》は「ソーシャルネットワーキングサービス」で、YouTube《ユーチューブ》やX《エックス》、TikTok《ティックトック》などのことですね。ぜひこの機会《きかい》に覚《おぼ》えておきましょう。

さて、本題《ほんだい》の明《あ》かりの歴史《れきし》です。**明《あ》かりの第《だい》1世代《せだい》のろうそくは、紀元前《きげんぜん》から使《つか》われていて、日本《にっぽん》に伝《つた》わったのは奈良時代《ならじだい》です。**では、**第《だい》2世代《せだい》の白熱電球《はくねつでんきゅう》**を発明《はつめい》した人《ひと》はだれでしょう? あなたも名前《なまえ》は聞《き》いたことがあるはずですよ。そう、エジソンです。**エジソンが白熱電球《はくねつでんきゅう》を発明《はつめい》したのが19世紀《せいき》**なので、ろうそくの時代《じだい》は2000年《ねん》以上《いじょう》続《つづ》いた

日本《にっぽん》での普及率《ふきゅうりつ》は60%ともいわれる
LED《エルイーディー》照明《しょうめい》

ええい
ろうそくを
LED《エルイーディー》に
せえいっ!!

ことになります。白熱電球《はくねつでんきゅう》は電球自体《でんきゅうじたい》が熱《あつ》くなるので、私《わたし》が子《こ》どものころは、冬場《ふゆば》に電球《でんきゅう》に手《て》をかざしてあたたまったものです。**そして20世紀《せいき》に入《はい》って第《だい》3世代《せだい》の蛍光灯《けいこうとう》が発明《はつめい》され、現在《げんざい》は第《だい》4世代《せだい》のLED《エルイーディー》が主流《しゅりゅう》になりつつあります。**

LED《エルイーディー》とは「発光《はっこう》ダイオード」のこと。これは、電《でん》気《き》を通《とお》すと光《ひかり》が出《で》る半導体《はんどうたい》で、1906年《ねん》にイギリスの科学者《かがくしゃ》によって発見《はっけん》されました。**LED照明《エルイーディーしょうめい》のメリットは、第一《だいいち》に寿命《じゅみょう》が長《なが》いこと。白熱電《はくねつでん》球《きゅう》の約《やく》40倍《ばい》（約《やく》4万《まん》時間《じかん》！）といわれているので、電球《でんきゅう》の交換《こうかん》が大変《たいへん》な場所《ばしょ》、たとえば家《いえ》の天井《てんじょう》や高層《こうそう》ビルなどでは重宝《ちょうほう》します。**

そして、電球《でんきゅう》が熱《ねつ》をもたないので安全《あんぜん》ですし、消費《しょうひ》電力《でんりょく》も少《すく》なく済《す》みます。また有害物質《ゆうがいぶっしつ》である水銀《すいぎん》を使《つか》っていないので、環境《かんきょう》にもやさしいんですね。

おまけ ▶ 蛍光灯《けいこうとう》は水銀《すいぎん》を使《つか》って発光《はっこう》させます。水銀《すいぎん》の使用《しよう》をへらす国際条約《こくさいじょうやく》が結《むす》ばれ、世界各国《せかいかっこく》は蛍光灯《けいこうとう》の使用《しよう》をへらしています。

物理《ぶつり》のこぼれ話《ばなし》

救急車《きゅうきゅうしゃ》の音《おと》のナゾ ドップラー効果《こうか》

音《おと》は、空気《くうき》の振動《しんどう》によって私《わたし》たちの耳《みみ》に届《とど》きます。音《おと》による空気《くうき》の振動《しんどう》を「音波《おんぱ》」といい、下《した》の図《ず》のようになっています。波《なみ》の高《たか》さ（振幅《しんぷく》）は、音《おと》の大《おお》きさを表《あらわ》します。波《なみ》の幅《はば》（波長《はちょう》）は音《おと》の高低《こうてい》を表《あらわ》していて、波長《はちょう》が短《みじか》い（＝波《なみ》の幅《はば》がせまい）と音《おと》が高《たか》くなって、波長《はちょう》が長《なが》い（＝波《なみ》の幅《はば》が広《ひろ》い）と音《おと》が低《ひく》くなります。

救急車《きゅうきゅうしゃ》のサイレンを聞《き》いたことはありますよね。不思議《ふしぎ》なことに、救急車《きゅうきゅうしゃ》が近《ちか》づいてくるときは高《たか》い音《おと》で「ピーポー、ピーポー」と聞《き》こえるのに、遠《とお》ざかっていくときには低《ひく》い音《おと》で「ピーポー、ピーポー」と聞《き》こえませんか？　救急車《きゅうきゅうしゃ》が音《おと》を変《か》えているのではなく、これは音《おと》の波長《はちょう》が変化《へんか》する「ドップラー効果《こうか》」によるものです。音《おと》が近《ちか》づいてくるときは、波長《はちょう》が短《みじか》くなって高《たか》い音《おと》に聞《き》こえるのですが、音《おと》が遠《とお》ざかっていくときは波長《はちょう》が長《なが》くなって低《ひく》い音《おと》に聞《き》こえるのです。

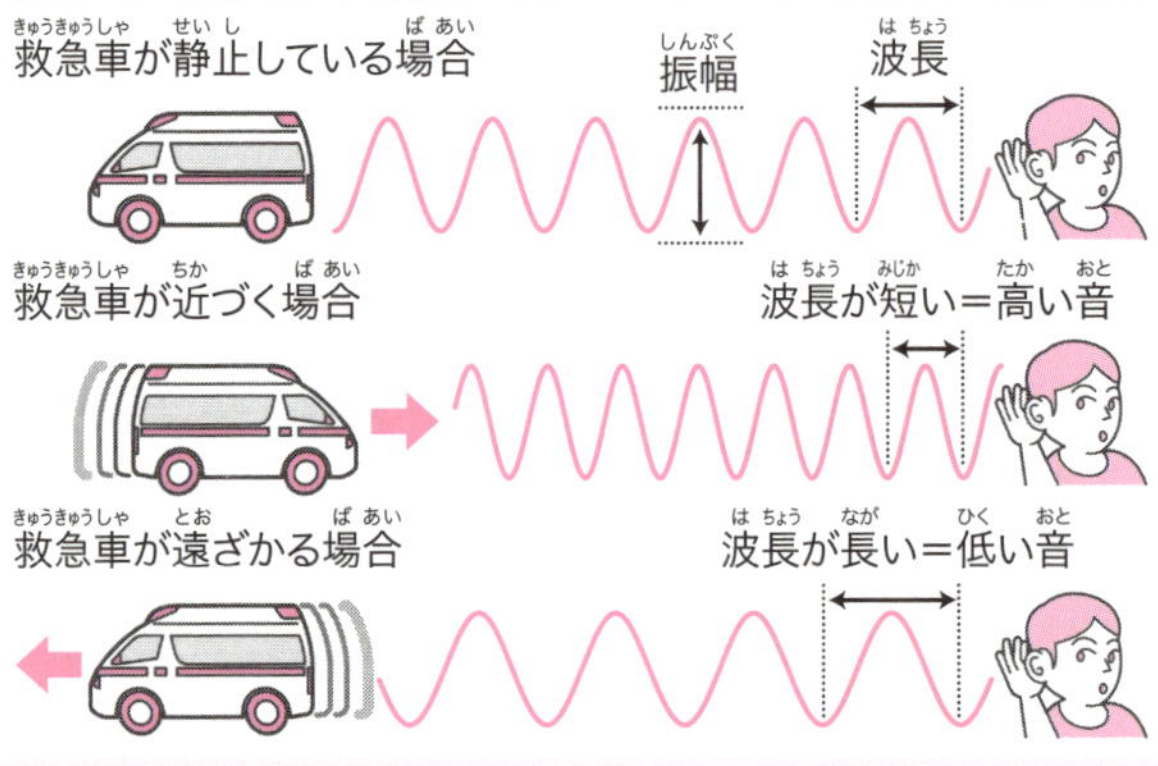

5 章《しょう》

化《か》学《がく》

常識《じょうしき》クイズ

59

公害《こうがい》を引《ひ》き起《お》こしたのは化学物質《かがくぶっしつ》。本当《ほんとう》？　うそ？

日本《にっぽん》で公害《こうがい》といえば昭和《しょうわ》30～40年代《ねんだい》にかけて起《お》きた**「四《よん》大公害病《だいこうがいびょう》」**があります。**工場《こうじょう》や石油《せきゆ》コンビナートから排出《はいしゅつ》された有害《ゆうがい》な化学物質《かがくぶっしつ》が、周囲《しゅうい》の人々《ひとびと》や生《い》きものに深刻《しんこく》な健康被害《けんこうひがい》をもたらし、大《おお》きな問題《もんだい》となりました。**よって、**答《こた》えは「本当《ほんとう》」です。**

1945年《ねん》に第二次世界大戦《だいにじせかいたいせん》が終《お》わり、復興《ふっこう》を目指《めざ》す中《なか》で日本《にっぽん》の産業《さんぎょう》の中心《ちゅうしん》になったのは**金属工業《きんぞくこうぎょう》、機械工業《きかいこうぎょう》、化学工業《かがくこうぎょう》などの重化学工業《じゅうかがくこうぎょう》**で、日本各地《にっぽんかくち》に工場《こうじょう》が建《た》てられました。**経済《けいざい》が右肩上《みぎかたあ》がりになる昭和《しょうわ》30～40年《ねん》代《だい》を「高度経済成長期《こうどけいざいせいちょうき》」と呼《よ》びます。**

経済成長《けいざいせいちょう》をとげる一方《いっぽう》、公害《こうがい》に苦《くる》しめられる人々《ひとびと》もいました。**四大公害病《よんだいこうがいびょう》は、水俣《みなまた》病《びょう》、新潟水俣病《にいがたみなまたびょう》、四日市《よっかいち》ぜんそく、イタイイタイ病《びょう》のこと。**水俣病《みなまたびょう》の原因物《げんいんぶつ》

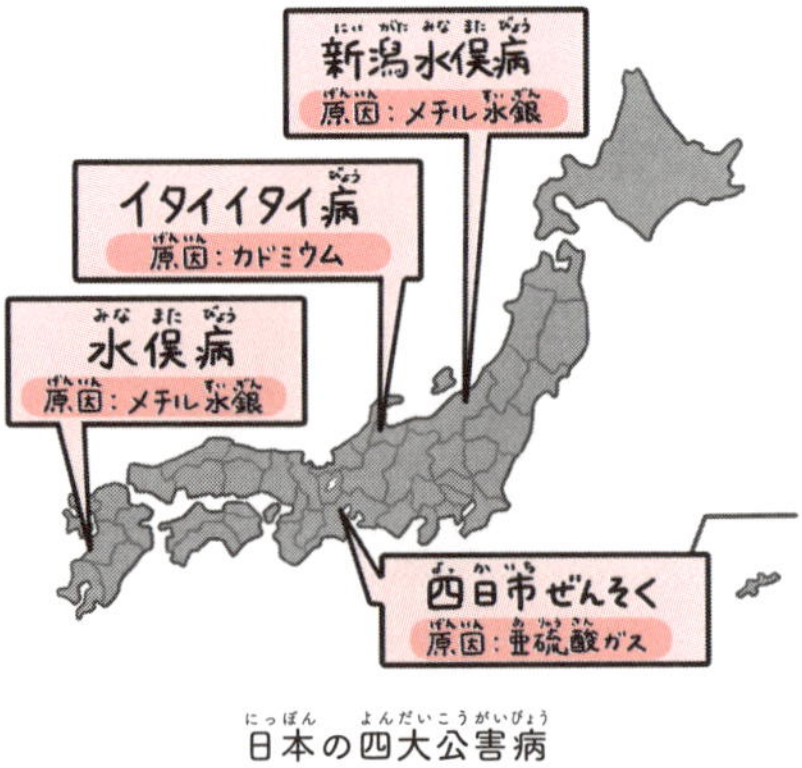

日本《にっぽん》の四大公害病《よんだいこうがいびょう》

質《しつ》は工場《こうじょう》からの廃液《はいえき》にふくまれるメチル水銀《すいぎん》で、水銀《すいぎん》が流《なが》れこんだ水俣湾《みなまたわん》の魚貝《ぎょかい》を食《た》べた人《ひと》たちは手足《てあし》や口《くち》がしびれ、死《し》に至《いた》る人《ひと》もいました。新潟水俣病《にいがたみなまたびょう》は第二《だいに》水俣病《みなまたびょう》とも呼《よ》ばれ、阿賀野川流域《あがのがわりゅういき》の人《ひと》たちに被害《ひがい》が及《およ》びました。四日市《よっかいち》ぜんそくは、石油《せきゆ》を熱《ねっ》した排気《はいき》ガスにふくまれる大気汚染物質《たいきおせんぶっしつ》で気管支炎《きかんしえん》やぜんそくが起《お》こり、イタイイタイ病《びょう》はカドミウムによって手足《てあし》の骨《ほね》が弱《よわ》くなり、激《はげ》しい痛《いた》みを引《ひ》き起《お》こしました。

暮《く》らしをよくするために進歩《しんぽ》した化学《かがく》の技術《ぎじゅつ》が、水質汚染《すいしつおせん》、大気汚染《たいきおせん》などの公害《こうがい》となって私《わたし》たちの生活《せいかつ》を脅《おびや》かしました。

この反省《はんせい》をふまえ、また技術革新《ぎじゅつかくしん》が進《すす》み、現在《げんざい》では**工場《こうじょう》などで有害《ゆうがい》な化学物質《かがくぶっしつ》を発生《はっせい》させないように、製造方法《せいぞうほうほう》や廃棄方法《はいきほうほう》が工夫《くふう》され、公害《こうがい》は大《おお》きくへっています。**

おまけ ▶ 現代《げんだい》の公害《こうがい》は「光化学《こうかがく》スモッグ」。自動車《じどうしゃ》などの排気《はいき》ガスと紫外線《しがいせん》によって発生《はっせい》した化学物質《かがくぶっしつ》によって、目《め》の痛《いた》みや吐《は》き気《け》が出《で》ます。

史上最恐《しじょうさいきょう》の毒物《どくぶつ》・ダイオキシンは、人間《にんげん》がつくり出《だ》したもの。本当《ほんとう》？　うそ？

ダイオキシンは、ごみを燃《も》やすときに副産物《ふくさんぶつ》として発生《はっせい》することがある化学物質《かがくぶっしつ》です。**化学反応《かがくはんのう》の際《さい》に意図《いと》せずして生《う》まれてしまうものなので、答《こた》えは「本当《ほんとう》」です。**

人類《じんるい》の科学技術《かがくぎじゅつ》の進歩《しんぽ》は、意図《いと》せず自《みずか》らの危険《きけん》を生《う》み出《だ》すことがあります。ダイオキシンもその一《ひと》つです。

1999年《ねん》、日本《にっぽん》でダイオキシンが大問題《だいもんだい》になりました。埼玉県所沢市《さいたまけんところざわし》で収穫《しゅうかく》された葉物《はもの》の野菜《やさい》から高濃度《こうのうど》のダイオキシンが検出《けんしゅつ》されたと、テレビで報道《ほうどう》されました。それをきっかけに、スーパーが所沢産《ところざわさん》のほうれん草《そう》を売《う》るのをやめ、消費者《しょうひしゃ》も買《か》わなくなり、所沢《ところざわ》の野菜《やさい》は危険《きけん》だという印象《いんしょう》が強《つよ》く残《のこ》りました。実際《じっさい》には、ダイオキシンが検出《けんしゅつ》されたのはお茶《ちゃ》の葉《は》だったのですが……。

ごみを燃《も》やすと発生《はっせい》することがあるダイオキシン

その後《ご》、所沢《ところざわ》の農家《のうか》はテレビ局《きょく》に損害賠償《そんがいばいしょう》を求《もと》めて訴《そ》訟《しょう》を起《お》こし、テレビ局《きょく》は謝罪《しゃざい》しました。

この**ダイオキシンは、1872年《ねん》にドイツの科学者《かがくしゃ》が初《はじ》めて合成《ごうせい》した化合物《かごうぶつ》**です。**「史上《しじょう》最恐《さいきょう》の毒物《どくぶつ》」**ともいわれ、ベトナム戦争《せんそう》で1960年代《ねんだい》に使《つか》われた枯葉剤《かれはざい》が有名《ゆうめい》です。

アメリカ軍《ぐん》は、敵《てき》の部隊《ぶたい》が隠《かく》れられないようにベトナムのジャングルを枯《か》らせてしまおうと枯葉剤《かれはざい》をまきました。この枯葉剤《かれはざい》にダイオキシンがふくまれていたため、ベトナムでは、**がんや先天性障害《せんてんせいしょうがい》など深《しん》刻《こく》な健康被害《けんこうひがい》が明《あか》るみに出《で》ています。**ダイオキシンは脂肪《しぼう》にとけやすく、生物《せいぶつ》の体内《たいない》に蓄積《ちくせき》される特性《とくせい》があります。食物連鎖《しょくもつれんさ》を通《とお》して、生態系《せいたいけい》に影響《えいきょう》を与《あた》えることが確認《かくにん》されており、多《おお》くの国《くに》でダイオキシンの排出《はいしゅつ》を規制《きせい》する法律《ほうりつ》などが設《もう》けられています。

おまけ ▶「ダイオキシン」の「ダイ」は2を意味《いみ》し、「オキシン」は酸素《さんそ》をふくむ化合《かごう》物《ぶつ》。毒性《どくせい》が強《つよ》いのは、この化合物《かごうぶつ》に塩素原子《えんそげんし》が結《むす》びついたものです。

常識《じょうしき》クイズ 61

多《おお》くの薬《くすり》の中身《なかみ》は人工的《じんこうてき》な化学物質《かがくぶっしつ》。本当《ほんとう》？ うそ？

現代《げんだい》の薬《くすり》は、植物《しょくぶつ》や動物《どうぶつ》などから人間《にんげん》の体《からだ》に有効《ゆうこう》な成分《せいぶん》を取《と》り出《だ》して化学的《かがくてき》に変化《へんか》させたり合成《ごうせい》したりすることでつくられているので、**答《こた》えは「本当《ほんとう》」です。**

「医学《いがく》の父《ちち》」といわれているのは、古代《こだい》ギリシャのヒポクラテス。ヒポクラテスは、柳《やなぎ》の幹《みき》の皮《かわ》や枝《えだ》の成分《せいぶん》を取《と》り出《だ》して薬《くすり》をつくったといわれています。柳《やなぎ》には、痛《いた》みをとったり熱《ねつ》を下《さ》げたりするサリシンという成分《せいぶん》がふくまれていて、この成分《せいぶん》は現在《げんざい》の薬《くすり》にも使《つか》われています。**昔《むかし》の人《ひと》は、植物《しょくぶつ》の枝《えだ》や茎《くき》や葉《は》などを煎《せん》じて、薬《くすり》として飲《の》んでいたのです。**

おそらく、相当苦《そうとうにが》かったと思《おも》います。まさに「良薬《りょうやく》は口《くち》に苦《にが》し」ですね。

ただ、植物《しょくぶつ》から成分《せいぶん》を取《と》り出《だ》して薬《くすり》をつくっていたのでは、全世界《ぜんせかい》に行《い》き渡《わた》らないし効《こう》率《りつ》が悪《わる》いんですね。ですから、近代《きんだい》になってから有効成分《ゆうこうせいぶん》を化学的《かがくてき》に研究《けんきゅう》して、同《おな》じもの

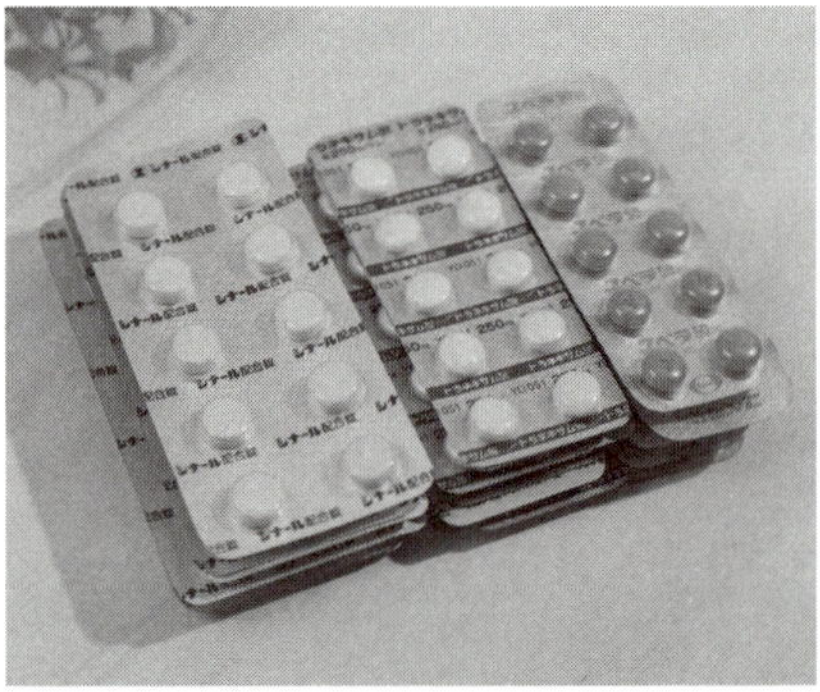

薬《くすり》を飲《の》むときは医師《いし》、薬剤師《やくざいし》の指示《しじ》に従《したが》おう

を人間《にんげん》の手《て》でつくり出《だ》すようになったため、薬《くすり》は化学《かがく》物質《ぶっしつ》であるといえるのです。

あなたは、熱《ねつ》が出《で》たり痛《いた》みがあったりしたときに、解熱鎮痛剤《げねつちんつうざい》を飲《の》むでしょう。解熱鎮痛剤《げねつちんつうざい》には2種類《しゅるい》の効《き》き方《かた》があることは知《し》っていますか？ **体内《たいない》で痛《いた》みや熱《ねつ》を引《ひ》き起《お》こす物質《ぶっしつ》をつくらせないようにするロキソプロフェンやアスピリン、イブプロフェン。一方《いっぽう》、痛《いた》いと感《かん》じる脳《のう》に作用《さよう》して痛《いた》いと感《かん》じないようにするのがアセトアミノフェン。**市販薬《しはんやく》の箱《はこ》の裏側《うらがわ》などに成分《せいぶん》が書《か》いてあるので、見《み》てください。

薬《くすり》とは、有効成分《ゆうこうせいぶん》をもつ物質《ぶっしつ》をごく微量摂取《びりょうせっしゅ》することで人体《じんたい》によい効果《こうか》を与《あた》えるもの。大量《たいりょう》に使《つか》ったら当《とう》然《ぜん》「毒《どく》」になります。「毒《どく》にも薬《くすり》にもなる」のが薬《くすり》なので、薬《くすり》を使《つか》うときは用法用量《ようほうようりょう》を守《まも》りましょう。

おまけ ▶ 薬《くすり》を飲《の》むのは体《からだ》によくないと思《おも》いこんでいる人《ひと》もいますが、用法用量《ようほうようりょう》を守《まも》れば、生活《せいかつ》の質《しつ》が上《あ》がりますよ。

常識《じょうしき》クイズ
62

半導体《はんどうたい》をつくるには大量《たいりょう》のきれいな水《みず》が必要《ひつよう》。本当《ほんとう》？ うそ？

半導体《はんどうたい》のような繊細《せんさい》な電子部品《でんしぶひん》を製造《せいぞう》するためには、**わずかなホコリやチリも交《ま》ざってはいけません。微細《びさい》なごみを洗《あら》い流《なが》すために水《みず》は欠《か》かせないのです。答《こた》えは「本当《ほんとう》」です。**

半導体《はんどうたい》は、**スマートフォンやテレビ、エアコン、冷蔵庫《れいぞうこ》まで**、あらゆるものに使《つか》われています。携帯電話《けいたいでんわ》は、昔《むかし》は主《おも》に通話《つうわ》だけの機能《きのう》でしたが、**今《いま》では通話《つうわ》に加《くわ》えて写真《しゃしん》が撮《と》れたり、インターネットにつなげられたり、ゲームができたりと、さまざまなことができるようになりました。これらを実現《じつげん》できたのは半導体《はんどうたい》のおかげなのです。**

半導体《はんどうたい》とは何《なん》なのか？ まずは「導体《どうたい》」の説明《せつめい》からしましょう。導体《どうたい》とは、電気《でんき》を通《とお》す物質《ぶっしつ》のこと。主《おも》に金属《きんぞく》ですね。逆《ぎゃく》に、電気《でんき》をほとんど通《とお》さないものは「絶縁体《ぜつえんたい》」といいま

半導体《はんどうたい》を用《もち》いた集積回路《しゅうせきかいろ》（IC《アイシー》）

す。たとえばゴムやプラスチック、ガラスなどです。

半導体《はんどうたい》とは、いわば導体《どうたい》と絶縁体《ぜつえんたい》の中間《ちゅうかん》。そのままでは電気《でんき》を通《とお》さないけれど、ある条件《じょうけん》がそろえば電気《でんき》を通《とお》すもののことです。トランジスタラジオの電気《でんき》の流《なが》れを制御《せいぎょ》するトランジスタなどは、半導体《はんどうたい》からつくられています。これらを基板上《きばんじょう》に配置《はいち》して電子回路《でんしかいろ》を組《く》んだものが集積回路《しゅうせきかいろ》（ＩＣ《アイシー》）です。右《みぎ》の写真《しゃしん》の黒《くろ》い部分《ぶぶん》の中《なか》にＩＣ《アイシー》チップが入《はい》っています。ＩＣ《アイシー》は半導体《はんどうたい》が集《あつ》まってできていますので、これ自体《じたい》を「半導体《はんどうたい》」と呼《よ》ぶことも多《おお》いのです。

２０２４年《ねん》２月《がつ》には、台湾《たいわん》の世界的《せかいてき》半導体《はんどうたい》メーカーであるＴＳＭＣ《ティーエスエムシー》が熊本県《くまもとけん》に日本最大級《にっぽんさいだいきゅう》の工場《こうじょう》を建設《けんせつ》。**半導体《はんどうたい》には大量《たいりょう》の純水《じゅんすい》（不純物《ふじゅんぶつ》が取《と》り除《のぞ》かれた水《みず》）が必要《ひつよう》なため、豊《ゆた》かな水資源《みずしげん》を確保《かくほ》できるなどの理由《りゆう》で熊本県《くまもとけん》が選《えら》ばれたのです。**

おまけ ▸ 日本《にっぽん》は、半導体《はんどうたい》の品質《ひんしつ》を守《まも》るクリーンルームという優《すぐ》れた施設《しせつ》によって、半導体産業《はんどうたいさんぎょう》が成長《せいちょう》しました。

常識《じょうしき》クイズ

63

燃料電池自動車《ねんりょうでんちじどうしゃ》では、水素《すいそ》と何《なに》を合《あ》わせて電気《でんき》を生《う》む？ ①酸素《さんそ》 ②二酸化炭素《にさんかたんそ》 ③塩素《えんそ》

「水素《すいそ》ステーション」という言葉《ことば》を聞《き》いたことはありませんか？ これは、燃料電池自動車《ねんりょうでんちじどうしゃ》のエネルギー補給《ほきゅう》スポットです。**燃料電池自動車《ねんりょうでんちじどうしゃ》は、水素《すいそ》と空気中《くうきちゅう》の酸素《さんそ》を反応《はんのう》させることで発電《はつでん》し、車《くるま》を走《はし》らせる仕組《しく》みなので、答《こた》えは「①酸素《さんそ》」です。**

「水素《すいそ》＋酸素《さんそ》＝水《みず》（水蒸気《すいじょうき》）」なので、**燃料電池自動車《ねんりょうでんちじどうしゃ》はどんなに走《はし》っても水《みず》（水蒸気《すいじょうき》）しか発生《はっせい》しません。**ガソリン車《しゃ》のように大気汚染《たいきおせん》の原因《げんいん》となる物質《ぶっしつ》は出《で》ませんし、電気自動車《でんきじどうしゃ》のように充電《じゅうでん》する必要《ひつよう》もない。環《かん》境《きょう》にやさしい車《くるま》といえます。それに、エネルギーとなる水素《すいそ》は、この地球上《ちきゅうじょう》にたくさんあります。岩盤《がんばん》や岩山《いわやま》を掘《ほ》ったり、深海《しんかい》からくみ上《あ》げたりする必要《ひつよう》もありません。なんとすばらしい！ 燃料電池自動車《ねんりょうでんちじどうしゃ》ばんざい！ と思《おも》ったでしょう。

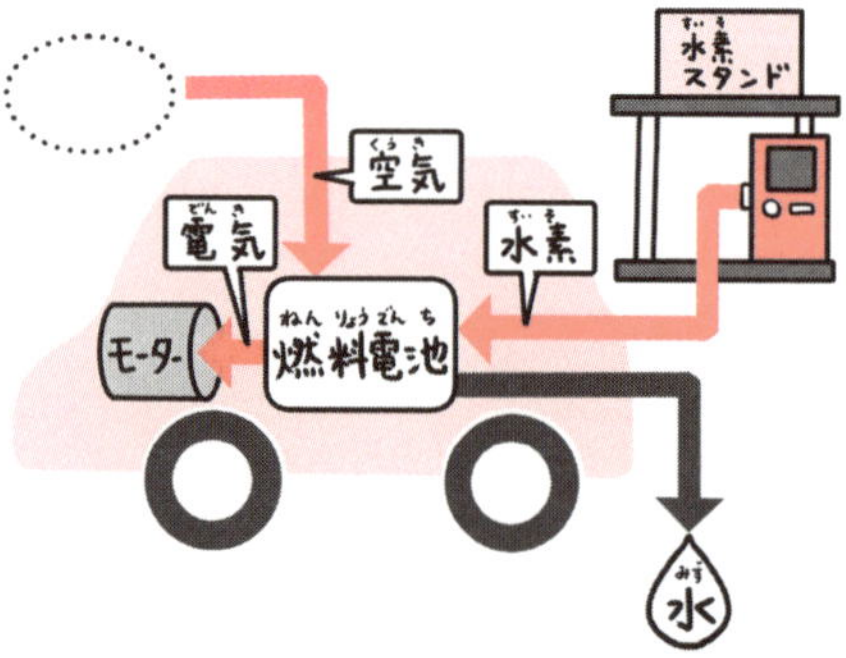

燃料電池自動車《ねんりょうでんちじどうしゃ》で発生《はっせい》するのは水《みず》のみ

……ですが、ここで問題《もんだい》が一《ひと》つ。エネルギー源《げん》である水素《すいそ》は、そのままの姿《すがた》で存在《そんざい》しているわけではありません。酸素《さんそ》と結《むす》びついた水《みず》のように、化合物《かごうぶつ》として存在《そんざい》しているのです。なので、**水素《すいそ》を手《て》に入《い》れようと思《おも》ったら、水素化合物《すいそかごうぶつ》を分解《ぶんかい》して水素《すいそ》だけを取《と》り出《だ》さなくてはなりません。**たとえば水《みず》だったら、水《みず》を一旦《いったん》酸素《さんそ》と水素《すいそ》に電気分解《でんきぶんかい》して、水素《すいそ》だけを取《と》り出《だ》すというふうに。

環境《かんきょう》にやさしい燃料電池自動車《ねんりょうでんちじどうしゃ》なのに、水素《すいそ》を取《と》り出《だ》すために電気《でんき》を使《つか》うとしたら、発電《はつでん》が必要《ひつよう》になります。発電《はつでん》については130ページで説明《せつめい》しましたが、主力《しゅりょく》は火力発電《かりょくはつでん》。火力発電《かりょくはつでん》は燃焼《ねんしょう》によってタービンを回《まわ》すので、二酸化炭素《にさんかたんそ》が排出《はいしゅつ》される……。ここが悩《なや》みどころ。水素《すいそ》の大量生産《たいりょうせいさん》が今後《こんご》の課題《かだい》です。

おまけ　スペースシャトルには燃料電池《ねんりょうでんち》が使《つか》われていて、燃料電池《ねんりょうでんち》によって発生《はっせい》した水《みず》は、宇宙飛行士《うちゅうひこうし》の飲料水《いんりょうすい》にしていたそうです。

常識《じょうしき》クイズ
64

「2030年代半《ねんだいなか》ばに新車《しんしゃ》の100%を電動車《でんどうしゃ》に」という目標《もくひょう》を日本《にっぽん》が検討《けんとう》してる。本当《ほんとう》？　うそ？

2021年《ねん》1月《がつ》の通常国会《つうじょうこっかい》で、菅義偉総理大臣《すがよしひでそうりだいじん》（当時《とうじ》）が、2035年《ねん》までに新車《しんしゃ》は100%電動車《でんどうしゃ》にすると明言《めいげん》しました。**これは「本当《ほんとう》」です。**

「電動車《でんどうしゃ》」とは、動力《どうりょく》に電気《でんき》を使《つか》うもので、エンジンと電気《でんき》の両方《りょうほう》で走《はし》る**「ハイブリッド車《しゃ》（HV《エイチブイ》）」**、さらにハイブリッド車《しゃ》で充電《じゅうでん》もできる**「プラグインハイブリッド車《しゃ》（PHV《ピーエイチブイ》）」**、電気《でんき》で走《はし》る**「電気自動車《でんきじどうしゃ》（EV《イーブイ》）」**、水素《すいそ》で発電《はつでん》して走《はし》る**「燃料電池車《ねんりょうでんちしゃ》（FCV《エフシーブイ》）」**の4種類《しゅるい》があります。

しかし、**現在《げんざい》の新車販売《しんしゃはんばい》の4割近《わりちか》くを占《し》める軽自動車《けいじどうしゃ》は、ほとんど電動化《でんどうか》が進《すす》んでいません。電池《でんち》が重《おも》いからです。**軽自動車《けいじどうしゃ》の電動化《でんどうか》は今後《こんご》の課題《かだい》です。

電動化《でんどうか》は自動車《じどうしゃ》メーカーだけではなく、自動車《じどうしゃ》の部品《ぶひん》をつくる会社《かいしゃ》も、電動車《でんどうしゃ》の部品《ぶひん》づく

充電《じゅうでん》スタンドで充電《じゅうでん》する電気自動車《でんきじどうしゃ》
見《み》たことあるかな？

りに切《き》り替《か》えていく必要《ひつよう》があります。

日本《にっぽん》が電動化《でんどうか》に舵《かじ》を切《き》った背景《はいけい》には、**「カーボンニュートラル」**への流《なが》れがあります。カーボンニュートラルとは、**二酸化炭素《にさんかたんそ》やメタンガス、フロンガスなど、地球温暖化《ちきゅうおんだんか》の原因《げんいん》の一《ひと》つである温室効果《おんしつこうか》ガス（太陽《たいよう》からの熱《ねつ》を地球《ちきゅう》に閉《と》じこめて地表《ちひょう》をあたためる気体《きたい》）の排出《はいしゅつ》をゼロにする取《と》り組《く》み**のこと。ガソリン車《しゃ》の排出《はいしゅつ》する二《に》酸化炭素《さんかたんそ》を抑《おさ》えることで、カーボンニュートラルを目《め》指《ざ》すのです。**電動車《でんどうしゃ》はHV《エイチブイ》とPHV《ピーエイチブイ》以外《いがい》、二酸《にさん》化炭素《かたんそ》を排出《はいしゅつ》しませんが、劣化《れっか》したバッテリーを処分《しょぶん》するときには温室効果《おんしつこうか》ガスが排出《はいしゅつ》されます。**また、車《くるま》をつくるときには大量《たいりょう》の電気《でんき》が必要《ひつよう》で、火力発電《かりょくはつでん》では二酸化炭素《にさんかたんそ》が発生《はっせい》します。使《つか》うときにはよくても、別《べつ》の場面《ばめん》では課題《かだい》もあるのです。

おまけ　カーボンニュートラルの達成《たっせい》には、131ページで説明《せつめい》した発電《はつでん》システムの脱炭素化《だったんそか》（二酸化炭素排出量《にさんかたんそはいしゅつりょう》ゼロ）も必要《ひつよう》です。

常識《じょうしき》クイズ 65

宇宙《うちゅう》も地球《ちきゅう》も人間《にんげん》もすべては元素《げんそ》でできている。本当《ほんとう》？うそ？

元素《げんそ》とは、すべての物質《ぶっしつ》をつくる「材料《ざいりょう》」と考《かんが》えてください。ブロックおもちゃのブロックのようなイメージです。ブロックを組《く》み合《あ》わせることで、家《いえ》や人間《にんげん》などいろんなものがつくれますよね。**答《こた》えは「本当《ほんとう》」です。**

元素《げんそ》は、原子《げんし》（110ページ）の種類《しゅるい》を表《あらわ》すものです。原《げん》子《し》は、物質《ぶっしつ》を構成《こうせい》する小《ちい》さな粒子《りゅうし》です。たとえば、元素《げんそ》としての酸素《さんそ》を記号《きごう》で表《あらわ》すと「O《オー》」となりますが、私《わたし》たちがいつも吸《す》っている空気中《くうきちゅう》の酸素《さんそ》は、「O《オー》という酸素原子《さんそげんし》二《ふた》つ」が結《むす》びついて「O_2《オーツー》」（酸素分子《さんそぶんし》）の形《かたち》となっています。

今現在《いまげんざい》、地球上《ちきゅうじょう》で発見《はっけん》されている元素《げんそ》は、約《やく》120種類《しゅるい》。これらの元素《げんそ》の組《く》み合《あ》わせによって、人間《にんげん》や動植物《どうしょくぶつ》などの生《い》きものから、海《うみ》、川《かわ》、山《やま》などの自然《しぜん》、学校《がっこう》やランドセルやノートや鉛筆《えんぴつ》にいたるまでができています。

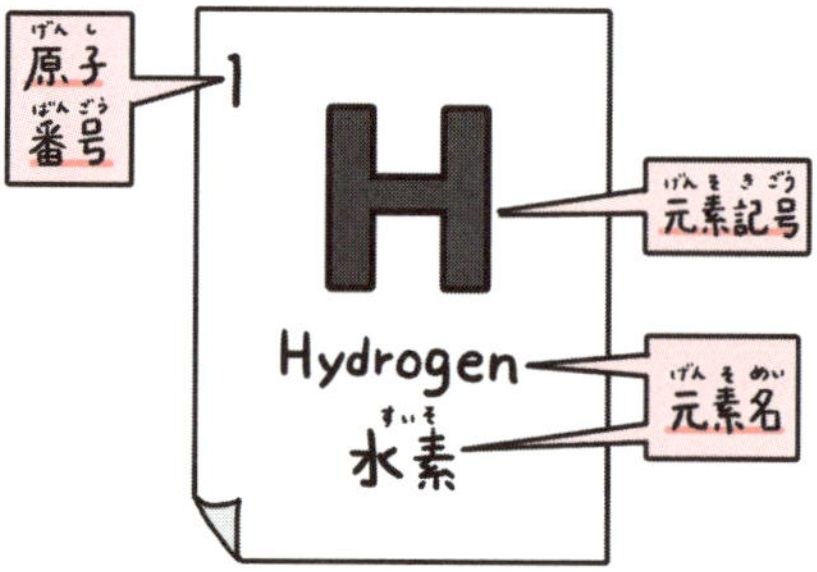

元素周期表《げんそしゅうきひょう》にある元素《げんそ》の見方《みかた》

これら約《やく》120種類《しゅるい》の元素《げんそ》を、重《おも》さと性質《せいしつ》を基準《きじゅん》に整《せい》理《り》したのが「元素周期表《げんそしゅうきひょう》」（160ページ）で、化学《かがく》者《しゃ》・メンデレーエフが1869年《ねん》につくりました。

メンデレーエフは当時《とうじ》見《み》つかっていた63種類《しゅるい》の元素《げんそ》を、原子量《げんしりょう》の小《ちい》さい順《じゅん》にならべたところ、規則性《きそくせい》があることに気《き》づきます。その規則《きそく》に沿《そ》って考《かんが》えるとつじつまが合《あ》わない部分《ぶぶん》がある。「きっとまだ見《み》つかっていない元素《げんそ》があるはずだ」と予言《よげん》し、実際《じっさい》にその通《とお》りの元素《げんそ》が後《あと》から見《み》つかっていきました。

元素《げんそ》のおもしろいところは、同《おな》じ元素《げんそ》でできているはずなのに、原子《げんし》の結《むす》びつき方《かた》によってまったく異《こと》なるものになるところです。たとえば、**ダイヤモンドと鉛筆《えんぴつ》の芯《しん》の黒鉛《こくえん》は、同《おな》じ「炭素《たんそ》」でできています。**元素《げんそ》は同《おな》じでも、原子《げんし》の結《むす》びつき方《かた》がちがうと別《べつ》ものになる。元素《げんそ》って不思議《ふしぎ》ですよね。

おまけ

「ヘリウム」は、吸《す》うと声《こえ》が高《たか》くなるガスに使《つか》われています。アルミニウムは1円玉《えんだま》、銅《どう》は10円玉《えんだま》。身近《みぢか》な元素《げんそ》を調《しら》べてみましょう。

元《げん》素《そ》周《しゅう》期《き》表《ひょう》

もっと 知《し》りたい！

金貨《きんか》、アクセサリー（→ Au）

ダイヤモンド、黒鉛《こくえん》（→ C）

1円玉《えんだま》、アルミ箔《はく》（→ Al）

10円玉《えんだま》、電線《でんせん》（→ Cu）

10	11	12	13	14	15	16	17	18
								2 He ヘリウム
			5 B ホウ素《そ》	6 C 炭素《たんそ》	7 N 窒素《ちっそ》	8 O 酸素《さんそ》	9 F フッ素《そ》	10 Ne ネオン
			13 Al アルミニウム	14 Si ケイ素《そ》	15 P リン	16 S 硫黄《いおう》	17 Cl 塩素《えんそ》	18 Ar アルゴン
28 Ni ニッケル	29 Cu 銅《どう》	30 Zn 亜鉛《あえん》	31 Ga ガリウム	32 Ge ゲルマニウム	33 As ヒ素《そ》	34 Se セレン	35 Br 臭素《しゅうそ》	36 Kr クリプトン
46 Pd パラジウム	47 Ag 銀《ぎん》	48 Cd カドミウム	49 In インジウム	50 Sn スズ	51 Sb アンチモン	52 Te テルル	53 I ヨウ素《そ》	54 Xe キセノン
78 Pt 白金《はっきん》	79 Au 金《きん》	80 Hg 水銀《すいぎん》	81 Tl タリウム	82 Pb 鉛《なまり》	83 Bi ビスマス	84 Po ポロニウム	85 At アスタチン	86 Rn ラドン
110 Ds ダームスタチウム	111 Rg レントゲニウム	112 Cn コペルニシウム	113 Nh ニホニウム	114 Fl フレロビウム	115 Mc モスコビウム	116 Lv リバモリウム	117 Ts テネシン	118 Og オガネソン

63 Eu ユウロピウム	64 Gd ガドリニウム	65 Tb テルビウム	66 Dy ジスプロシウム	67 Ho ホルミウム	68 Er エルビウム	69 Tm ツリウム	70 Yb イッテルビウム	71 Lu ルテチウム
95 Am アメリシウム	96 Cm キュリウム	97 Bk バークリウム	98 Cf カリホルニウム	99 Es アインスタイニウム	100 Fm フェルミウム	101 Md メンデレビウム	102 No ノーベリウム	103 Lr ローレンシウム

毎日《まいにち》ながめたい

1 H 水素《すいそ》

← 原子番号《げんしばんごう》
← 元素記号《げんそきごう》
← 元素名《げんそめい》

周期《しゅうき》＼族《ぞく》	1	2	3	4	5	6	7	8	9
1	1 H 水素《すいそ》								
2	3 Li リチウム	4 Be ベリリウム							
3	11 Na ナトリウム	12 Mg マグネシウム							
4	19 K カリウム	20 Ca カルシウム	21 Sc スカンジウム	22 Ti チタン	23 V バナジウム	24 Cr クロム	25 Mn マンガン	26 Fe 鉄《てつ》	27 Co コバルト
5	37 Rb ルビジウム	38 Sr ストロンチウム	39 Y イットリウム	40 Zr ジルコニウム	41 Nb ニオブ	42 Mo モリブデン	43 Tc テクネチウム	44 Ru ルテニウム	45 Rh ロジウム
6	55 Cs セシウム	56 Ba バリウム	57-71 ランタノイド	72 Hf ハフニウム	73 Ta タンタル	74 W タングステン	75 Re レニウム	76 Os オスミウム	77 Ir イリジウム
7	87 Fr フランシウム	88 Ra ラジウム	89-103 アクチノイド	104 Rf ラザホージウム	105 Db ドブニウム	106 Sg シーボーギウム	107 Bh ボーリウム	108 Hs ハッシウム	109 Mt マイトネリウム

57-71 ランタノイド	57 La ランタン	58 Ce セリウム	59 Pr プラセオジム	60 Nd ネオジム	61 Pm プロメチウム	62 Sm サマリウム
89-103 アクチノイド	89 Ac アクチニウム	90 Th トリウム	91 Pa プロトアクチニウム	92 U ウラン	93 Np ネプツニウム	94 Pu プルトニウム

H：燃料電池《ねんりょうでんち》

Li：スマホのバッテリー

Na：塩《しお》

Ca：骨《ほね》

Fe：身近《みぢか》な金属《きんぞく》（自動車《じどうしゃ》のボディーなど）

Ra：キュリー夫人《ふじん》が発見《はっけん》！

U：原子力《げんしりょく》発電《はつでん》

感染症《かんせんしょう》を防《ふせ》ぐワクチンの誕生《たんじょう》

天然痘《てんねんとう》は、天然痘《てんねんとう》ウイルスによって引《ひ》き起《お》こされる感染症《かんせんしょう》で、死《し》に至《いた》る病《やまい》として恐《おそ》れられていました。世界中《せかいじゅう》で何度《なんど》も流行《りゅうこう》したのです。

18世紀《せいき》、イギリスの医学者《いがくしゃ》であったジェンナーは、牛《うし》の乳《ちち》しぼりをしていた女性《じょせい》が「牛痘《ぎゅうとう》（牛《うし》から人《ひと》に移《うつ》る感染症《かんせんしょう》）にかかると、天然痘《てんねんとう》にかからない」と話《はな》しているのを聞《き》き、天然痘《てんねんとう》を予防《よぼう》するための研究《けんきゅう》をはじめます。人間《にんげん》の体《からだ》は、ウイルスが入《はい》ってくるとそれをやっつける「抗《こう》体《たい》」ができます。一旦抗体《いったんこうたい》ができると、同《おな》じ病気《びょうき》にはかかりにくくなります。ジェンナーは、牛痘《ぎゅうとう》の人《ひと》の水《みず》ぶくれの水分《すいぶん》を人《ひと》に注射《ちゅうしゃ》することで、天然痘《てんねんとう》の抗体《こうたい》をつくることに成功《せいこう》しました。これがワクチンです。

ジェンナーの開発《かいはつ》したワクチンによって天然痘《てんねんとう》の予防《よぼう》が可能《かのう》になり、天然痘《てんねんとう》にかかる人《ひと》を大幅《おおはば》にへらしました。そしてついに１９８０年《ねん》、ＷＨＯ《ダブリューエイチオー》（世界保健機関《せかいほけんきかん》）は天然痘《てんねんとう》の撲滅《ぼくめつ》を宣言《せんげん》したのです。

6 章《しょう》

生《せい》物《ぶつ》

常識《じょうしき》クイズ
66

生物学的《せいぶつがくてき》に生《い》きている状態《じょうたい》と死《し》んだ状態《じょうたい》、何《なに》がちがう？

①呼吸《こきゅう》の有無《うむ》 ②代謝《たいしゃ》の有無《うむ》 ③心臓《しんぞう》の拍動《はくどう》の有無《うむ》

ドラマや映画《えいが》で、人《ひと》が亡《な》くなるシーンを見《み》たことがあるでしょう。病院《びょういん》で、心臓《しんぞう》の動《うご》きを表《あらわ》すモニターがピーッと直線《ちょくせん》になり、医師《いし》が眼球《がんきゅう》の動《うご》きを確認《かくにん》して「ご臨終《りんじゅう》です」という場面《ばめん》です。それを見《み》る限《かぎ》り、答《こた》えは①か③のように思《おも》いますが、**生物学的《せいぶつがくてき》にいえば、「②代謝《たいしゃ》の有無《うむ》」が正解《せいかい》です。実《じつ》は、人《ひと》が亡《な》くなってしばらくは、髪《かみ》の毛《け》や爪《つめ》は伸《の》びます。**これは不思議《ふしぎ》なことではなく、ごくごく当《あ》たり前《まえ》のことです。

私《わたし》たち人間《にんげん》をふくむ生《い》きものの最小単位《さいしょうたんい》は、細胞《さいぼう》です。細《さい》胞《ぼう》は、私《わたし》たちが食《た》べることで得《え》た栄養素《えいようそ》と、呼吸《こきゅう》によって取《と》りこんだ酸素《さんそ》を使《つか》って化学反《かがくはん》応《のう》を起《お》こし、エネルギーを生《う》み出《だ》しています。細胞《さいぼう》が、私《わたし》たちの体内《たいない》でこうした化学反応《かがくはんのう》を起《お》こすことを「代謝《たいしゃ》」といいます。細胞《さいぼう》は、代謝《たいしゃ》を経《へ》て細胞分裂《さいぼうぶんれつ》して増《ふ》えていき、それ

代謝《たいしゃ》のメカニズム

によって私《わたし》たちが活動《かつどう》したり成長《せいちょう》したりするわけです。

つまり、**人間《にんげん》の心臓《しんぞう》や呼吸《こきゅう》が止《と》まっても、細胞《さいぼう》は、その前《まえ》に取《と》りこんだ栄養素《えいようそ》や酸素《さんそ》を使《つか》って代謝《たいしゃ》を続《つづ》けているということ。**それが、髪《かみ》の毛《け》や爪《つめ》が伸《の》びる理由《りゆう》です。亡《な》くなったらそれ以上《いじょう》、栄養摂取《えいようせっしゅ》も呼吸《こきゅう》もしなくなるので、**体内《たいない》の栄養素《えいようそ》や酸素《さんそ》がなくなり、やがて代謝《たいしゃ》も終《お》わります。ここをもって生物学的《せいぶつがくてき》な死《し》を迎《むか》えるということになるのです。**

私《わたし》たちが食事《しょくじ》をするのは、ただお腹《なか》をいっぱいにするためだけではなく、細胞《さいぼう》に栄養《えいよう》を与《あた》えて、活動《かつどう》するエネルギーを生《う》み出《だ》すためなのです。大人《おとな》が、しっかり食《た》べなさいとかバランスよく食《た》べなさいとかいうのは、細胞《さいぼう》が活発《かっぱつ》に働《はたら》くことで健康《けんこう》な体《からだ》づくりができるからなんですよ。

おまけ ▶ 人間《にんげん》が生命《せいめい》を維持《いじ》するために最低限必要《さいていげんひつよう》なエネルギーのことを「基礎代謝《きそたいしゃ》」といいます。これは、年齢《ねんれい》や体格《たいかく》、性別《せいべつ》によって異《こと》なります。

常識《じょうしき》クイズ

67

人間《にんげん》をもっとも多《おお》く殺《ころ》した生《い》きものは何《なに》？

①蚊《か》 ②人間《にんげん》 ③クマ

なんだか物騒《ぶっそう》な質問《しつもん》ですが……。ヒントは、「殺《ころ》した」というよりも「命《いのち》をうばうきっかけをつくった」というイメージですね。**答《こた》えは「①蚊《か》」です。**

蚊《か》は、主《おも》に亜熱帯《あねったい》・熱帯地域《ねったいちいき》で発生《はっせい》する「マラリア」という病気《びょうき》を運《はこ》ぶことで、これまで数《かず》多《おお》くの人間《にんげん》を死《し》にいたらしめました。

マラリアは感染症《かんせんしょう》の一《ひと》つで、マラリアを運《はこ》ぶハマダラカという蚊《か》に刺《さ》されて感染《かんせん》すると、1~4週間《しゅうかん》ほど体内《たいない》にひそみます。やがて発症《はっしょう》すると、発熱《はつねつ》や頭痛《ずつう》、吐《は》き気《け》や関節《かんせつ》痛《つう》などの症状《しょうじょう》が出《で》て、それがひどくなると死《し》にいたります。

第二次世界大戦《だいにじせかいたいせん》のとき、東南《とうなん》アジアの戦地《せんち》では多《おお》くの日本人《にっぽんじん》が亡《な》くなりました。もちろん、戦《たたか》いの中《なか》で命《いのち》を落《お》とした人《ひと》もいますが、それ以上《いじょう》に食料不足《しょくりょうぶそく》で餓死《がし》した人《ひと》や、マラリ

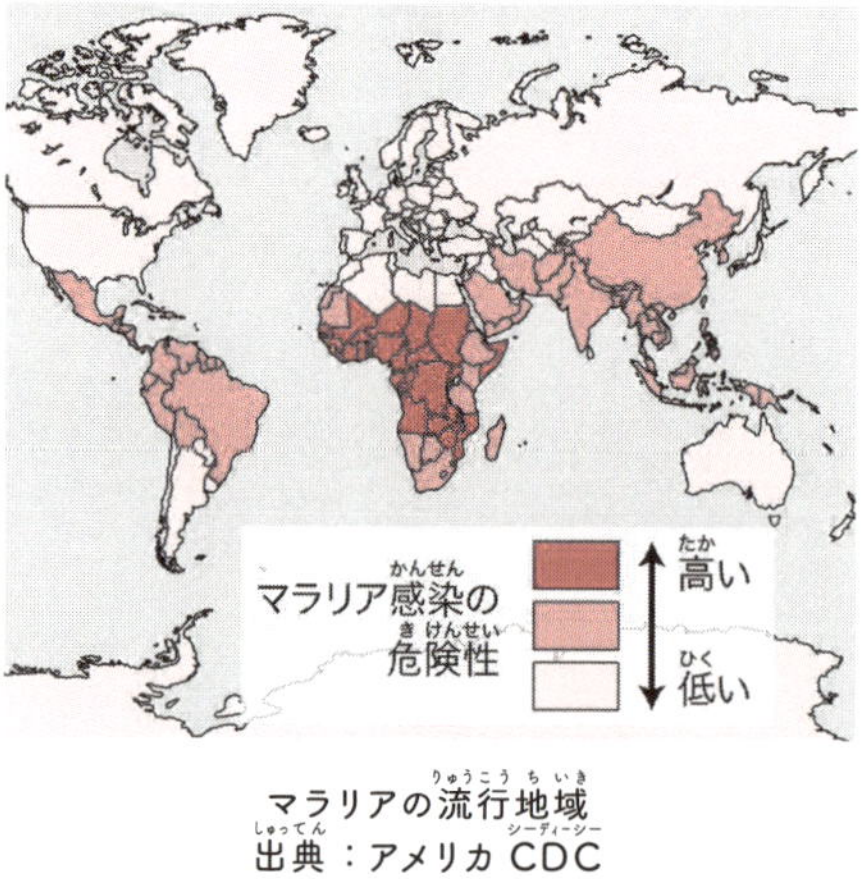

マラリアの流行地域《りゅうこうちいき》
出典《しゅってん》：アメリカ CDC《シーディーシー》

アにかかって亡《な》くなった人《ひと》の方《ほう》が多《おお》かったとみられています。

蚊《か》は、マラリアだけでなく、ジカ熱《ねつ》やデング熱《ねつ》などの感染症《かんせんしょう》も運《はこ》びます。蚊《か》による感染症《かんせんしょう》で亡《な》くなる人《ひと》は、世界《せかい》で年間約《ねんかんやく》72万《まん》5000人《にん》もいるといわれています。日本《にっぽん》では、2014年《ねん》にデング熱《ねつ》の感染者《かんせんしゃ》が国内《こくない》で見《み》つかりました。命《いのち》に関《かか》わることもあるので、気《き》をつけたいですね。

蚊《か》の栄養源《えいようげん》は、花《はな》の蜜《みつ》などの糖分《とうぶん》。**人《ひと》の血《ち》を吸《す》うのは産卵《さんらん》をするメスだけです。**蚊《か》は、人《ひと》が発《はっ》する微量《びりょう》のガスやにおい、体温《たいおん》を感知《かんち》して近《ちか》づいてきます。一度《いちど》に吸《す》うことのできる血《ち》は、ほぼ蚊《か》の体重《たいじゅう》くらいだそう。血《ち》を吸《す》うと体重《たいじゅう》が倍《ばい》になるので、血《ち》を吸《す》った直後《ちょくご》は体《からだ》が重《おも》くてフラフラしていることが多《おお》いようですよ。

おまけ

蚊《か》に次《つ》いで人間《にんげん》を多《おお》く殺《ころ》した生《い》きものは、「人間《にんげん》」です。
戦争《せんそう》はあってはならないですね。

常識《じょうしき》クイズ 68

宇宙空間《うちゅうくうかん》でも生《い》きられる生《い》きものは、いる？ いない？

宇宙《うちゅう》は真空《しんくう》で、生物《せいぶつ》が生《い》きられる環境《かんきょう》にはありません。ですが、生《い》きのびるものがいるのです！ **答《こた》えは「いる」です！**

それは「**クマムシ**」です。体長《たいちょう》1㎜ほどですが、「**最強《さいきょう》の生物《せいぶつ》**」といわれます。クマムシといっても虫《むし》（昆虫《こんちゅう》）ではありません。分類《ぶんるい》としては「緩歩動物《かんぽどうぶつ》」というもので、今《いま》のところ緩歩動物《かんぽどうぶつ》に属《ぞく》するのはクマムシだけです。水《みず》の中《なか》やコケのあるところなど湿《しめ》った場所《ばしょ》に生息《せいそく》しているのですが、なぜか泳《およ》げず、クマのようにゆっくりと歩《ある》いて移動《いどう》することから緩歩動物《かんぽどうぶつ》となったそう。肉眼《にくがん》では見《み》えません。クマムシは多《おお》くの種《しゅ》があり、現在確認《げんざいかくにん》されているものだけでも約《やく》1200種存在《しゅそんざい》しています。クマムシの最大《さいだい》の特徴《とくちょう》は、「**乾眠《かんみん》状態《じょうたい》**」になること。これは「乾《かわ》いて眠《ねむ》る」という言葉通《ことばどお》り、**水《みず》のないところでは、**

ちょっぴりかわいい（？）クマムシ

通常《つうじょう》85％ほどある体内水分量《たいないすいぶんりょう》を3％まで落《お》として乾《かわ》いた状態《じょうたい》になり、みずから代謝《たいしゃ》を止《と》めて仮死状態《かしじょうたい》になるのです。

その特徴《とくちょう》がいかんなく発揮《はっき》されたのが、宇宙空間《うちゅうくうかん》。2007年《ねん》9月《がつ》、クマムシは人工衛星《じんこうえいせい》に乗《の》って宇宙《うちゅう》に飛《と》び立《た》ちました。特別《とくべつ》につくられたケースに入《はい》ったクマムシは、**たった一人《ひとり》（？）で宇宙《うちゅう》に10日《か》ほど滞在《たいざい》し、見事《みごと》に地球《ちきゅう》に生還《せいかん》。宇宙《うちゅう》にいる間《あいだ》は乾眠状態《かんみんじょうたい》で、地球《ちきゅう》に帰《かえ》った後《あと》は元通《もとどお》りの姿《すがた》に戻《もど》りました。**クマムシの多《おお》くは、水《みず》のない場所《ばしょ》で生《い》きることができません。そんなクマムシがどんな状況《じょうきょう》になっても生《い》きのびるために身《み》につけた能力《のうりょく》が乾眠《かんみん》なのです。周囲《しゅうい》が乾《かわ》いてきたら、自分《じぶん》で自分《じぶん》を乾燥《かんそう》させて生命活動《せいめいかつどう》を止《と》める。そしてまた水《みず》のあるところに行《い》ったら、元《もと》に戻《もど》る。生《い》きものの力《ちから》ってすごいですね。

おまけ　クマムシは、100℃の高温状態《こうおんじょうたい》や、マイナス 200℃のところに入《い》れられても、生《い》きのびます。まさに「最強《さいきょう》」ですね。

常識《じょうしき》クイズ
69

地球上《ちきゅうじょう》の生命《せいめい》は宇宙《うちゅう》からやってきた可能性《かのうせい》が、ある？ ない？

地球《ちきゅう》の誕生《たんじょう》については、90ページで紹介《しょうかい》しました。では、私《わたし》たち人間《にんげん》のように命《いのち》ある生《い》きものは、どのように生《う》まれたのでしょうか。

宇宙《うちゅう》からやってきたというと、「祖先《そせん》は宇宙人《うちゅうじん》なの⁉」と思《おも》うかもしれませんが、そういう話《はなし》ではありません。生命《せいめい》の源《みなもと》が宇宙《うちゅう》からやってきた可能性《かのうせい》があるかどうか、ということで、**答《こた》えは「ある」です。**

生命《せいめい》の源《みなもと》についてのもっとも古《ふる》い説《せつ》は、紀元前《きげんぜん》4世紀《せいき》ごろ、ギリシャの哲学者《てつがくしゃ》アリストテレスによる「自然発生説《しぜんはっせいせつ》」です。生命《せいめい》は、どろやごみなどの無生物《むせいぶつ》（生命《せいめい》をもたないもの）から自然《しぜん》に生《う》まれたとする説《せつ》です。**現在《げんざい》の新《あたら》しい説《せつ》は「化学《かがく》パンスペルミア説《せつ》」といって、生命《せいめい》の元《もと》になるものが宇宙《うちゅう》から運《はこ》ばれてきたとする説《せつ》です。**

ナミビアにある世界最大《せかいさいだい》の巨大隕石《きょだいいんせき》。
重《おも》さは60トン！

宇宙空間《うちゅうくうかん》から落《お》ちてくる物体《ぶったい》を「隕石《いんせき》」といいます。**1969年《ねん》にオーストラリアに落下《らっか》した「マーチソン隕石《いんせき》」を調《しら》べたところ、アミノ酸《さん》がふくまれていました。アミノ酸《さん》は生命《せいめい》をつくるための重要《じゅうよう》な材料《ざいりょう》です。**

さらに、この隕石《いんせき》にふくまれるアミノ酸《さん》は地球上《ちきゅうじょう》のものとは異《こと》なり、宇宙《うちゅう》でつくられたものだったのです。宇宙《うちゅう》でも、生命活動《せいめいかつどう》とは異《こと》なる化学反応《かがくはんのう》でアミノ酸《さん》が合成《ごうせい》される可能性《かのうせい》が出《で》てきたのです。また、2020年《ねん》に宇宙探査機《うちゅうたんさき》「はやぶさ2」が小惑星《しょうわくせい》「リュウグウ」からもち帰《かえ》った石《いし》や砂《すな》からもアミノ酸《さん》が見《み》つかりました。

これらは、**生命《せいめい》の源《みなもと》が宇宙《うちゅう》から地球《ちきゅう》にやってきたという「パンスペルミア説《せつ》」を支持《しじ》する証拠《しょうこ》の一《ひと》つといえます。**つまり、宇宙《うちゅう》が生命《せいめい》の種《たね》をまく役割《やくわり》をしている可能性《かのうせい》があるのです。

6章《しょう》 生物《せいぶつ》

おまけ　隕石《いんせき》が地球《ちきゅう》に落《お》ちてくるのは、それほど珍《めずら》しいことではないようです。なお、流《なが》れ星《ぼし》は宇宙《うちゅう》のチリが大気圏《たいきけん》に突入《とつにゅう》し、燃焼《ねんしょう》する現象《げんしょう》です。

常識《じょうしき》クイズ 70

遺伝子《いでんし》組換《くみか》え食品《しょくひん》は安全《あんぜん》？
①安全《あんぜん》ではない ②科学者《かがくしゃ》は安全性《あんぜんせい》を確認《かくにん》している

「遺伝子《いでんし》組換《くみか》え食品《しょくひん》」というと、人工的《じんこうてき》に手《て》を加《くわ》えた危険《きけん》なものという印象《いんしょう》があるかもしれません。遺伝子《いでんし》組換《くみか》え食品《しょくひん》は危険《きけん》だという声高《こわだか》な意見《いけん》もあり、見極《みきわ》めがむずかしいところでしょう。

私《わたし》が生命《せいめい》科学《かがく》の専門家《せんもんか》に聞《き》いたところ、「②科学《かがく》者《しゃ》は安全性《あんぜんせい》を確認《かくにん》している」という答《こた》えでした。

それには根拠《こんきょ》があります。まず、私《わたし》たちが食《た》べたものは、すべて胃《い》や腸《ちょう》で分解《ぶんかい》されます。タンパク質《しつ》はアミノ酸《さん》に分解《ぶんかい》されます。遺伝子《いでんし》組換《くみか》え食品《しょくひん》とは、**特定《とくてい》の遺伝子《いでんし》を組換《くみか》えて特定《とくてい》のタンパク質《しつ》をつくったものなので、体《からだ》の中《なか》でアミノ酸《さん》にまで分解《ぶんかい》されたら、組換《くみか》えだろうがそうでなかろうが同《おな》じアミノ酸《さん》、ということ。**

食品《しょくひん》のパッケージに「遺伝子《いでんし》組換《くみか》え食品《しょくひん》は使用《しよう》していません」と表示《ひょうじ》されていることがあ

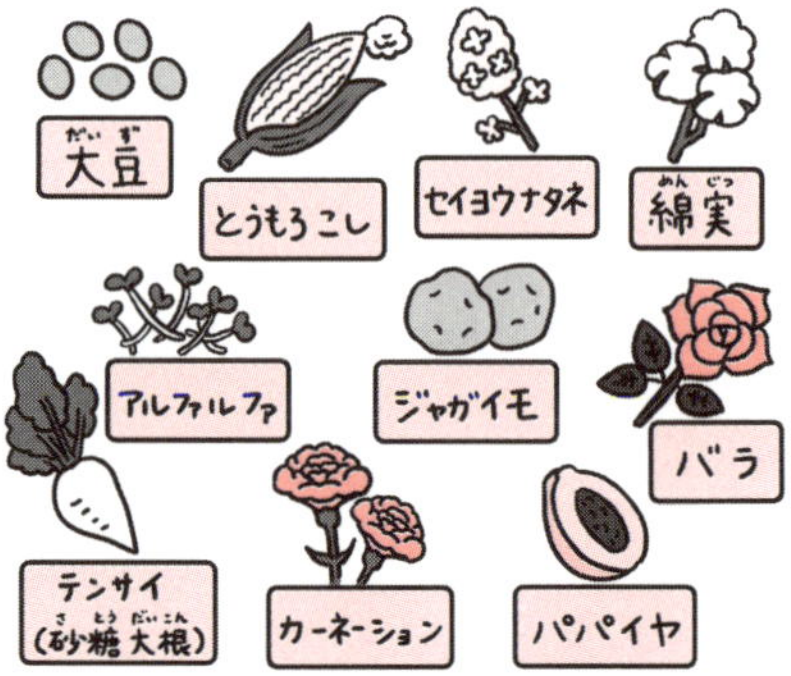

日本《にっぽん》で認《みと》められている遺伝子組換《いでんしくみか》え作物《さくもつ》の例《れい》

りますが、食《た》べて消化《しょうか》することについてはどちらでも問題《もんだい》ないのです。

遺伝子組換《いでんしくみか》え食品《しょくひん》については、適切《てきせつ》な規制《きせい》の下《もと》で販《はん》売《ばい》されており、組換《くみか》えによってつくられたタンパク質《しつ》の安全性《あんぜんせい》や、その遺伝子《いでんし》が人体《じんたい》に害《がい》を与《あた》えないことが、現時点《げんじてん》で、世界中《せかいじゅう》の科学者《かがくしゃ》たちによって確認《かくにん》されているのです。

もともと遺伝子組換《いでんしくみか》え食品《しょくひん》は、人間《にんげん》にとってプラスになるために開発《かいはつ》されたものです。たとえば、**トウモロコシの遺伝子《いでんし》を組換《くみか》えることによって、除草剤《じょそうざい》に強《つよ》いトウモロコシをつくりました。**それによって、邪魔《じゃま》な雑草《ざっそう》を枯《か》らすための除草剤《じょそうざい》をまいてもトウモロコシは枯《か》れず、無事《ぶじ》に育《そだ》つというわけです。しかし、生態系《せいたいけい》への影響《えいきょう》については、今後《こんご》も見《み》ていく必要《ひつよう》があります。

おまけ 昔《むかし》から農業《のうぎょう》では、ある種《しゅ》を別《べつ》の種《しゅ》と掛《か》け合《あ》わせることによって品種改良《ひんしゅかいりょう》が行《おこな》われてきました。これも遺伝子《いでんし》の変化《へんか》を利用《りよう》しています。

常識《じょうしき》クイズ

71

インフルエンザの大流行《だいりゅうこう》が一因《いちいん》で戦争《せんそう》が終《お》わったことがある。本当《ほんとう》？うそ？

冬《ふゆ》になると流行《りゅうこう》するインフルエンザ。これはウイルスの感《かん》染《せん》によるもの。ウイルスとは生物《せいぶつ》と非生物《ひせいぶつ》の間《あいだ》のような存在《そんざい》で、細胞《さいぼう》の中《なか》に入《はい》りこんで増《ふ》えます。**そんなことで戦争《せんそう》が終《お》わるの？　と思《おも》うでしょうが、「本当《ほんとう》」です。**

ウイルスは目《め》に見《み》えないので、いつどこで感染《かんせん》するか、体《たい》内《ない》でどのくらい悪《わる》さをするか、はっきりとわからないのが現《げん》状《じょう》です。歴史《れきし》を見《み》ると、人間《にんげん》はさまざまなウイルスと戦《たたか》ってきたことがわかります。

インフルエンザで終《お》わったといわれる戦争《せんそう》とは、第一次世界大戦《だいいちじせかいたいせん》。戦争《せんそう》の真《ま》っただ中《なか》の1918～1919年《ねん》、アメリカでひどい風邪《かぜ》が大流行《だいりゅうこう》しました。そして、アメリカの兵士《へいし》がヨーロッパの戦地《せんち》に行《い》ったときに、ウイルスも一緒《いっしょ》に連《つ》れていってしまいました。すると、フランスやイギリス、ドイツでもひどい

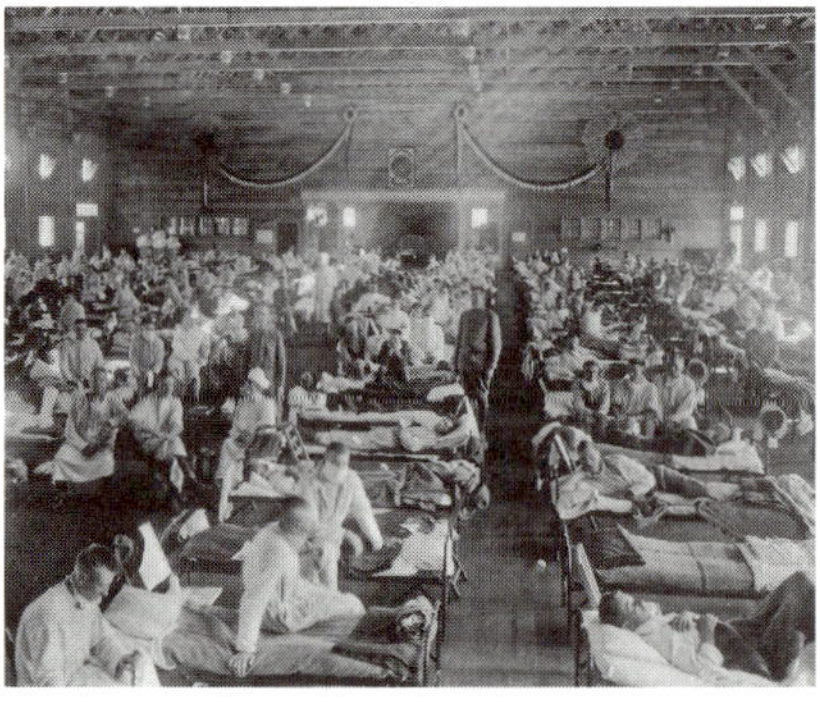

1918年《ねん》、アメリカの陸軍病院《りくぐんびょういん》で治療《ちりょう》を受《う》ける
インフルエンザ患者《かんじゃ》たち

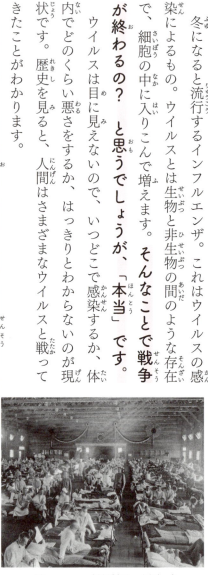

風邪《かぜ》が広《ひろ》まり、次々《つぎつぎ》と兵士《へいし》が倒《たお》れたのです。兵士《へいし》が戦《たたか》えなくなっているというのが敵国《てきこく》に知《し》られたら攻《せ》められてしまうので、どの国《くに》も秘密《ひみつ》にしていました。

そんな中《なか》、中立国《ちゅうりつこく》で戦争《せんそう》に参加《さんか》していなかったスペインで同《おな》じ風邪《かぜ》が流行《はや》り、それが報道《ほうどう》されました（スペインは秘密《ひみつ》にしておく必要《ひつよう》がなかったので）。そのため「スペイン風邪《かぜ》」という名前《なまえ》がついたのですが、実際《じっさい》はインフルエンザだったことが後《あと》からわかりました。当時《とうじ》は区別《くべつ》がつかなかったんですね。

当時《とうじ》、ヨーロッパを中心《ちゅうしん》に世界的《せかいてき》に流行《はや》ったインフルエンザで、**全世界《ぜんせかい》の人口《じんこう》の約《やく》30%にあたる6億人《おくにん》が感染《かんせん》したといわれていて、日本《にっぽん》でも約《やく》2300万人《まんにん》が感染《かんせん》したそうです。**まさに感染爆発《かんせんばくはつ》（パンデミック）です。戦争《せんそう》は終《お》わらせたいですが、インフルエンザもこわいですね。

おまけ　今《いま》は、予防《よぼう》のためのワクチンや治療薬《ちりょうやく》がありますが、国境《こっきょう》をこえた行《い》き来《き》も格段《かくだん》に増《ふ》えているので、感染《かんせん》のリスクは上《あ》がっているといえます。

常識《じょうしき》クイズ
72

iPS《アイピーエス》細胞《さいぼう》はどんなことができる細胞《さいぼう》？
①体《からだ》の病気《びょうき》の治療《ちりょう》 ②人生《じんせい》をやり直《なお》す ③宇宙開発《うちゅうかいはつ》

2012年《ねん》、iPS《アイピーエス》細胞《さいぼう》の開発《かいはつ》によって山中伸弥《やまなかしんや》さんがノーベル生理学《せいりがく》・医学賞《いがくしょう》を受賞《じゅしょう》しました。**iPS《アイピーエス》細胞《さいぼう》に期待《きたい》されるのは「①体《からだ》の病気《びょうき》の治療《ちりょう》」です。**

人間《にんげん》は、男性《だんせい》の精子《せいし》と女性《じょせい》の卵子《らんし》が合《あ》わさった**「受精《じゅせい》卵《らん》」**という細胞《さいぼう》からはじまります。受精卵《じゅせいらん》が細胞分裂《さいぼうぶんれつ》をくり返《かえ》して細胞《さいぼう》が増《ふ》えていき、体《からだ》をつくっていきます。**受精《じゅせい》卵《らん》には、「こういう体《からだ》をつくりますよ」という情報《じょうほう》が全部《ぜんぶ》入《はい》っています。つまり、分裂《ぶんれつ》して増《ふ》えていく細胞一《さいぼうひと》つ一《ひと》つが、目《め》になるのか鼻《はな》になるのか、あるいは心臓《しんぞう》になるのか足《あし》の指《ゆび》になるのか、その情報《じょうほう》を受精卵《じゅせいらん》はすべてもっているんですね。**後《のち》に増《ふ》えていく細胞《さいぼう》は役割《やくわり》が決《き》まっていますが、大《おお》もとの受精卵《じゅせいらん》は何《なに》にでもなる可能性《かのうせい》をもっています。このような細胞《さいぼう》を**「幹細胞《かんさいぼう》」**といいます。**こ**

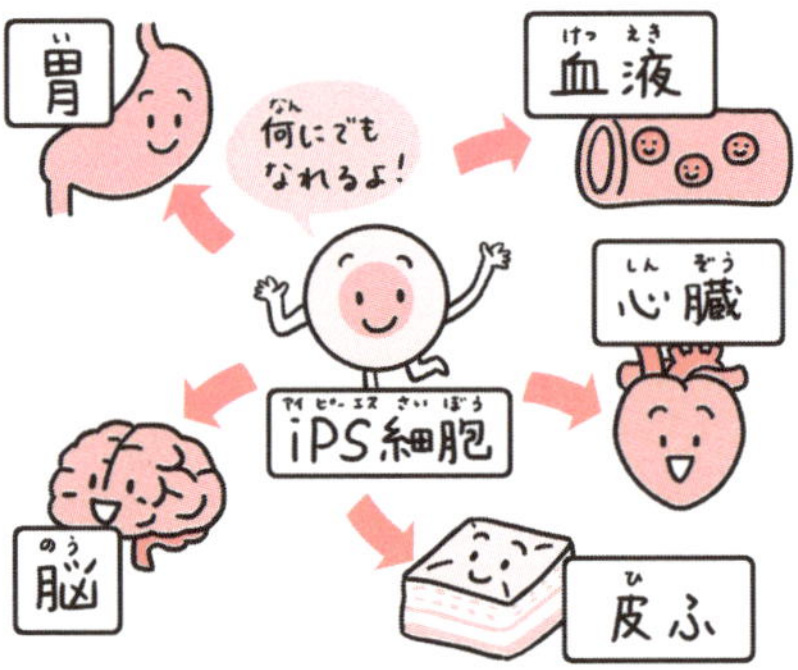

iPS《アイピーエス》細胞《さいぼう》は、どんな体《からだ》の部位《ぶい》にも変《か》わる魔法《まほう》のような細胞《さいぼう》！

の何《なに》にでもなる細胞《さいぼう》を人工的《じんこうてき》につくり出《だ》すことができれば、心臓《しんぞう》や脳《のう》などの壊《こわ》れた細胞《さいぼう》や傷《きず》ついた細胞《さいぼう》を補《おぎな》う「再生医療《さいせいいりょう》」ができるのではないか。そう考《かんが》えて開発《かいはつ》されたのがiP《アイピー》S細胞《エスさいぼう》なのです。

人間《にんげん》の細胞《さいぼう》は、受精卵《じゅせいらん》から現在《げんざい》までの時間《じかん》をかけて今《いま》の状態《じょうたい》になっています。ということは、細胞《さいぼう》の時間《じかん》を戻《もど》して、何《なに》にでもなれる細胞《さいぼう》にすればいいのでは？これがiPS細胞開発《アイピーエスさいぼうかいはつ》の原点《げんてん》です。

今《いま》では**iPS細胞《アイピーエスさいぼう》から網膜細胞《もうまくさいぼう》をつくって目《め》の病気《びょうき》の人《ひと》に移植《いしょく》する手術《しゅじゅつ》**が行《おこな》われたり、**i《アイ》PS細胞《ピーエスさいぼう》から心臓《しんぞう》の心筋《しんきん》シートをつくって心《しん》筋梗塞《きんこうそく》や狭心症《きょうしんしょう》の人《ひと》の治療《ちりょう》の試験《しけん》に使《つか》われた**りしています。実用化《じつようか》に向《む》けて着々《ちゃくちゃく》と研究《けんきゅう》が進《すす》められているのです。

6章《しょう》 生物《せいぶつ》

おまけ iPS細胞《アイピーエス さいぼう》の「i《アイ》」だけ小文字《こもじ》なのは、iPod《アイポッド》やiPhone《アイフォーン》のように世界《せかい》で愛《あい》されるものになってほしいという山中《やまなか》さんの願《ねが》いからだそうです。

常識《じょうしき》クイズ

73

コラーゲンを食《た》べると肌《はだ》がぷるぷるになる。本当《ほんとう》？　うそ？

大人《おとな》たちが、「コラーゲンを食《た》べたらお肌《はだ》がぷるぷる」なんていっているのを聞《き》いたことはありませんか？　しかし、残念《ざんねん》ながら、**コラーゲンを食《た》べても肌《はだ》はぷるぷるになりません。答《こた》えは「うそ」です。**

コラーゲンとは、人間《にんげん》をふくむ、ほ乳類《にゅうるい》が体内《たいない》にもっている**タンパク質《しつ》の一種《いっしゅ》。**タンパク質《しつ》は、皮《ひ》ふや筋肉《きんにく》、骨《ほね》や血管《けっかん》などをつくる上《うえ》で大切《たいせつ》なものです。また、コラーゲンというタンパク質《しつ》の働《はたら》きは、体《からだ》のいろいろな組織《そしき》を強《つよ》く保《たも》つことです。細胞《さいぼう》が新《あたら》しくなるのをサポートしたり、皮《ひ》ふに弾力《だんりょく》を与《あた》えたり、臓器《ぞうき》を守《まも》ったりします。そのためコラーゲン自体《じたい》がお肌《はだ》にいいのは事実《じじつ》です。

しかし**食《た》べたコラーゲンが直接《ちょくせつ》皮《ひ》ふに作用《さよう》することはありません。**

コラーゲンを摂取《せっしゅ》すると、体内《たいない》で分解《ぶんかい》されてアミノ酸《さん》になります。そのアミノ酸《さん》が、体《たい》

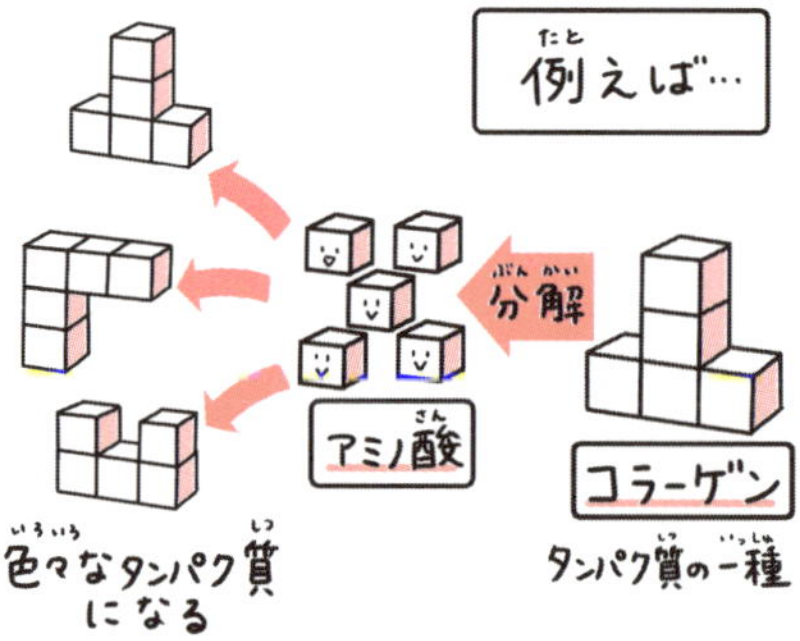

タンパク質《しつ》が分解《ぶんかい》されてアミノ酸《さん》になり、
アミノ酸《さん》が結合《けつごう》してタンパク質《しつ》をつくる

内《ない》に必要《ひつよう》なタンパク質《しつ》の材料《ざいりょう》になるのです。つまり、**コラーゲンというタンパク質《しつ》に組《く》み立《た》てられたブロックおもちゃがあって、それが体内《たいない》でバラバラのブロック（アミノ酸《さん》）になり、そのブロックが新《あら》たに組《く》み立《た》てられてさまざまな種類《しゅるい》のタンパク質《しつ》になるのです。**新《あら》たにできたタンパク質《しつ》がコラーゲンとは限《かぎ》りません。

つまり、コラーゲンに限《かぎ》らず、食《た》べたタンパク質《しつ》がそのまま人間《にんげん》の体《からだ》をつくるわけではなく、一旦《いったん》アミノ酸《さん》に分解《ぶんかい》されて、体内《たいない》でつくり出《だ》すタンパク質《しつ》のパーツとして使《つか》われるということ。

もし、「コラーゲンをたくさん食《た》べたから肌《はだ》のつやがよくなった！」という人《ひと》がいたら、「気《き》のせいですよ」といってあげてください。**何事《なにごと》も、過剰摂取《かじょうせっしゅ》には気《き》をつけましょう。**

おまけ コラーゲンは動物体内《どうぶつたいない》のタンパク質《しつ》の約《やく》３分《ぶん》の1。水《みず》にとけませんが、酸《さん》やアルカリで煮《に》るととけて、冷《さ》めて固《かた》まったものがゼラチンです。

常識《じょうしき》クイズ
74

遺伝子検査《いでんしけんさ》を受《う》ければ、将来《しょうらい》どんな病気《びょうき》になりやすいかがわかる。本当《ほんとう》？ うそ？

遺伝子《いでんし》は親《おや》から子《こ》に引《ひ》き継《つ》がれるもので、**「人間《にんげん》の体《からだ》の設計図《せっけいず》」**ともいえます。設計図《せっけいず》を見《み》れば、将来《しょうらい》かかるであろう一部《いちぶ》の病気《びょうき》がわかることがあります。**なので、答《こた》えは「本当《ほんとう》」です。**

人間《にんげん》の体《からだ》はたくさんの細胞《さいぼう》でできていて、一《ひと》つ一《ひと》つの細胞《さいぼう》には「核《かく》」があります。細胞《さいぼう》の核《かく》の中《なか》には「染色体《せんしょくたい》」があって、染色体《せんしょくたい》の中《なか》に折《お》りたたまれるように入《はい》っているのが「D《ディー》NA《エヌエー》」というねじれたひもの形《かたち》をした物質《ぶっしつ》です。DNA《ディーエヌエー》のひもには、A《エー》とT《ティー》、C《シー》とG《ジー》の塩基《えんき》が対《つい》になって何十億個《なんじゅうおくこ》もならんでいます。**このDNA《ディーエヌエー》にきざまれている情報《じょうほう》を「遺伝子《いでんし》」と呼《よ》びます。**

遺伝子《いでんし》を調《しら》べることによって、ある特定《とくてい》の病気《びょうき》になりやすいかどうか、またある薬《くすり》が効《き》きやすいか（あるいは効《き》きにくいか）もわかります。遺伝《いでん》

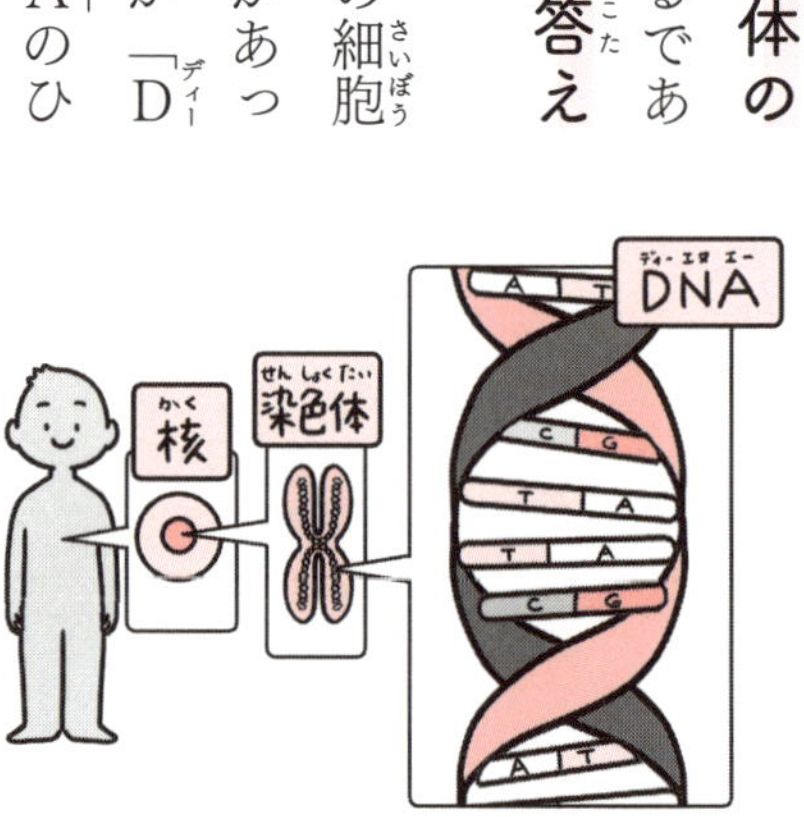

細胞核《さいぼうかく》には、膨大《ぼうだい》な情報《じょうほう》がいっぱい！

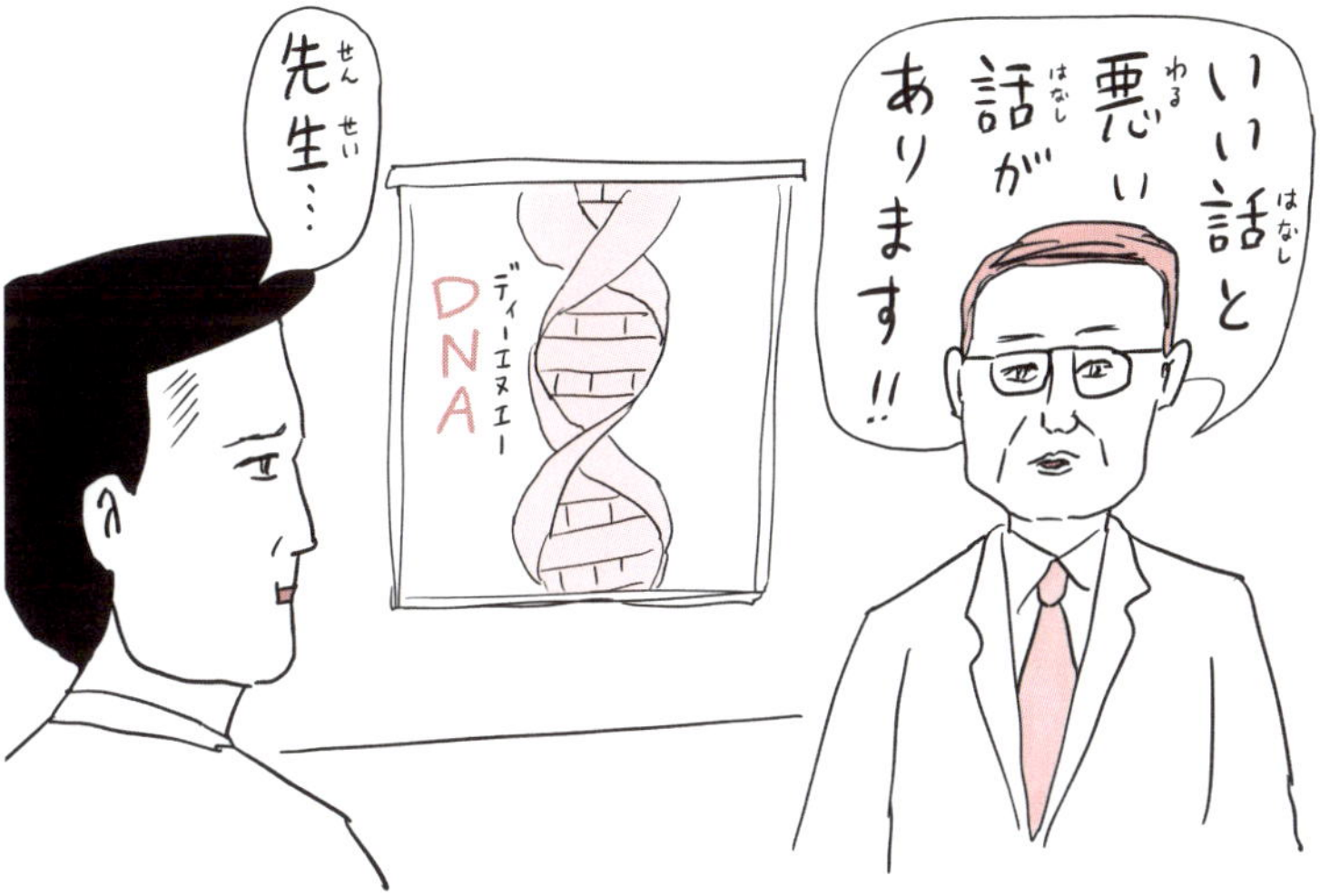

子《し》を調《しら》べることによって、安全《あんぜん》で効果的《こうかてき》な医療《いりょう》が受《う》けられるようになるのです。

医療《いりょう》で遺伝子検査《いでんしけんさ》が活用《かつよう》されているのは、主《おも》に**がん治療《ちりょう》の分野《ぶんや》**です。同《おな》じ臓器《ぞうき》のがんでも、遺伝子《いでんし》のちがいによって効果的《こうかてき》な治療方法《ちりょうほうほう》が異《こと》なることがわかってきたからです。**より副作用《ふくさよう》が少《すく》なくて、より効果《こうか》の高《たか》い薬《くすり》を見《み》つけるためにも、遺伝子検査《いでんしけんさ》は活《い》かされているのです。**

DNA《ディーエヌエー》にある4種類《しゅるい》の塩基《えんき》のならび方《かた》は、それぞれの人《ひと》によってすべて少《すこ》しずつ異《こと》なります。A《エー》とT《ティー》、C《シー》とG《ジー》のならび方《かた》は親子《おやこ》やきょうだいでもちがうのです。

警察《けいさつ》は、犯行現場《はんこうげんば》に残《のこ》された髪《かみ》の毛《け》や血液《けつえき》で**「DNA《ディーエヌエー》鑑定《かんてい》」をして犯人《はんにん》を特定《とくてい》しています。条件《じょうけん》がそろえば、ほぼ100%特定《とくてい》できるほど、精度《せいど》が上《あ》がっているのです。**

おまけ 遺伝情報《いでんじょうほう》から将来《しょうらい》の一部《いちぶ》の病気《びょうき》のリスクがわかりますが、知《し》りたい人《ひと》、知《し》りたくない人《ひと》に分《わ》かれそうですね。

常識《じょうしき》クイズ
75

頭《あたま》がよくて運動《うんどう》もできる子《こ》どもをつくることができる。本当《ほんとう》？　うそ？

科学技術《かがくぎじゅつ》は日進月歩《にっしんげっぽ》。時代《じだい》が進《すす》むごとに、加速度《かそくど》を増《ま》していきます。**このクイズの答《こた》えは「本当《ほんとう》」です。**

遺伝子《いでんし》の特定《とくてい》の部分《ぶぶん》を書《か》き換《か》える技術《ぎじゅつ》を**「ゲノム編《へん》集《しゅう》」**といい、遺伝子組換《いでんしくみか》え（172ページ）を行《おこな》う技術《ぎじゅつ》の一《ひと》つです。これには、一部分《いちぶぶん》の遺伝子《いでんし》を取《と》り換《か》える方法《ほうほう》と、書《か》き換《か》えたい部分《ぶぶん》をこわしてしまう方法《ほうほう》とがあります。ゲノム編集法《へんしゅうほう》が開発《かいはつ》されたことで、遺伝子組換《いでんしくみか》え技術《ぎじゅつ》が大《おお》きく進《しん》歩《ぽ》しました。

２０１８年《ねん》、中国《ちゅうごく》の研究者《けんきゅうしゃ》が、ある受精卵《じゅせいらん》のゲノムを編集《へんしゅう》し、双子《ふたご》の赤《あか》ちゃんが誕生《たんじょう》したことを明《あき》らかにしました。この赤《あか》ちゃんの親《おや》がエイズウイルスを保有《ほゆう》していたため、赤《あか》ちゃんが感染《かんせん》しにくいように遺伝子《いでんし》を書《か》き換《か》えたというのです。**世界初《せかいはつ》の「デザイナーベイビー」（遺伝子《いでんし》を編集《へんしゅう》されて生《う》まれてくる赤《あか》**

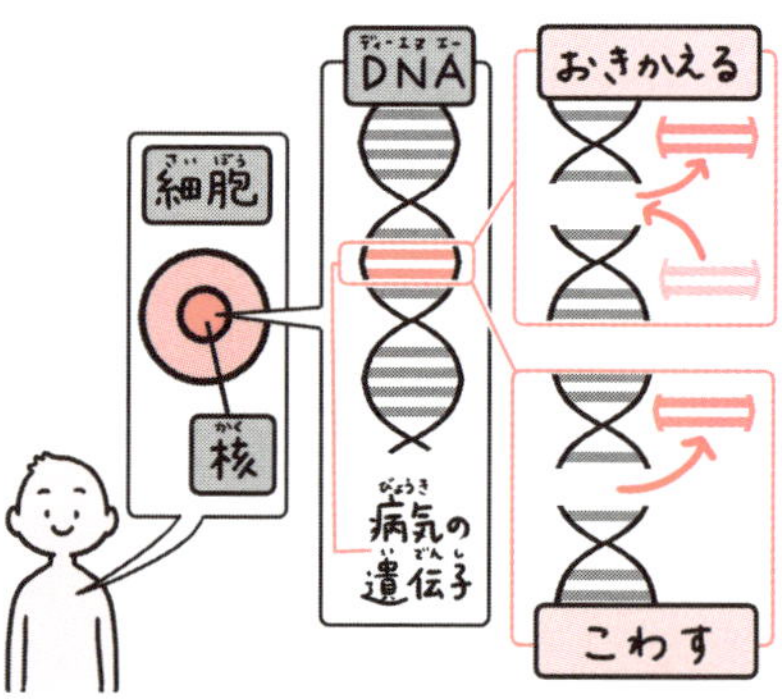

ねらった部分《ぶぶん》の遺伝子《いでんし》をこわしたり
おき換《か》えたりして編集《へんしゅう》するのがゲノム編集《へんしゅう》

ちゃん）」として大《おお》きな話題《わだい》になり、批判《ひはん》が集中《しゅうちゅう》しました。これは不法《ふほう》な医療行為《いりょうこうい》だとされ、遺伝子操作《いでんしそうさ》を行《おこな》った研究者《けんきゅうしゃ》は有罪《ゆうざい》となり実刑判決《じっけいはんけつ》を受《う》けています。

ゲノム編集《へんしゅう》の技術《ぎじゅつ》は、遺伝子《いでんし》に関《かん》する病気《びょうき》を防《ふせ》ぎ、高《たか》い知能《ちのう》、高《たか》い運動能力《うんどうのうりょく》、抜群《ばつぐん》の容姿《ようし》をもつ子《こ》どもを原理的《げんりてき》には誕生《たんじょう》させることができます。しかし、**今《いま》の技術《ぎじゅつ》では誤《あやま》った遺伝子改変《いでんしかいへん》によって健康被害《けんこうひがい》を生《う》むリスクがありますし、また改変《かいへん》した遺伝子《いでんし》が子孫《しそん》にどのような影響《えいきょう》を与《あた》えるかはわかっていません。そして、人間《にんげん》が人間《にんげん》をデザインすることへの倫理的《りんりてき》な問題《もんだい》があります。**

現在《げんざい》の日本《にっぽん》では、倫理指針《りんりししん》として禁止《きんし》されていますが、法律《ほうりつ》では規制《きせい》されていません。厚生労働省《こうせいろうどうしょう》と文部科学省《もんぶかがくしょう》が法規制《ほうきせい》に向《む》けて検討《けんとう》をはじめています。

おまけ ▸ イギリスでは、研究目的《けんきゅうめてき》でのヒト受精卵《じゅせいらん》のゲノム改変《かいへん》は認《みと》められていますが、その受精卵《じゅせいらん》から赤《あか》ちゃんをつくることは禁止《きんし》されています。

常識《じょうしき》クイズ
76

数千年《すうせんねん》も生《い》きている木《き》がある。本当《ほんとう》？ うそ？

鹿児島県《かごしまけん》の南《みなみ》にある屋久島《やくしま》。**屋久島《やくしま》には杉《すぎ》の原生林《げんせいりん》があり、１０００年《ねん》以上《いじょう》生《い》きている杉《すぎ》がたくさんあります。ですので、答《こた》えは「本当《ほんとう》」です。**

屋久島《やくしま》の杉《すぎ》の中《なか》でも、樹齢《じゅれい》１０００年《ねん》を超《こ》える杉《すぎ》を**「屋久杉《やくすぎ》」**と呼《よ》びます。ちなみに、樹齢数百年《じゅれいすうひゃくねん》の杉《すぎ》は「小杉《こすぎ》」と呼《よ》ぶそう。数百年《すうひゃくねん》でも十分《じゅうぶん》ベテランのような気《き》がしますが、屋久島《やくしま》の中《なか》ではまだまだ「子《こ》ども」なんですね。杉《すぎ》という植物《しょくぶつ》の雄大《ゆうだい》さを感《かん》じます。

屋久杉《やくすぎ》の中《なか》でも**樹齢《じゅれい》が２０００年《ねん》を超《こ》える長老《ちょうろう》のような杉《すぎ》を「縄文杉《じょうもんすぎ》」といいます。**樹高《じゅこう》は約《やく》25m、幹《みき》の周囲《しゅうい》は約《やく》16mもある大木《たいぼく》で、木肌《きはだ》が縄文土器《じょうもんどき》の模様《もよう》に似《に》ていることと、長《なが》い歴史《れきし》をもつことから名付《なづ》けられました。

屋久杉《やくすぎ》の成長《せいちょう》はとてもゆっくりなのですが、他《ほか》の樹木《じゅもく》よりも樹脂《じゅし》が多《おお》くてくさりにくい

屋久島《やくしま》にある縄文杉《じょうもんすぎ》

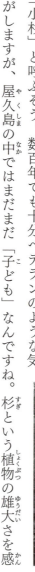

ため、長生《ながい》きして大《おお》きく育《そだ》つのです。

では、樹齢《じゅれい》はどのようにして調《しら》べるかわかりますか？　通常《つうじょう》は、樹木《じゅもく》を横《よこ》に切《き》って「年輪《ねんりん》」を調《しら》べますが、貴重《きちょう》な縄文杉《じょうもんすぎ》を切《き》るわけにはいきません。また、縄文杉《じょうもんすぎ》のような大木《たいぼく》の場合《ばあい》、幹《みき》の中心部《ちゅうしんぶ》が空洞《くうどう》になっていることがあるため、年輪《ねんりん》から正確《せいかく》な樹齢《じゅれい》を割《わ》り出すことはむずかしいのです。

生《い》きている植物《しょくぶつ》は**「炭素《たんそ》14」**という物質《ぶっしつ》を吸収《きゅうしゅう》し、死《し》んでしまうと吸収《きゅうしゅう》しません。そして、死《し》んだ後《あと》は炭《たん》素《そ》14がどんどんへっていき、約《やく》5730年《ねん》たつと半分《はんぶん》になることがわかっています。ですから、**木片《もくへん》の炭《たん》素《そ》14の量《りょう》を調《しら》べるとどのくらい前《まえ》のものなのかがわかるのです。こうして調《しら》べた結果《けっか》をもとに推定《すいてい》すると、縄文杉《じょうもんすぎ》の樹齢《じゅれい》は2170年《ねん》くらいとされています。**

おまけ　杉《すぎ》は古《ふる》くから木材《もくざい》として利用《りよう》されていて、建築《けんちく》や土木《どぼく》、船舶《せんぱく》、おけ、下駄《げた》などに使《つか》われてきました。

常識《じょうしき》クイズ
77

青《あお》いバラは自然界《しぜんかい》に存在《そんざい》しない。本当《ほんとう》？うそ？

あなたは、青《あお》いバラを見《み》たことがありますか？　**バラは本来《ほんらい》、青《あお》い花《はな》の遺伝子《いでんし》をもっていません。ですので、答《こた》えは「本当《ほんとう》」です。**

しかし、現在《げんざい》青《あお》いバラは存在《そんざい》します。今《いま》ある青《あお》いバラはどのようにして誕生《たんじょう》したのでしょうか？　これは、ひとえに研究者《けんきゅうしゃ》のたゆまぬ努力《どりょく》、「バイオテクノロジー」の成果《せいか》なのです。バイオテクノロジーとは、バイオ（生《せい》物《ぶつ》）のテクノロジー（技術《ぎじゅつ》）で、生物《せいぶつ》の力《ちから》を使《つか》って、医《い》薬品《やくひん》や食品《しょくひん》などに役立《やくだ》てる技術《ぎじゅつ》のことです。

自然界《しぜんかい》にさくバラで、青《あお》いバラは存在《そんざい》しません。英語《えいご》でblue rose《ブルーローズ》（青《あお》いバラ）といえば、「不可能《ふかのう》」「実在《じつざい》しないもの」という意味《いみ》だったほど、ありえないものでした。

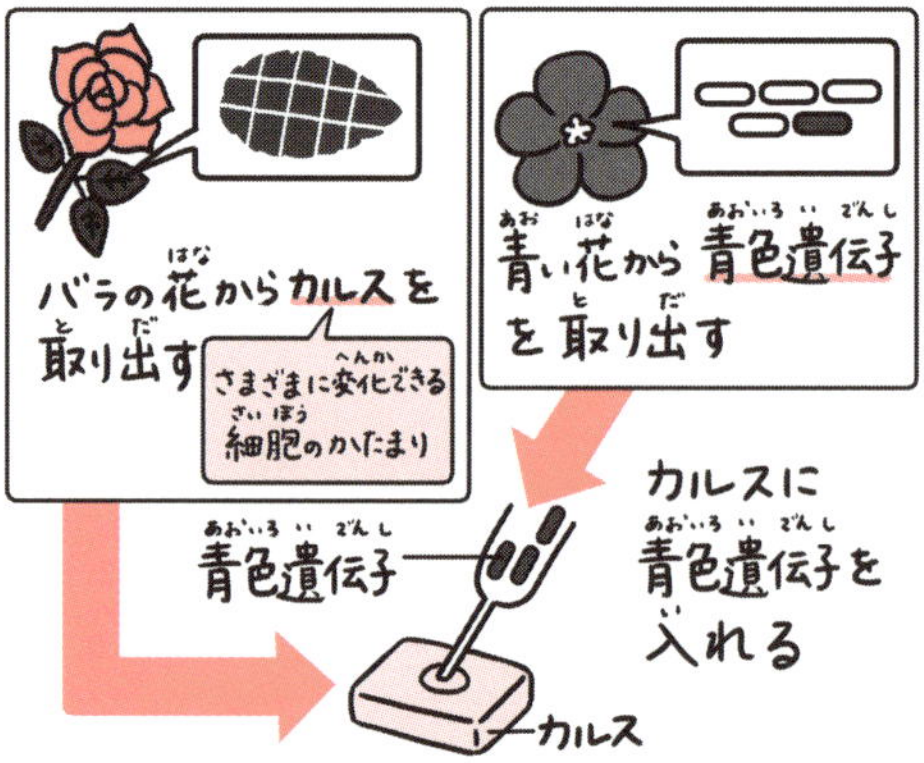

青《あお》いバラの遺伝子組換《いでんしくみか》えの過程《かてい》。
青色遺伝子《あおいろいでんし》を入《い》れたカルスを植物《しょくぶつ》の形《かたち》へ再生《さいせい》する

しかし1990年《ねん》、日本《にっぽん》の企業《きぎょう》であるサントリーが、不可能《ふかのう》に挑戦《ちょうせん》すべく青《あお》いバラの開発《かいはつ》をはじめました。青《あお》い花《はな》の色素《しきそ》をつくる遺伝子《いでんし》を、他《ほか》の青《あお》い花《はな》から採取《さいしゅ》してバラの遺伝子《いでんし》に注入《ちゅうにゅう》し、遺伝子《いでんし》の組換《くみか》えを何度《なんど》も試《こころ》みました。繊細《せんさい》で、細《こま》かな作業《さぎょう》をひたすらくり返《かえ》した結果《けっか》、**パンジーの遺伝子《いでんし》で、バラの花《はな》びらを青《あお》くさかせることに成功《せいこう》しました。青《あお》いバラの誕生《たんじょう》は、2002年《ねん》のことです。**

そのおかげで、青《あお》いバラの花言葉《はなことば》は**「夢《ゆめ》かなう」「奇跡《きせき》」**になりました。当時《とうじ》、私《わたし》はニュースキャスターをしていて、番組《ばんぐみ》の中《なか》でこのニュースを伝《つた》えました。そして、**「青《あお》いバラが誕生《たんじょう》したことで、今《こん》後《ご》は『バラ色《いろ》の人生《じんせい》』という言葉《ことば》の意味《いみ》も変《か》わってくるかもしれません」**といいました。青《あお》いバラのようなしっとりした人生《じんせい》もよいですね。

6章《しょう》 生物《せいぶつ》

おまけ
カーネーションも、青《あお》い花《はな》が存在《そんざい》しませんでした。
バラとともに青《あお》いカーネーションも開発《かいはつ》されたのです。

常識《じょうしき》クイズ
78

北《きた》に住《す》む動物《どうぶつ》ほど体《からだ》が大《おお》きくなる。本当《ほんとう》？　うそ？

寒《さむ》いところにいる動物《どうぶつ》で、まず思《おも》い浮《う》かべるのは何《なん》でしょうか？　北海道《ほっかいどう》のヒグマや北極《ほっきょく》にいるシロクマなど、個体《こたい》の大《おお》きい動物《どうぶつ》ですよね。**これは「ベルクマンの法則《ほうそく》」にもとづくもので、答《こた》えは「本当《ほんとう》」です。**

同《おな》じ動物《どうぶつ》でも、環境《かんきょう》によって大《おお》きさは変《か》わります。たとえば、本州《ほんしゅう》にいるオスのツキノワグマがだいたい体長《たいちょう》1・6mなのに対《たい》して、北海道《ほっかいどう》のオスのヒグマは1・5〜2mです。これがオスのホッキョクグマになると、2・5〜3mです。人間《にんげん》よりも大《おお》きいので、当然《とうぜん》太刀打《たちう》ちできません。クマのいそうな場所《ばしょ》には近寄《ちかよ》らないようにしましょう。

なぜ、北《きた》の寒《さむ》いところの動物《どうぶつ》の体《からだ》が大《おお》きいのか。それは、重《おも》さと体積《たいせき》、放熱《ほうねつ》と蓄熱《ちくねつ》の関係《かんけい》によるものです。人間《にんげん》やクマのようなほ乳類《にゅうるい》、鳥類《ちょうるい》は「恒温動物《こうおんどうぶつ》」といい、必要《ひつよう》な熱《ねつ》をため、不要《ふよう》な熱《ねつ》を放出《ほうしゅつ》するこ

>

本州《ほんしゅう》のツキノワグマと北極《ほっきょく》のシロクマ。
ホッキョクグマが断然大《だんぜんおお》きい！

とで、体温《たいおん》を一定《いってい》に保《たも》っています。寒《さむ》いところでは、**放熱《ほうねつ》を防《ふせ》ぐために体《からだ》を大《おお》きくする必要《ひつよう》があります。体積《たいせき》が大《おお》きくなると、体重当《たいじゅうあ》たりの表面積《めんせき》が小《ちい》さくなるので、熱《ねつ》が逃《に》げにくくなるのです。**お風呂《ふろ》の浴《よく》そうに入《い》れたお湯《ゆ》と、洗面器《せんめんき》に入《い》れたお湯《ゆ》では、浴《よく》そうのお湯《ゆ》の方《ほう》があたたかさが持《じ》続《ぞく》しますよね。それと同《おな》じ原理《げんり》です。

もう一《ひと》つ、寒《さむ》いところの動物《どうぶつ》の特徴《とくちょう》として「アレンの法則《ほうそく》」というのがあります。これは、耳《みみ》や鼻《はな》などの突《つ》き出《だ》した部分《ぶぶん》が小《ちい》さくなるというもの。もし耳《みみ》が大《おお》きかったら、そこから放熱《ほうねつ》してしまうのです。

ちなみに、**は虫類《ちゅうるい》や両生類《りょうせいるい》などの「変温動物《へんおんどうぶつ》（環境《かんきょう》に合《あ》わせて体温《たいおん》が変動《へんどう》する動物《どうぶつ》）」は、北《きた》の方《ほう》が体《からだ》が小《ちい》さくなるので「逆《ぎゃく》ベルクマンの法則《ほうそく》」といいます。**

おまけ 人間《にんげん》も、北欧《ほくおう》の人《ひと》は比較的《ひかくてき》背《せ》が高《たか》いようですが、この法則《ほうそく》にあてはめることはできないようです。

常識《じょうしき》クイズ
79

「生《い》きている化石《かせき》」とは？ ①動《うご》く化石《かせき》 ②動《うご》かない生《い》きもの ③昔《むかし》から姿《すがた》をほぼ変《か》えないもの

世界《せかい》には、**数億年《すうおくねん》にわたってほとんど進化《しんか》せず、太古《たいこ》の姿《すがた》を保《たも》ち続《つづ》けている生《い》きものや植物《しょくぶつ》があります。それらは「生《い》きている化石《かせき》」といい、答《こた》えは「③昔《むかし》から姿《すがた》をほぼ変《か》えないもの」です。**「生《い》きている化石《かせき》」は何億年《なんおくねん》もの間《あいだ》、環境《かんきょう》に適応《てきおう》し続《つづ》け、進化《しんか》のスピードがとてもゆっくりなのです。

深海《しんかい》に生息《せいそく》する「シーラカンス」は7500万年前《まんねんまえ》に絶滅《ぜつめつ》したと思《おも》われていましたが、1938年《ねん》に南《みなみ》アフリカ共和国《きょうわこく》の南東部《なんとうぶ》の沖合《おきあい》で見《み》つかりました。

また、海《うみ》の仲間《なかま》でいえば「カブトガニ」もいます。**カブトガニは約《やく》2億年前《おくねんまえ》の中生代《ちゅうせいだい》ジュラ紀《き》からほぼ同《おな》じ姿《すがた》のままです。**日本《にっぽん》でも瀬戸内海《せとないかい》や九州北岸《きゅうしゅうほくがん》にいます。

植物《しょくぶつ》の「生《い》きている化石《かせき》」として有名《ゆうめい》なものに**「メタセコイ**

カブトガニ

シーラカンス

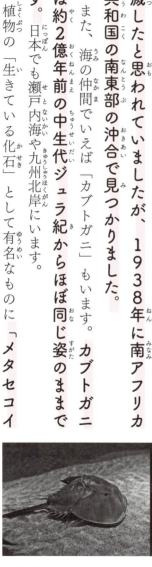

ア」があります。中国原産《ちゅうごくげんさん》のヒノキ科《か》の落葉針葉樹《らくようしんようじゅ》で、日本名《にほんめい》ではアケボノスギといいます。2億《おく》5000万年前《まんねんまえ》の中生代《ちゅうせいだい》から同《おな》じ姿《すがた》で、大《おお》きいものだと高《たか》さ35m、直径《ちょっけい》が2〜3mにもなります。1946年《ねん》に中《ちゅう》国《ごく》の四川省《しせんしょう》で発見《はっけん》された後《あと》、日本《にっぽん》にも種子《しゅし》が送《おく》られたことで、各地《かくち》でメタセコイアが見《み》られるようになりました。

秋《あき》になるとよく見《み》るイチョウも、実《じつ》は「生《い》きている化石《かせき》」です。2億年近《おくねんちか》く前《まえ》からある植物《しょくぶつ》で、当時《とうじ》イチョウとともに生息《せいそく》していた「同級生《どうきゅうせい》」の植物《しょくぶつ》は全滅《ぜんめつ》。イチョウだけが生《い》き残《のこ》ったんですね。数億年《すうおくねん》もの長《なが》い間《あいだ》、ほとんど姿形《すがたかたち》を変《か》えずに生存《せいぞん》できているのは、自然界《しぜんかい》に敵《てき》がいなかった証拠《しょうこ》です。また、環境《かんきょう》の変化《へんか》にも影響《えいきょう》を受《う》けない強《つよ》さがあったからなんですね。

おまけ オウムガイという軟体動物《なんたいどうぶつ》も「生《い》きている化石《かせき》」です。かたいからにおおわれていますが、イカやタコの仲間《なかま》です。

常識《じょうしき》クイズ 80

人間《にんげん》の細胞《さいぼう》は数《すう》か月《げつ》でほぼ新《あたら》しくなる。本当《ほんとう》？ うそ？

人間《にんげん》は、たった一《ひと》つの受精卵《じゅせいらん》からスタートして、何度《なんど》もの細胞分裂《さいぼうぶんれつ》を経《へ》て体《からだ》がつくられていきます。細胞分裂《さいぼうぶんれつ》は、成長《せいちょう》して大人《おとな》になったら終《お》わり、ではなく、**細胞《さいぼう》は日々《ひび》新《あたら》しくつくり替《か》えられています。ですので、答《こた》えは「本当《ほんとう》」です。**

細胞《さいぼう》の生《う》まれ変《か》わる頻度《ひんど》は、部位《ぶい》や臓器《ぞうき》によって異《こと》なります。胃《い》や腸《ちょう》などの内臓《ないぞう》は5日《か》ほど、皮《ひ》ふは4週間《しゅうかん》（約《やく》1か月《げつ》）、血液《けつえき》の赤血球《せっけっきゅう》は約《やく》4か月《げつ》、骨《ほね》は約《やく》3か月《げつ》で細胞《さいぼう》が入《い》れ替《か》わります。**こうして定期的《ていきてき》に古《ふる》い細胞《さいぼう》が新《あたら》しく生《う》まれ変《か》わることによって、私《わたし》たちは健康《けんこう》を保《たも》っているのです。**久《ひさ》しぶりに会《あ》った友《とも》だちに、「ぜんぜん変《か》わらないね」といわれたら、「見《み》た目《め》は変《か》わらないけど、細胞《さいぼう》はずいぶん新《あたら》しくなっているよ」といってみるとギョッとされるかもしれません。

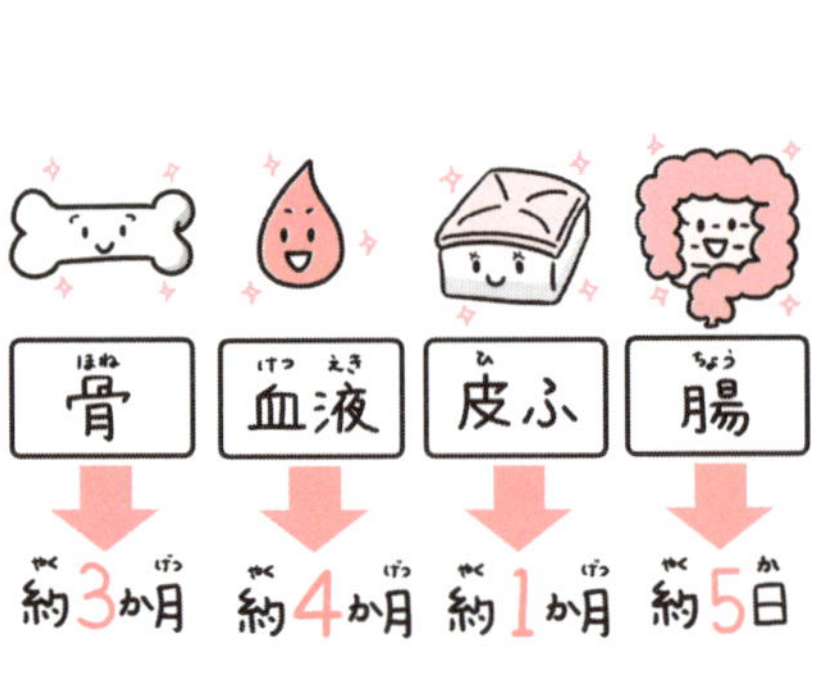

細胞《さいぼう》が入《い》れ替《か》わる目安《めやす》

転《ころ》んでケガをしたり、骨折《こっせつ》したりしたことがあるでしょう。それでも、ある程度《ていど》の時間《じかん》がたつと治《なお》りますよね。ケガをした傷《きず》あとも、わからなくなってくると思《おも》います。それも細胞《さいぼう》が新《あたら》しくなるからこそ。**皮《ひ》ふを切《き》ったり骨《ほね》にヒビが入《はい》ったりしても、その部分《ぶぶん》の細胞《さいぼう》が生《う》まれ変《か》われば再《ふたた》びつながるのです。**人間《にんげん》の体《からだ》って、よくできていますよね。

ただし、**神経細胞《しんけいさいぼう》は基本的《きほんてき》に新《あたら》しくなりません。**高齢者《こうれいしゃ》に多《おお》い認知症《にんちしょう》の一種《いっしゅ》のアルツハイマー病《びょう》は神経細胞《しんけいさいぼう》の老化《ろうか》が原因《げんいん》の一《ひと》つです。もう一《ひと》つ、人《にん》間《げん》の体内《たいない》で新《あたら》しくならないのが、目《め》のレンズ機能《きのう》を担《にな》う水晶体《すいしょうたい》にあるタンパク質《しつ》。**高齢《こうれい》になると、ここに異常《いじょう》が発生《はっせい》して白内障《はくないしょう》になり、視界《しかい》がかすんだり視力《しりょく》が落《お》ちたりします。**ただし、白内障《はくないしょう》は手術《しゅじゅつ》でよくなるので、あまり心配《しんぱい》はいりません。

おまけ ▶ 皮《ひ》ふの細胞《さいぼう》は新《あたら》しいものに入《い》れ替《か》わり、古《ふる》い細胞《さいぼう》が自然《しぜん》にはがれ落《お》ちます。その古《ふる》くなった皮《ひ》ふなどが「あか」。体《からだ》をこすると出《で》てきますよ。

常識《じょうしき》クイズ
81

人間《にんげん》の細胞《さいぼう》はいくつくらいある？

①37万《まん》個《こ》 ②37億《おく》個《こ》 ③37兆《ちょう》個《こ》

あまりに大《おお》きな数《かず》で見当《けんとう》もつかないのではないでしょうか？　かつて人間《にんげん》の体《からだ》の細胞《さいぼう》は**60兆《ちょう》個《こ》といわれていましたが、最近《さいきん》の計算《けいさん》によるともっと少《すく》ないとされました。**これはニュースにもなりましたよ。**答《こた》えは「③37兆《ちょう》個《こ》」です。**

37兆《ちょう》個《こ》と60兆《ちょう》個《こ》、一見《いっけん》するとずいぶんへったと思《おも》うでしょうけれど、専門家《せんもんか》の先生《せんせい》に聞《き》くと「誤差《ごさ》の範囲《はんい》」という声《こえ》も。科学《かがく》は、実《じつ》に広大《こうだい》で奥深《おくぶか》い学問《がくもん》です。

細胞《さいぼう》は一《ひと》つ一《ひと》つ数《かぞ》えることはできません（ちなみに、寝《ね》ずに数《かぞ》えても40万年《まんねん》かかるとか！）。計算式《けいさんしき》によって算出《さんしゅつ》した結果《けっか》が、60兆《ちょう》から37兆《ちょう》に変《か》わったということです。

細胞《さいぼう》の数《かず》は今《いま》のところ37兆《ちょう》個《こ》とされていますが、細胞《さいぼう》の種類《しゅるい》は200以上《いじょう》あります。一《ひと》

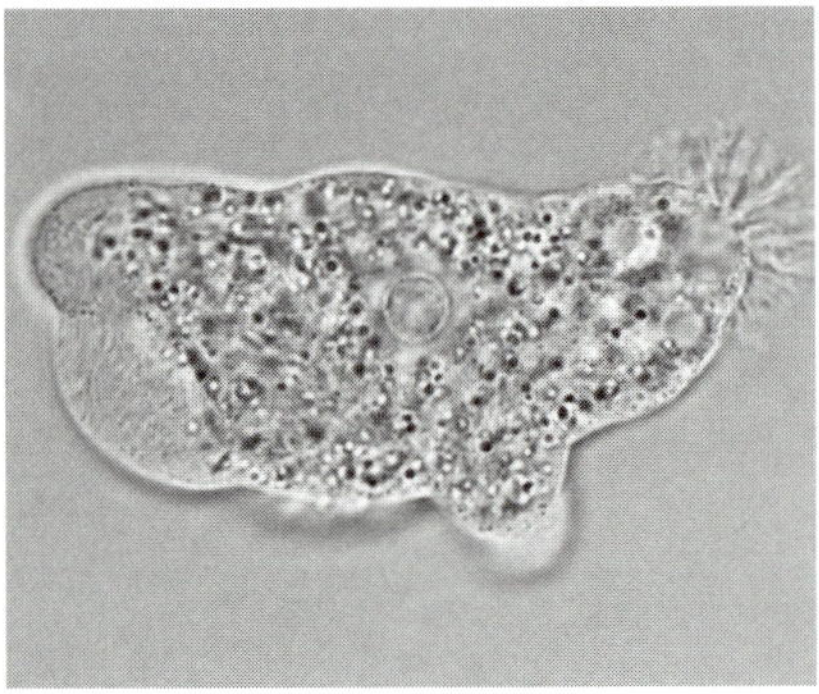

海水《かいすい》や土《つち》の中《なか》など広《ひろ》く生息《せいそく》する
単細胞生物《たんさいぼうせいぶつ》のアメーバ

つの受精卵《じゅせいらん》が形《かたち》も働《はたら》きも異《こと》なるさまざまな細胞《さいぼう》に変化《へんか》し（これを「分化《ぶんか》」といいます）、血液《けつえき》をつくる細胞《さいぼう》や筋肉《きんにく》をつくる細胞《さいぼう》などになって、私《わたし》たちの体《からだ》ができているのです。

多《おお》くの細胞《さいぼう》をもつ人間《にんげん》は「多細胞生物《たさいぼうせいぶつ》」ですが、生物《せいぶつ》の中《なか》にはたった一《ひと》つの細胞《さいぼう》しかもたない**「単細胞生物《たんさいぼうせいぶつ》」**もいます。

代表的《だいひょうてき》なのがアメーバで、柔軟《じゅうなん》に体《からだ》の形《かたち》を変《か》えて動《うご》くため、一生《いっしょう》に二度《にど》と同《おな》じ動《うご》きをしないといわれています。体長《たいちょう》0・5㎜ほどで、水《みず》の中《なか》に住《す》んでいます。**アメーバは老化《ろうか》することなく何度《なんど》も分裂《ぶんれつ》して生《い》き続《つづ》けるそう。**

人《ひと》に対《たい》して「単細胞《たんさいぼう》」というときは「考《かんが》えが単純《たんじゅん》だ」という悪《わる》い意味《いみ》ですが、アメーバはどうなんでしょう。

おまけ 人間《にんげん》の寿命《じゅみょう》は細胞《さいぼう》の寿命《じゅみょう》に関係《かんけい》し、120歳《さい》くらいが限界《げんかい》といわれます。ギネス世界記録《せかいきろく》の世界最長齢《せかいさいちょうれい》は、122歳《さい》のフランスの女性《じょせい》です。

常識《じょうしき》クイズ
82

地球外《ちきゅうがい》に知的生命体《ちてきせいめいたい》はほぼいない。本当《ほんとう》？うそ？

この問《と》いに明確《めいかく》に答《こた》えるのは、非常《ひじょう》にむずかしいのです。なぜなら、20ページで説明《せつめい》した、「ない」を証明《しょうめい》する**「悪《あく》魔《ま》の証明《しょうめい》」**だからです。**ですが、現時点《げんじてん》で答《こた》えるならば、「本当《ほんとう》」です。**根拠《こんきょ》になるのは「ドレイクの方程《ほうてい》式《しき》」。これは、1961年《ねん》に天文学者《てんもんがくしゃ》のフランク・ドレイクが発表《はっぴょう》した計算式《けいさんしき》で、銀河系《ぎんがけい》の中《なか》に、地球以外《ちきゅういがい》でどのくらい知的生命体《ちてきせいめいたい》が存在《そんざい》するかを表《あらわ》すもの。**この式《しき》によると「ほぼいない」といえるのです。**

一方《いっぽう》、知的生命体《ちてきせいめいたい》の有無《うむ》を考《かんが》えるにあたって、「プレートテクトニクス」（85ページ）が関係《かんけい》するのではないか、という考《かんが》えが出《で》てきました。地球《ちきゅう》でプレートテクトニクスが本格的《ほんかくてき》に起《お》こりはじめたのが約《やく》6億年前《おくねんまえ》で、このタイミングで動物《どうぶつ》のような複雑《ふくざつ》な生《い》きものが生《う》まれたという仮説《かせつ》も提案《ていあん》されています。

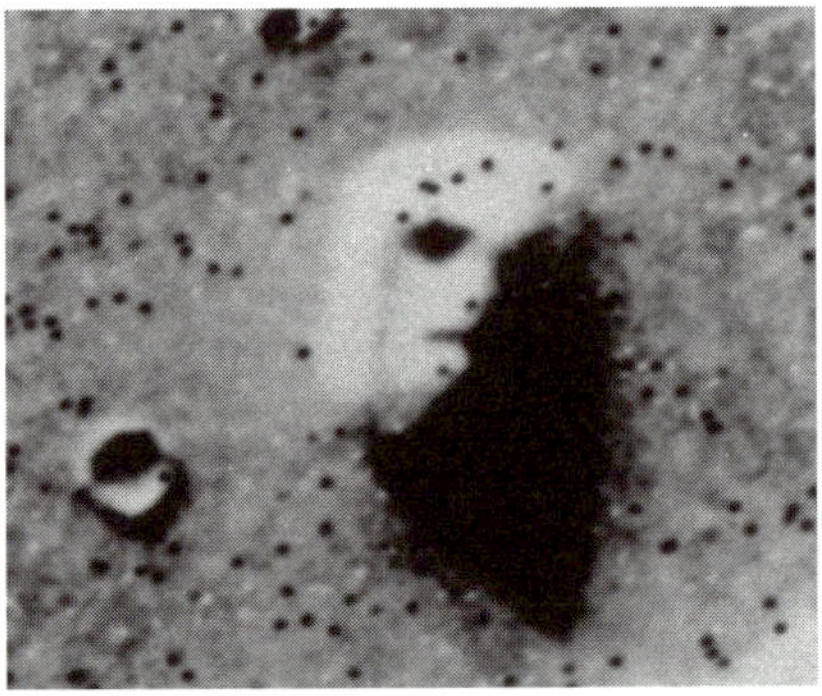

1976年《ねん》にNASA《ナサ》の火星探査船《かせいたんさせん》が火星《かせい》で撮影《さつえい》した写真《しゃしん》

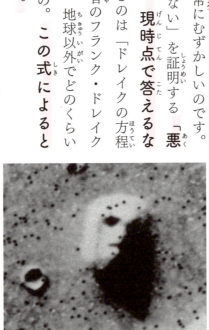

ということは、**プレートテクトニクスと生《い》きものの発生《はっせい》に関係《かんけい》があるかもしれないという考《かんが》えも成《な》り立《た》ちます。** 知的生命体《ちてきせいめいたい》の発生《はっせい》にプレートテクトニクスが必要《ひつよう》となると、さらに知的生命体《ちてきせいめいたい》が存在《そんざい》する条件《じょうけん》が厳《きび》しくなりますので、存在可能性《そんざいかのうせい》はかなり低《ひく》くなります。

ただ、宇宙《うちゅう》はとても広《ひろ》く、流《なが》れる時間《じかん》もとてつもなく長《なが》いのです。**たとえ知的生命体《ちてきせいめいたい》がどこかにいたとしても、人類《じんるい》が生《い》きているタイミングと合《あ》わないかもしれません。ある星《ほし》の知的生命体《ちてきせいめいたい》の文明《ぶんめい》はもう滅《ほろ》んでしまっているかもしれません。そして、これから遠《とお》い未来《みらい》に知的生命体《ちてきせいめいたい》が生《う》まれるかもしれません。**

宇宙《うちゅう》に知的生命体《ちてきせいめいたい》がいるためには、いろんな条件《じょうけん》をクリアする必要《ひつよう》があります。

おまけ ▸ 右《みぎ》ページの写真《しゃしん》が、人《ひと》の顔《かお》に見《み》え、火星人《かせいじん》がいるのでは？ と話題《わだい》になりましたが、人《ひと》の顔《かお》に見《み》えるのは目《め》の錯覚《さっかく》だと後《のち》にわかります。

常識《じょうしき》クイズ
83

人類《じんるい》のふるさとはアフリカ。本当《ほんとう》？ うそ？

私《わたし》たちの祖先《そせん》がどこから来《き》たのか？ 何十億年《なんじゅうおくねん》もかけて私《わたし》たち人類《じんるい》の生《い》きる世界《せかい》ができ上《あ》がったのですから、そのスタートがどこだったのか、とても興味深《きょうみぶか》いですよね。**人類《じんるい》がアフリカから来《き》たというのは「本当《ほんとう》」です。**

現在《げんざい》わかっているもっとも古《ふる》い人類《じんるい》の祖先《そせん》は、600〜700万年前《まんねんまえ》の「サヘラントロプス・チャデンシス」です。彼《かれ》らの存在《そんざい》がわかったのが2001年《ねん》。**中央《ちゅうおう》アフリカのチャド共和国《きょうわこく》にあるジュラブ砂漠《さばく》で、化石《かせき》が見《み》つかったのです。**

また、遺伝学的《いでんがくてき》にも人類《じんるい》のルーツがアフリカであることが示《しめ》されています。アメリカの遺伝学者《いでんがくしゃ》たちが世界《せかい》の人々《ひとびと》のDNA《ディーエヌエー》（ミトコンドリアDNA《ディーエヌエー》という母親《ははおや》からしか伝《つた》わらない遺伝子《いでんし》）を調《しら》べたところ、**すべての人《ひと》が約《やく》20万年前《まんねんまえ》にアフリカにいたある女《じょ》**

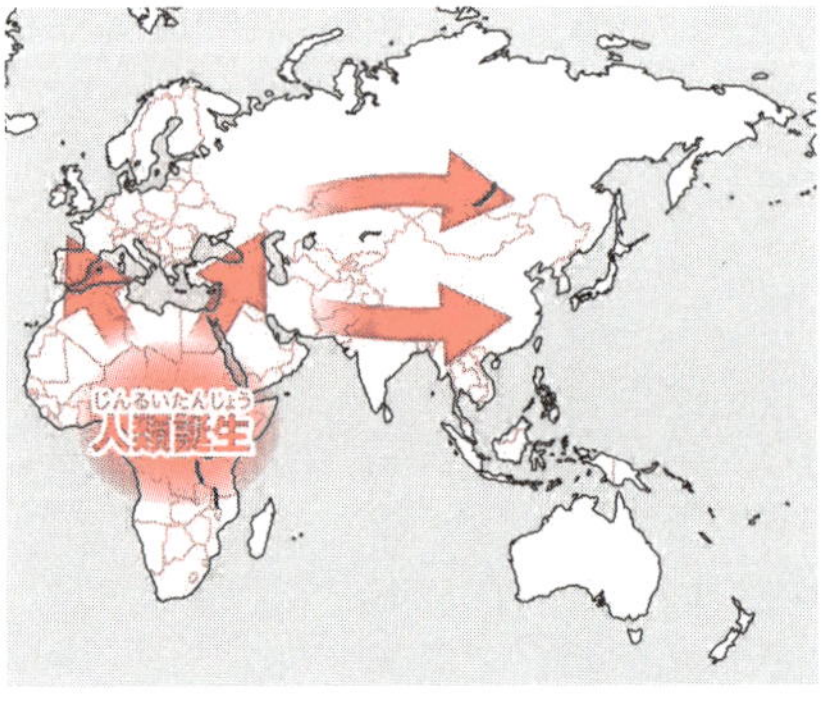

アフリカから広《ひろ》がっていった人類《じんるい》

性《せい》とつながっているという研究結果《けんきゅうけっか》が得《え》られたのです。

そんなことまでわかるなんて驚《おどろ》きですね。

アフリカで見《み》つかった化石《かせき》や遺伝子《いでんし》解析《かいせき》で、**人類《じんるい》のふるさとはアフリカだという「アフリカ単《たん》一起源説《いっきげんせつ》」を多《おお》くの科学者《かがくしゃ》が支持《しじ》しています。**

しかし、どのようなルートで人類《じんるい》が世界各地《せかいかくち》に広《ひろ》がっていったかは、さまざまな見解《けんかい》があります。

また、アフリカの東側《ひがしがわ》に大地溝帯《だいちこうたい》という、たてに走《はし》る巨大《きょだい》な裂《さ》け目《め》があり、そこが人類誕生《じんるいたんじょう》に大《おお》きく関《かか》わっているという説《せつ》もあります。この大地溝帯《だいちこうたい》からマグマが噴出《ふんしゅつ》し、気候《きこう》が激変《げきへん》。豊《ゆた》かな森《もり》が平原《へいげん》となり、森《もり》の木《き》の上《うえ》で生活《せいかつ》していた私《わたし》たちの祖先《そせん》が、地上《ちじょう》の草原《そうげん》に降《お》りてやがて二足歩行《にそくほこう》になった、というものです。

確定的《かくていてき》な話《はなし》ではありませんが、人類《じんるい》の起源《きげん》を探《さぐ》るのは奥深《おくぶか》いですね。

おまけ　絶滅《ぜつめつ》した古代人《こだいじん》・ネアンデルタール人《じん》の遺伝情報《いでんじょうほう》を解読《かいどく》し、ノーベル賞《しょう》を受賞《じゅしょう》したのはスウェーデン出身《しゅっしん》のペーボ博士《はかせ》。

常識《じょうしき》クイズ 84

スープを放置《ほうち》すると微生物《びせいぶつ》が大量発生《たいりょうはっせい》する。微生物《びせいぶつ》は、自然発生《しぜんはっせい》したもの？ 外《そと》から入《はい》ったもの？

微生物《びせいぶつ》は、地球最古《ちきゅうさいこ》の生《い》きもの。**これが自然《しぜん》に生《う》まれるかどうかですが、答《こた》えは自然《しぜん》に生《う》まれずに、「外《そと》から入《はい》ったもの」です。**

微生物《びせいぶつ》は目《め》に見《み》えません。私《わたし》たちの知《し》らない間《あいだ》に活動《かつどう》をしているので、自然《しぜん》に発生《はっせい》したかのように思《おも》うのも無理《むり》はないでしょう。古代《こだい》ギリシャの哲学者《てつがくしゃ》アリストテレスは、生《い》きものの中《なか》には自然《しぜん》に発生《はっせい》するものがいるという「自然《しぜん》発生説《はっせいせつ》」を提唱《ていしょう》し、それが19世紀《せいき》まで信《しん》じられていました。

それを**科学的《かがくてき》な観点《かんてん》から否定《ひてい》したのが、19世紀《せいき》、フランスの化学者《かがくしゃ》ルイ・パスツール**です。スープから**微生物《びせいぶつ》が自然発生《しぜんはっせい》するかどうかの実験《じっけん》をして、微生物《びせいぶつ》が外《そと》から入《はい》ってきたことを証明《しょうめい》します。**

パスツールは、フラスコの中《なか》にスープ（酵母《こうぼ》のしぼり汁《じる》と糖《とう》）を入《い》れ、フラスコのクビ

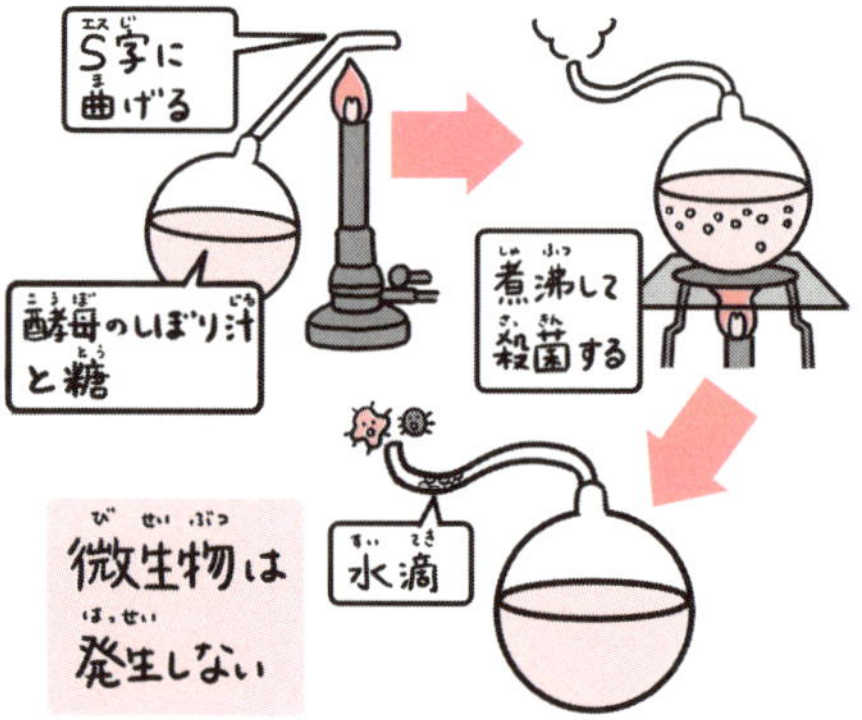

パスツールの実験《じっけん》のプロセス

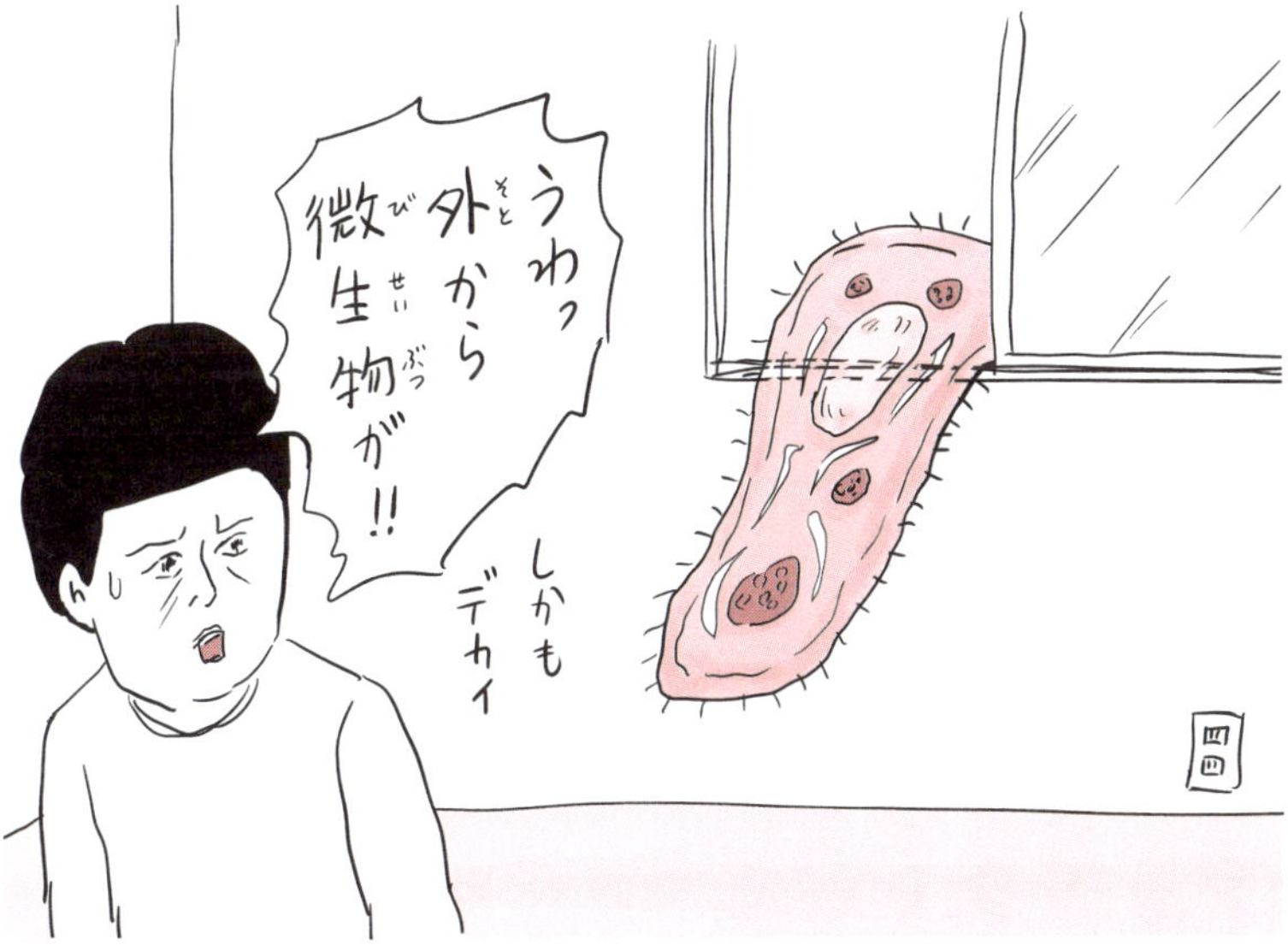

の部分《ぶぶん》を熱《ねっ》して細《ほそ》く引《ひ》き伸《の》ばしてS字形《エスじがた》にしました。フラスコを熱《ねっ》して、スープの中《なか》の微生物《びせいぶつ》をすべて死滅《しめつ》させ、それを冷《ひ》やして数日間《すうじつかん》置《お》いておきました。

もし微生物《びせいぶつ》が自然発生《しぜんはっせい》するなら、数日《すうじつ》たったフラスコの中《なか》のスープに微生物《びせいぶつ》がいるはず。ですが、**何日《なんにち》たってもフラスコ内《ない》のスープに微生物《びせいぶつ》は発生《はっせい》しませんでした。ですので、「自然発生説《しぜんはっせいせつ》」を否定《ひてい》することができたのです。**

この実験《じっけん》のポイントは、S字形《エスじがた》のクビ。スープを熱《ねっ》すると水蒸気《すいじょうき》が発生《はっせい》し、S字《エスじ》のカーブのところに水滴《すいてき》がたまります。そうすると、もし外《そと》から入《はい》ろうとする微生物《びせいぶつ》がいても、この水滴《すいてき》でひっかかってしまい、スープまでたどりつけないのです。つまり、**外《そと》から入《はい》る微生物《びせいぶつ》を遮断《しゃだん》して実験《じっけん》したことで、自然《しぜん》発生説《はっせいせつ》の否定《ひてい》ができたのです。**

おまけ ▶ この実験《じっけん》で、微生物《びせいぶつ》の大量発生《たいりょうはっせい》＝腐敗《ふはい》を防《ふせ》ぐためには真空《しんくう》にする必《ひつ》要《よう》があるとわかりました。缶詰《かんづめ》の長期保存《ちょうきほぞん》などに役立《やくだ》てられています。

常識《じょうしき》クイズ
85

不老不死《ふろうふし》の薬《くすり》は つくれる？ つくれない？

不老不死《ふろうふし》は人類《じんるい》の夢《ゆめ》かもしれません。秦《しん》の始皇帝《しこうてい》など、ときの権力《けんりょく》者《しゃ》は不老不死《ふろうふし》の薬《くすり》を探《さが》させ続《つづ》けたことが知《し》られています。では、現代《げんだい》の技術《ぎじゅつ》で可能《かのう》かというと、**残念《ざんねん》ながら不老不死《ふろうふし》の薬《くすり》は不可能《ふかのう》です。答《こた》えは「つくれない」です。**

人間《にんげん》は細胞分裂《さいぼうぶんれつ》をして生《い》きています。細胞分裂《さいぼうぶんれつ》できる回数《かいすう》はあらかじめ決《き》まっていて、それを決《き》めるのは細胞核《さいぼうかく》の中《なか》の染色体《せんしょくたい》の一部《いちぶ》である**「テロメア」**です。**分裂《ぶんれつ》するたびにテロメアが短《みじか》くなっていくので、命《いのち》には限界《げんかい》があるのです。それが現在《げんざい》では120歳《さい》くらいといわれています。**

ただ、自然界《しぜんかい》はおもしろいもので、**老化《ろうか》しない生《い》きものがいます。ハダカデバネズミです。**寿命《じゅみょう》は30年《ねん》と一般的《いっぱんてき》なネズミよりはるかに長《なが》く、老化《ろうか》せず若《わか》いまま、事故《じこ》やなんらかの原因《げんいん》で命《いのち》が終《お》

ベニクラゲ

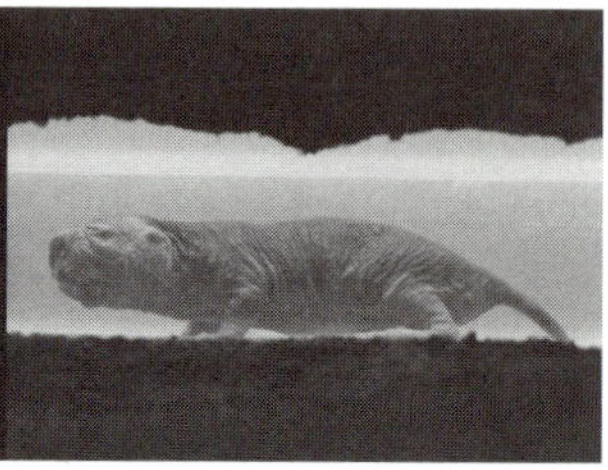

ハダカデバネズミ

わります。さらに、**極《きわ》めてがんになりにくいという特徴《とくちょう》をもちます。**ハダカデバネズミを研究《けんきゅう》することで、老化予防薬《ろうかよぼうやく》につながるかもしれません。

また、**どんどん若返《わかがえ》る生《い》きものもいます。ベニクラゲという小《ちい》さなクラゲです。**ベニクラゲは老《お》いが進《すす》むと、自分《じぶん》で「ポリプ」という赤《あか》ちゃんの細胞《さいぼう》をつくり出《だ》します。老人《ろうじん》が赤《あか》ちゃんに転生《てんせい》するようなイメージですね。そうすると、老《お》いたベニクラゲの細胞《さいぼう》は死《し》んでいくのです。しかし、これは人間《にんげん》に応用《おうよう》できるかというと、なかなかむずかしそうです。

「不老不死《ふろうふし》の薬《くすり》」が将来実現《しょうらいじつげん》するかはわかりません。しかし、かつてより確実《かくじつ》に寿命《じゅみょう》はのびているし、新《あら》たな医薬品《いやくひん》も日々《ひび》開発《かいはつ》されています。**健康的《けんこうてき》な生活《せいかつ》を送《おく》ることで、少《すこ》しでも寿命《じゅみょう》をのばすことが、私《わたし》たちにできることのようですね。**

おまけ　個《こ》としての人間《にんげん》は死《し》んでしまいますが、種《しゅ》としての人間《にんげん》は何百万年《なんびゃくまんねん》も絶滅《ぜつめつ》していません。種《しゅ》として考《かんが》えると、「不死《ふし》」かもしれませんよ。

常識《じょうしき》クイズ
86

絶滅危惧種《ぜつめつきぐしゅ》は世界《せかい》で1万種《まんしゅ》以上《いじょう》いる。本当《ほんとう》？うそ？

「絶滅危惧種《ぜつめつきぐしゅ》」とは、地球上《ちきゅうじょう》から全滅《ぜんめつ》してしまう可能性《かのうせい》のある野生生物《やせいせいぶつ》のこと。2024年《ねん》7月《がつ》の時点《じてん》で、**世界《せかい》の絶滅危惧種《ぜつめつきぐしゅ》は16万《まん》3040種《しゅ》とされているので、答《こた》えは「本当《ほんとう》」**。ちなみに、日本《にっぽん》の絶滅危惧種《ぜつめつきぐしゅ》は3772種《しゅ》です。長崎県対馬《ながさきけんつしま》のツシマヤマネコや、沖縄県《おきなわけん》のヤンバルクイナなどです。

恐竜《きょうりゅう》が絶滅《ぜつめつ》したのは、約《やく》6600万年前《まんねんまえ》の白亜紀《はくあき》。その時代《じだい》の生《い》きものの絶滅頻度《ぜつめつひんど》としては**1000年《ねん》に1種《しゅ》**といわれています。しかし、**1975年《ねん》から2000年《ねん》にはなんと1年間《ねんかん》に4万《まん》種程度《しゅていど》も絶滅《ぜつめつ》していると計算《けいさん》されています。生《い》きものが滅《ほろ》ぶスピードがものすごく速《はや》くなっているのです。**

生《い》きものが絶滅《ぜつめつ》の危機《きき》に瀕《ひん》する理由《りゆう》として、**①人間《にんげん》による乱獲《らんかく》　②環境《かんきょう》の変化《へんか》　③外来種《がいらいしゅ》の侵入《しんにゅう》**　などが挙《あ》げられます。

ヤンバルクイナ

ツシマヤマネコ

①の乱獲《らんかく》の例《れい》としてはクロマグロが挙《あ》げられます。マグロは人気《にんき》が高《たか》く、海外《かいがい》でも食《た》べられるようになりました。絶滅《ぜつめつ》を防《ふせ》ぐために、**今《いま》は世界中《せかいじゅう》で漁獲高《ぎょかくだか》が管理《かんり》されています。**

②の環境変化《かんきょうへんか》の例《れい》としては**地球温暖化《ちきゅうおんだんか》や都市開発《としかいはつ》。**気温《きおん》が上《あ》がって生《い》きられなくなった生《い》きものや、森林《しんりん》が伐採《ばっさい》されて住《す》むところを失《うしな》った野生動物《やせいどうぶつ》、排水《はいすい》によって川《かわ》が汚染《おせん》され、住《す》めなくなった魚類《ぎょるい》などがいます。

③は、**人《ひと》が外国《がいこく》からもちこんだ外来種《がいらいしゅ》によって、在来種《ざいらいしゅ》（元《もと》から生息《せいそく》する生《い》きもの）が生《い》きられなくなることです。**ある生《い》きものが絶滅《ぜつめつ》すると、それと捕食関係《ほしょくかんけい》、つまりその生《い》きものを食《た》べる生《い》きものなどに影響《えいきょう》し、そこから別《べつ》の生《い》きものにも影響《えいきょう》するので、生態系全体《せいたいけいぜんたい》の問題《もんだい》となるのです。

おまけ　地球上《ちきゅうじょう》ではこれまで5回《かい》、大絶滅《だいぜつめつ》があったとされ、最近《さいきん》のものが約《やく》6600万年前《まんねんまえ》に起《お》きた隕石《いんせき》の衝突《しょうとつ》によるとされる恐竜《きょうりゅう》などの絶滅《ぜつめつ》です。

常識《じょうしき》クイズ
87

まったく同《おな》じ動物《どうぶつ》をつくり出《だ》すことができる。本当《ほんとう》？ うそ？

コピー動物《どうぶつ》なんて、ドラえもんのひみつ道具《どうぐ》のような話《はなし》ですが、答《こた》えは「本当《ほんとう》」です。**科学《かがく》の発展《はってん》はここまで来《き》ているのです。まったく同《おな》じ遺伝子《いでんし》をもつコピー生物《せいぶつ》を「クローン」といいます。**

体細胞《たいさいぼう》を使《つか》った世界初《せかいはつ》のクローンが、1996年《ねん》7月《がつ》にイギリスで誕生《たんじょう》し、大《おお》きな話題《わだい》になりました。それが**羊《ひつじ》の「ドリー」**です。当時《とうじ》、日本《にっぽん》でも新聞《しんぶん》やニュースで大《おお》きく取《と》り上《あ》げられました。

方法《ほうほう》としては、大人《おとな》の羊《ひつじ》（A《エー》とする）の体《からだ》から細胞《さいぼう》を取《と》り出《だ》し、その細胞《さいぼう》から核《かく》を取《と》り除《のぞ》いた未受精卵《みじゅせいらん》（受精《じゅせい》していない卵子《らんし》）に移植《いしょく》して結合《けつごう》させ、代理母《だいりはは》の子宮《しきゅう》に移植《いしょく》します。これが育《そだ》って、生《う》まれたのが、**羊《ひつじ》A《エー》と遺伝的《いでんてき》にま**

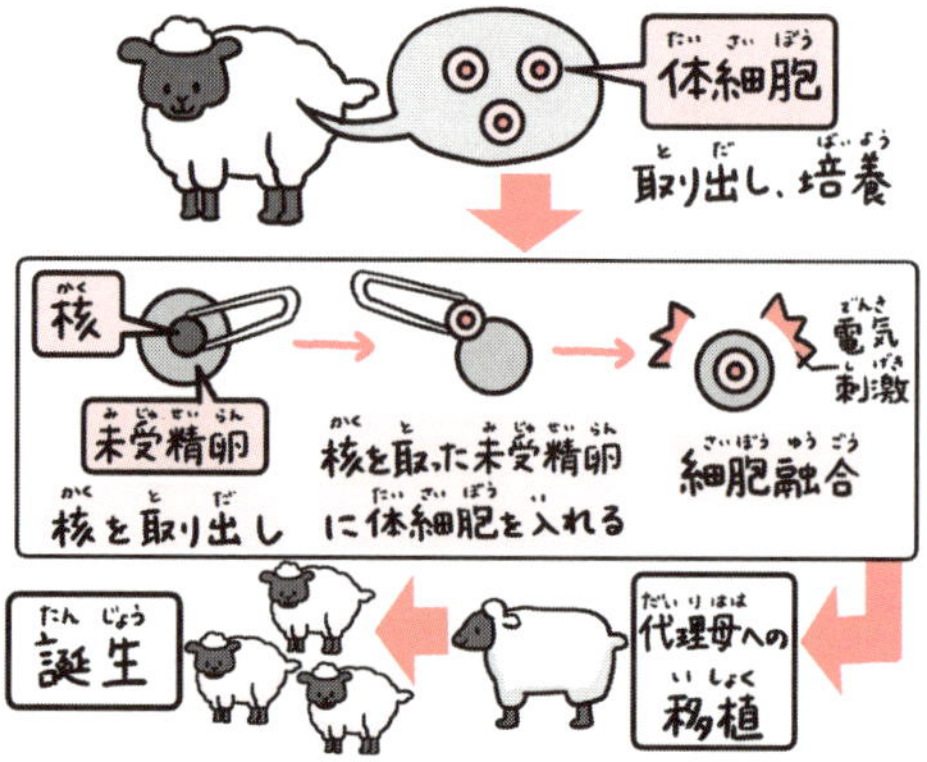

体細胞《たいさいぼう》を使《つか》ったクローンをつくる方法《ほうほう》

ったく同《おな》じクローン羊《ひつじ》のドリーなのです。

日本《にっぽん》では1998年《ねん》7月《がつ》に、近畿大学《きんきだいがく》と石川県《いしかわけん》が牛《うし》の体細胞《たいさいぼう》を使《つか》ったクローン牛《うし》「のと」と「かが」を誕《たん》生《じょう》させました。同年《どうねん》、イギリスのクローン羊《ひつじ》ドリーは妊娠《にんしん》し、ボニーという子羊《こひつじ》を出産《しゅっさん》し、生殖能力《せいしょくのうりょく》があることが確認《かくにん》されました。

クローン技術《ぎじゅつ》を人間《にんげん》に応用《おうよう》することは禁止《きんし》されています。安全性《あんぜんせい》の問題《もんだい》や、体細胞提供者《たいさいぼうていきょうしゃ》と同《おな》じ遺伝子《いでんし》なので、生《う》まれてくる子《こ》の容姿《ようし》や能力《のうりょく》が予測《よそく》でき、意図《いと》的《てき》にほしい人間《にんげん》をつくることになるなど倫理的《りんりてき》な問題《もんだい》があるからです。

空想《くうそう》として、もし自分《じぶん》と同《おな》じ人間《にんげん》がいたら代《か》わりに学校《がっこう》でテストを受《う》けてもらおう、なんて考《かんが》えていませんか？　**でも、遺伝子《いでんし》も学力《がくりょく》も同《おな》じなので、いい点数《てんすう》をとってくれるとは限《かぎ》りませんよ。**

おまけ　クローン技術《ぎじゅつ》では、受精卵《じゅせいらん》を使《つか》う方法《ほうほう》もあり、体細胞《たいさいぼう》を使《つか》ったドリーなどより早《はや》くに、牛《うし》が誕生《たんじょう》していました。

生物《せいぶつ》のこぼれ話《ばなし》

ヒトゲノムを完全解読《かんぜんかいどく》した……!?

ヒトゲノムとは、染色体《せんしょくたい》がもつ遺伝情報《いでんじょうほう》の1セットのことで、生命《せいめい》の設計図《せっけいず》といえます。ヒトゲノムは、細胞《さいぼう》の中《なか》にある46本《ぽん》の染色体《せんしょくたい》におさめられていて、30億対《おくつい》もの塩基《えんき》（アデニン、チミン、グアニン、シトシン）配列《はいれつ》で構成《こうせい》されています。

2003年《ねん》、日本《にっぽん》も加《くわ》わった国際《こくさい》プロジェクトによってすべて解読《かいどく》したとされていましたが、実《じつ》はどうしても解読《かいどく》できない8%が残《のこ》っていました。それから約《やく》20年《ねん》たった2022年《ねん》に、アメリカの研究《けんきゅう》チームによって、ヒトゲノムの完全解読《かんぜんかいどく》が発表《はっぴょう》されました。これは大《おお》きな前進《ぜんしん》！

ヒトゲノムの解読《かいどく》によって、めざましい発展《はってん》を遂《と》げたのが医療分野《いりょうぶんや》です。特《とく》にがん治療《ちりょう》。がんは遺伝子《いでんし》の突然変異《とつぜんへんい》によって起《お》こるもの。ヒトゲノム解読《かいどく》によって、どの遺伝子《いでんし》が異常《いじょう》を起《お》こしたかがわかるようになり、問題《もんだい》の遺伝子《いでんし》をねらった「分子標的治療薬《ぶんしひょうてきちりょうやく》」が開発《かいはつ》されました。

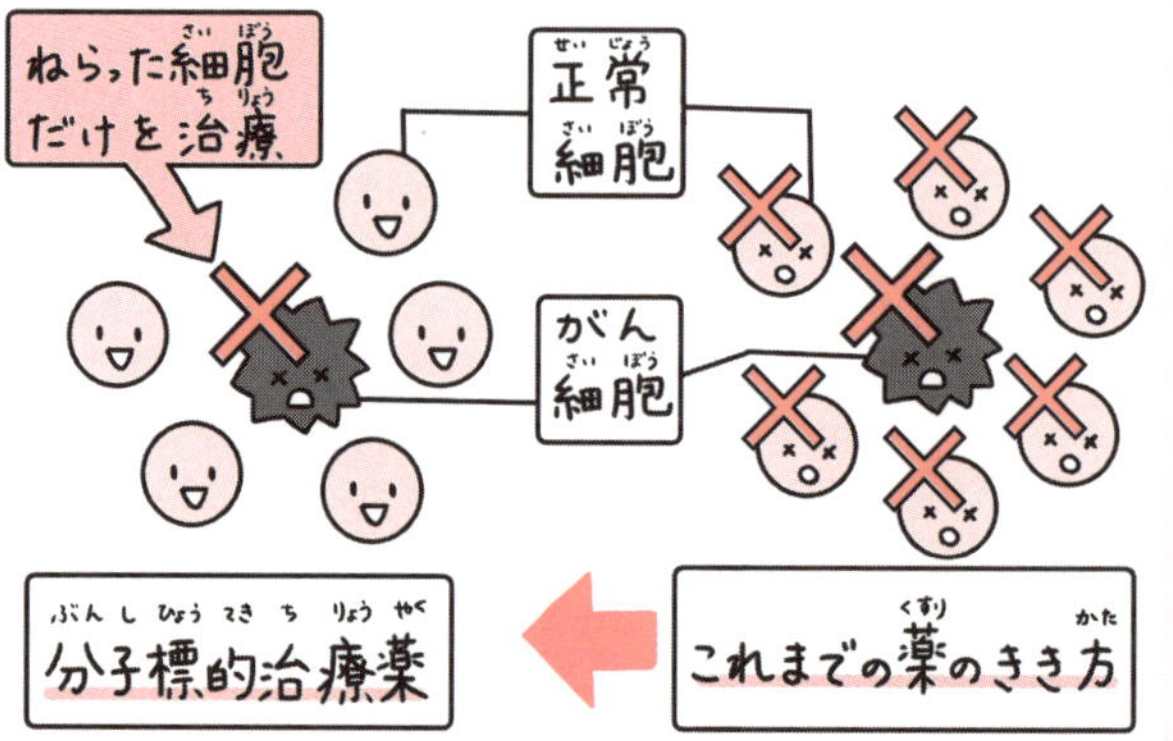

7章《しょう》

環《かん》境《きょう》問《もん》題《だい》

常識《じょうしき》クイズ
88

地球《ちきゅう》は本当《ほんとう》に温暖化《おんだんか》している？ していない？

温暖化《おんだんか》が問題視《もんだいし》されて久《ひさ》しいのですが、いまだに「温暖化《おんだんか》はウソ」「温暖化《おんだんか》は陰謀《いんぼう》だ」という声《こえ》もあります。もちろん、24ページでお伝《つた》えしたように科学《かがく》は疑《うたが》うことが大切《たいせつ》ですし、多様《たよう》な意見《いけん》や考《かんが》えはあってしかるべきなのですが、**この問《と》いについては「している」が正解《せいかい》です。**

まず、思《おも》いきり視野《しや》を広《ひろ》げて、46億年《おくねん》という地球全体《ちきゅうぜんたい》の歴史《れきし》をふり返《かえ》ります。**地球《ちきゅう》は「氷期《ひょうき》（寒《さむ》い！）」と「間氷期《かんぴょうき》（温暖《おんだん》）」を交互《こうご》にくり返《かえ》していて、今《いま》は間氷期《かんぴょうき》の温暖《おんだん》な時期《じき》にあたるのです。** 氷期《ひょうき》・間氷期《かんぴょうき》は約《やく》10万年《まんねん》を一《ひと》つのサイクルとしてやってきており、今《いま》の間氷期《かんぴょうき》が終《お》わるとまた氷期《ひょうき》がやってきます。

地球《ちきゅう》が温暖《おんだん》になるのは歴史的《れきしてき》なサイクルなのでおかしいことではないと思《おも》うかもしれま

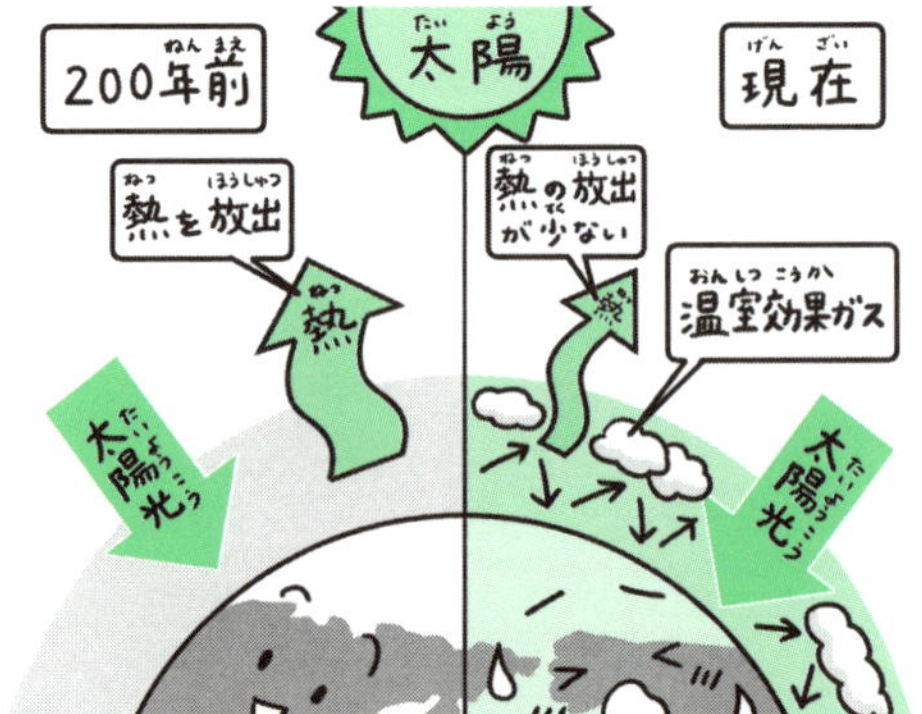

二酸化炭素《にさんかたんそ》などの温室効果《おんしつこうか》ガスと
地球温暖化《ちきゅうおんだんか》の関係《かんけい》

せんが、**今《いま》、問題《もんだい》なのは、地球《ちきゅう》のサイクル以《い》上《じょう》に私《わたし》たち人間《にんげん》の活動《かつどう》が温暖化《おんだんか》を引《ひ》き起《お》こしていることです。**ここ1万年《まんねん》ほど地球《ちきゅう》は平均《へいきん》して約《やく》14℃でしたが、**この100年《ねん》で地球《ちきゅう》の温度《おんど》は0・74℃も明《あき》らかに上昇《じょうしょう》しています。**

これは、18世紀中《せいきなか》ごろのイギリスの産業革命以降《さんぎょうかくめいいこう》、私《わたし》たちが生活《せいかつ》を営《いとな》む上《うえ》で、石炭《せきたん》や石油《せきゆ》などの化石燃料《かせきねんりょう》を消費《しょうひ》することが必要不可欠《ひつようふかけつ》になってきたからです。それによって**二酸化炭素《にさんかたんそ》などの温室効果《おんしつこうか》ガスが増加《ぞうか》し、本来《ほんらい》ならば地球《ちきゅう》の外《そと》に放出《ほうしゅつ》される熱《ねつ》がこもってしまい、気温《きおん》が上昇《じょうしょう》しています。**

204ページの絶滅危惧種《ぜつめつきぐしゅ》も、この地球温暖化《ちきゅうおんだんか》も、私《わたし》たち人間《にんげん》の活動《かつどう》が引《ひ》き起《お》こしていることです。人間《にんげん》が二酸化炭素《にさんかたんそ》などの温室効果《おんしつこうか》ガスの排出《はいしゅつ》を抑《おさ》えていくことが必要《ひつよう》なのです。

おまけ　二酸化炭素《にさんかたんそ》と同《おな》じ温室効果《おんしつこうか》ガスの一《ひと》つであるメタンは、牛《うし》のゲップにもふくまれています。

常識《じょうしき》クイズ

89

空気中《くうきちゅう》の「二酸化炭素《にさんかたんそ》」が、昔《むかし》の方《ほう》が少《すく》なかったとわかる場所《ばしょ》はどこ？ ①南極《なんきょく》 ②北極《ほっきょく》 ③赤道直下《せきどうちょっか》

地球温暖化《ちきゅうおんだんか》と二酸化炭素《にさんかたんそ》の深《ふか》い関係《かんけい》は、ここまで読《よ》んできてわかりましたよね。近年《きんねん》、大気中《たいきちゅう》の二酸化炭素量《にさんかたんそりょう》が増《ふ》えているのですが、では、**昔《むかし》は今《いま》よりも二酸化炭素《にさんかたんそ》が本当《ほんとう》に少《すく》なかったのだろうか？** という疑問《ぎもん》がわきますね。

どこをどう調《しら》べたらわかるのか？ **答《こた》えは「①南極《なんきょく》」です。**

南極大陸《なんきょくたいりく》は、約《やく》5000万年前《まんねんまえ》にオーストラリア大陸《たいりく》と分《わ》かれて、独立《どくりつ》した大陸《たいりく》になりました。大陸《たいりく》と大陸《たいりく》の間《あいだ》には海《うみ》が広《ひろ》がり、海《うみ》からの湿《しめ》った空気《くうき》は寒冷地《かんれいち》である南極大陸《なんきょくたいりく》に多《おお》くの雪《ゆき》を降《ふ》らせ、約《やく》3000万年前《まんねんまえ》には陸地全体《りくちぜんたい》が「氷床《ひょうしょう》」という平均《へいきん》2㎞の厚《あつ》さの氷《こおり》でおおわれました。**雪《ゆき》は大気《たいき》の成分《せいぶん》をふくんでいます。**

つまり、氷床《ひょうしょう》を掘《ほ》ると、3000万年前《まんねんまえ》の大気《たいき》の様子《ようす》がわかるというわけ。

ですので、昔《むかし》の大気《たいき》の二酸化炭素量《にさんかたんそりょう》を調《しら》べるためには、南極《なんきょく》の氷床《ひょうしょう》を掘《ほ》って調《しら》べればいい

南極《なんきょく》を調査《ちょうさ》する日本《にっぽん》の昭和基地《しょうわきち》

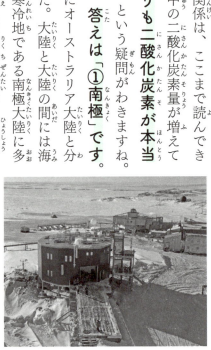

のです。その結果《けっか》、18世紀中《せいきなか》ごろの産業革命以降《さんぎょうかくめいいこう》、増《ふ》えていることがわかりました。

カンの鋭《するど》い人《ひと》なら、北極《ほっきょく》にも厚《あつ》い氷《こおり》はあるから北極《ほっきょく》でもいいのでは？　と思《おも》ったかもしれません。ですが、92ページで説明《せつめい》したように、南極《なんきょく》は「大陸《たいりく》」なのに対《たい》し、北極《ほっきょく》は「海《うみ》」です。海《うみ》に浮《う》かんでいる流氷《りゅうひょう》は、一定《いってい》の場所《ばしょ》にとどまっていませんし、海《うみ》の中《なか》で少《すこ》しずつとけてしまいます。大昔《おおむかし》の大気《たいき》をふくんだ氷《こおり》は、きっと北極海《ほっきょくかい》にとけ出《だ》してしまっていることでしょう。

南極《なんきょく》の二酸化炭素調査《にさんかたんそちょうさ》は、各国《かっこく》で行《おこな》われています。**日本《にっぽん》は、南極《なんきょく》にある昭和基地《しょうわきち》で、20年《ねん》以上《いじょう》にわたって大気中《たいきちゅう》の二酸化炭素濃度《にさんかたんそのうど》を調《しら》べています。南極《なんきょく》の大気《たいき》を調《しら》べることは、今後地球《こんごちきゅう》がどうなっていくかを考《かんが》える上《うえ》で重要《じゅうよう》なデータになるのです。**

おまけ　昭和基地《しょうわきち》では、現在《げんざい》の大気《たいき》を長期保管《ちょうきほかん》しています。これは、将来《しょうらい》の研究《けんきゅう》に役立《やくだ》てるためだそうです。

常識《じょうしき》クイズ
90

温暖化《おんだんか》すると、世界《せかい》の国々《くにぐに》は一律《いちりつ》に気温《きおん》が上《あ》がる。本当《ほんとう》？うそ？

「地球温暖化《ちきゅうおんだんか》」ですから、地球全体《ちきゅうぜんたい》の平均気温《へいきんきおん》が上《あ》がるのですが、**世界《せかい》の国々《くにぐに》が一律《いちりつ》にあたたかくなるわけではありません。答《こた》えは「うそ」です。**気温《きおん》の上昇《じょうしょう》率《りつ》は地域《ちいき》によって異《こと》なります。気候変動《きこうへんどう》の影響《えいきょう》を評価《ひょうか》する国連《こくれん》の組織《そしき》IPCC《アイピーシーシー》によると、**北半球《きたはんきゅう》で気温《きおん》の上昇率《じょうしょうりつ》が高《たか》く、北極域《ほっきょくいき》の温暖化《おんだんか》の速度《そくど》は、地球全体《ちきゅうぜんたい》の2倍《ばい》を超《こ》えると想定《そうてい》されています。**「ものすごく暑《あつ》くなるところ」と「少《すこ》し暑《あつ》くなるところ」があるのです。

また、**イギリス、アイルランド、ノルウェーなどの北大西洋周辺《きたたいせいようしゅうへん》の国々《くにぐに》は、温暖化《おんだんか》による気温《きおん》の上昇《じょうしょう》が比較的《ひかくてき》小《ちい》さい**という説《せつ》もあります。この説《せつ》は大西洋《たいせいよう》の海流《かいりゅう》の深層循環《しんそうじゅんかん》の影響《えいきょう》によるものです。右《みぎ》の図《ず》のように、地球《ちきゅう》の海洋《かいよう》は循環《じゅんかん》しています。水温《すいおん》や海水塩分《かいすいえんぶん》の密度差《みつどさ》で**深層《しんそう》を流《なが》れる冷《つめ》たい海《かい》**

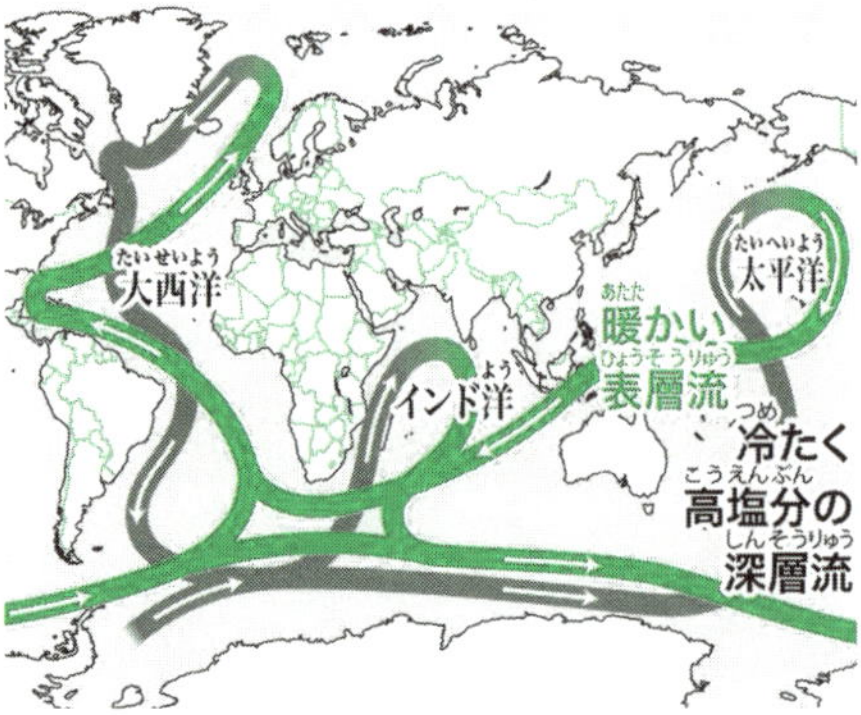

海流《かいりゅう》の深層循環《しんそうじゅんかん》　参考《さんこう》／気象庁《きしょうちょう》

流《りゅう》と、表面《ひょうめん》を流《なが》れるあたたかい海流《かいりゅう》があり、沈《しず》んだり上昇《じょうしょう》したりしながら約《やく》1000年《ねん》かけて循環《じゅんかん》しています。

地球温暖化《ちきゅうおんだんか》による水温《すいおん》の上昇《じょうしょう》や、北極《ほっきょく》の氷《こおり》が大量《たいりょう》にとけて、その海域《かいいき》の塩分濃度《えんぶんのうど》が下《さ》がるなどして、この循環《じゅんかん》が弱《よわ》まっているとの指摘《してき》があります。**この影響《えいきょう》でヨーロッパの西側《にしがわ》にある南《みなみ》からのあたたかい海流《かいりゅう》（北大西洋海流《きたたいせいようかいりゅう》ともいいます）も弱《よわ》まるので、気温《きおん》があまり上《あ》がらない可能性《かのうせい》があるというのです。**

2020〜2021年《ねん》にかけて、日本海側《にほんかいがわ》で記録的《きろくてき》な大雪《おおゆき》が降《ふ》りました。ラニーニャ現象《げんしょう》（236ページ）によって偏西風《へんせいふう》が蛇行《だこう》し、寒気《かんき》が流《なが》れこみやすくなったことが原因《げんいん》といわれています。温暖化《おんだんか》しても、気象《きしょう》条件《じょうけん》によって一時的《いちじてき》に寒《さむ》くなることは十分《じゅうぶん》ありますよ。

おまけ ▶ 北極海《ほっきょくかい》の氷《こおり》が減少《げんしょう》することで、船《ふね》が北極海《ほっきょくかい》を通行《つうこう》できるようになると、世界《せかい》の物流事情《ぶつりゅうじじょう》も大《おお》きく変《か》わります。

常識《じょうしき》クイズ
91

温暖化《おんだんか》すると南極《なんきょく》にたくさんの雪《ゆき》が降《ふ》る。本当《ほんとう》？うそ？

前《まえ》の項目《こうもく》で、温暖化《おんだんか》で寒《さむ》くなるところがあることはわかりましたね。では、南極《なんきょく》の積雪《せきせつ》が増《ふ》えるかどうか……答《こた》えは**「本当《ほんとう》」です。20世紀後半《せいきこうはん》、南極《なんきょく》の内陸部《ないりくぶ》の年間平均積雪量《ねんかんへいきんせきせつりょう》が約《やく》15％増《ふ》えたことがわかりました。**

では、温暖化《おんだんか》と南極《なんきょく》の雪《ゆき》が増《ふ》えることにはどんな関係《かんけい》があるのでしょう。実《じつ》はこれは海水温上昇《かいすいおんじょうしょう》の影響《えいきょう》によるものなのです。

温暖化《おんだんか》によって**南極周辺《なんきょくしゅうへん》の海水《かいすい》の温度《おんど》が上《あ》がると、南極《なんきょく》の大気《たいき》の水蒸気量《すいじょうきりょう》が増《ふ》えます。水蒸気《すいじょうき》が増《ふ》えるとたくさんの雲《くも》ができて、多《おお》くの降水《こうすい》が生《しょう》じます。**ここまでは、50ページの積乱雲《せきらんうん》の話《はなし》と同《おな》じですね。

しかし、今回《こんかい》は南極《なんきょく》の話《はなし》です。南極《なんきょく》は気温《きおん》が低《ひく》く、雲《くも》の中《なか》で発生《はっせい》した氷《こおり》の粒《つぶ》はとけずに

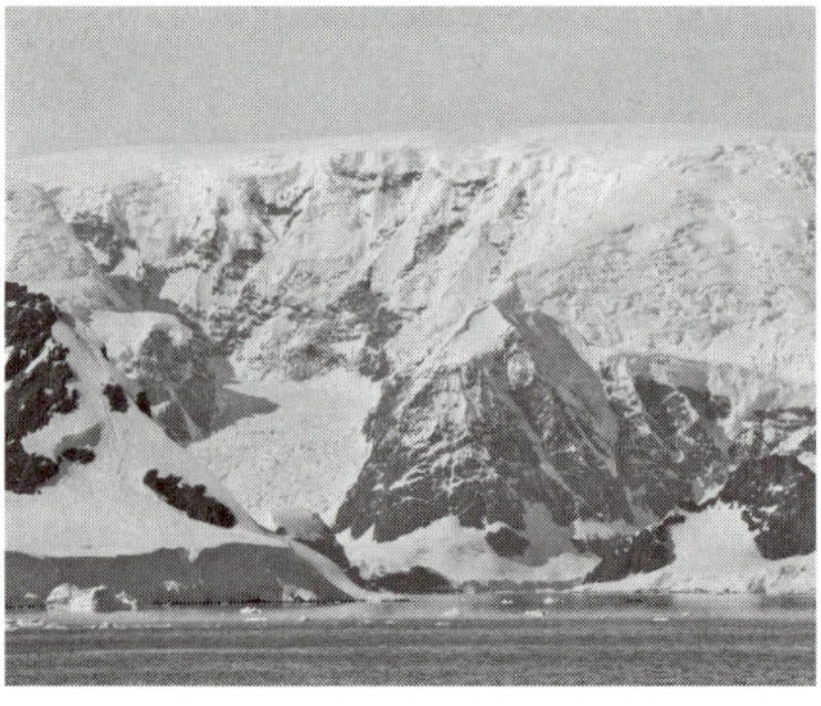

雪《ゆき》と氷《こおり》で閉《と》ざされた南極《なんきょく》

落《お》ちてくるので、**降《ふ》るのはすべて雪《ゆき》**です。あたたかくなるのに雪《ゆき》？　と思《おも》うかもしれませんが、南極《なんきょく》の場合《ばあい》は「あたたかくなるから雪《ゆき》が増《ふ》える」のです。南極《なんきょく》での温暖化《おんだんか》の影響《えいきょう》という点《てん》でもう一《ひと》つ、海《うみ》の氷《こおり》を見《み》てみましょう。

国立極地研究所《こくりつきょくちけんきゅうじょ》などの研究《けんきゅう》チームが南極海《なんきょくかい》の海氷面積《かいひょうめんせき》を調《しら》べたところ、2024年《ねん》には、9月《がつ》9日《か》に最大《さいだい》面積約《めんせきやく》1700万《まん》㎢を記録《きろく》したそうです。東京《とうきょう》ドーム何個分《なんこぶん》……なんて置《お》き換《か》えられないほど広《ひろ》いのですが、**実《じつ》はこの数値《すうち》は観測史上《かんそくしじょう》2番目《ばんめ》に小《ちい》さいのです。ちなみに、もっとも小《ちい》さかったのは2023年《ねん》でした。**海氷減少《かいひょうげんしょう》は、2016年以降《ねんいこう》目立《めだ》っているとのこと。これも地球温暖化《ちきゅうおんだんか》や気候変動《きこうへんどう》と関係《かんけい》があるようです。雪《ゆき》が増《ふ》えても、海水温《かいすいおん》が上昇《じょうしょう》するので氷《こおり》はとけてしまうんですね。

おまけ　南極《なんきょく》では、「ブリザード」と呼《よ》ばれる激《はげ》しい吹雪《ふぶき》があります。10m先《さき》も見《み》えないほどなんですよ。

常識《じょうしき》クイズ
92

2100年《ねん》には地球《ちきゅう》の平均気温《へいきんきおん》は最大何度上《さいだいなんどあ》がるとされている？ ①0・8℃ ②2・8℃ ③4・8℃

これはあくまで予測《よそく》ですし、「世界《せかい》の国々《くにぐに》が、このまま何《なに》も対策《たいさく》をせずにいたら」という仮定《かてい》の話《はなし》ですが、**答《こた》えは「③4・8℃」です。**

今《いま》でも、日本《にっぽん》の真夏《まなつ》の最高気温《さいこうきおん》が40℃になることもあるのですから、仮《かり》に4・8℃上《あ》がったら44℃くらいになってしまいます。私《わたし》たちが経験《けいけん》したことのない気候《きこう》になるでしょう。

世界各国《せかいかっこく》の専門家《せんもんか》が気候変動《きこうへんどう》の調査《ちょうさ》をする組織《そしき》「IP《アイピー》CC《シーシー》」の最新《さいしん》の報告書《ほうこくしょ》に、この数字《すうじ》が記《しる》されています。**もし、最大限《さいだいげん》の温暖化対策《おんだんかたいさく》をしたら、0・3～1・7℃の上昇《じょうしょう》に抑《おさ》えられる**といわれています。

そのために、温室効果《おんしつこうか》ガスの削減目標《さくげんもくひょう》を定《さだ》めた「**京都議定書《きょうとぎていしょ》**」や「**パリ協定《きょうてい》**」な

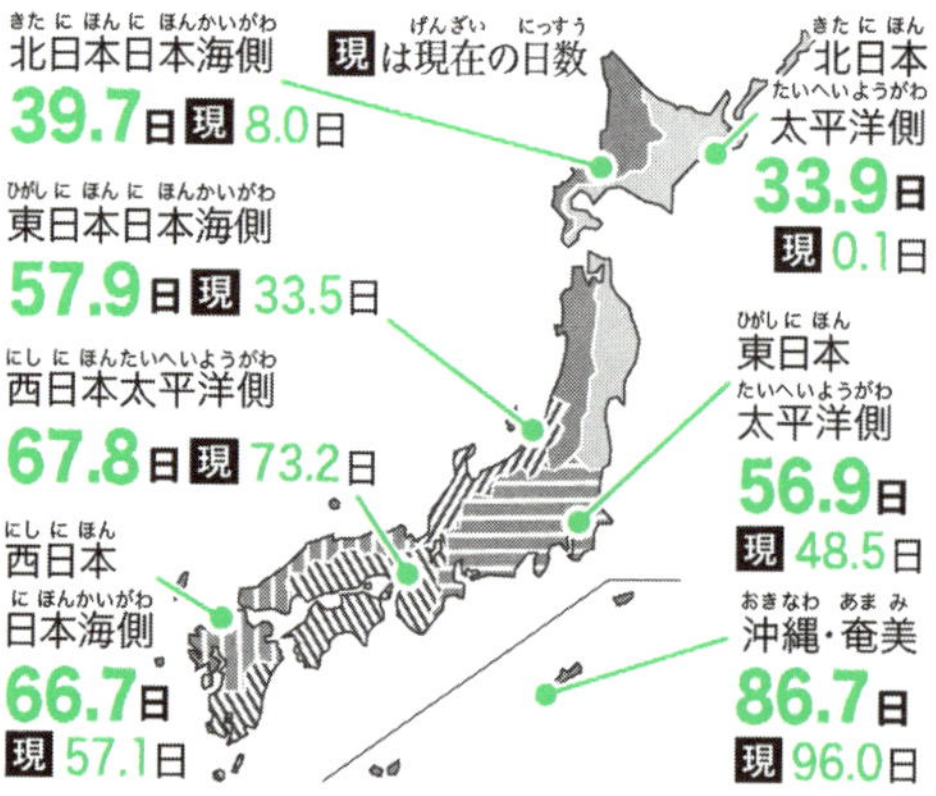

2100年末《ねんまつ》の真夏日《まなつび》（最高気温《さいこうきおん》30℃以上《いじょう》）の年間日数予測《ねんかんにっすうよそく》　参考《さんこう》／環境省《かんきょうしょう》・気象庁《きしょうちょう》

どがつくられ、各国《かっこく》でさまざまな取《と》り組《く》みが行《おこな》われています。日本《にっぽん》では、156ページで紹介《しょうかい》したように2035年《ねん》までに新車《しんしゃ》をすべて電動車《でんどうしゃ》にすることなどで、二酸化炭素《にさんかたんそ》の排出量《はいしゅつりょう》を削減《さくげん》しようとしています。

温暖化《おんだんか》による気温《きおん》の上昇《じょうしょう》は、ただ暑《あつ》くなるだけでなく、**台風《たいふう》や豪雨《ごうう》、洪水《こうずい》や高潮《たかしお》といった災害《さいがい》を引《ひ》き起《お》こします。**

そして、自然《しぜん》の生態系《せいたいけい》を変容《へんよう》させ、農作物《のうさくもつ》の生育《せいいく》にも影響《えいきょう》を及《およ》ぼすため、**私《わたし》たちの食料確保《しょくりょうかくほ》も難《むずか》しくなります。**また、熱帯《ねったい》にしか生息《せいそく》していなかった生《い》きものが移動《いどう》する可能性《かのうせい》もあり、**これまでなかったマラリアなどの感染症《かんせんしょう》の増加《ぞうか》も懸念《けねん》されます。**

温暖化《おんだんか》が、人類《じんるい》の危機《きき》になるとは昔《むかし》の人《ひと》は思《おも》ってもみなかったでしょうね。

おまけ 日本《にっぽん》の年平均気温《ねんへいきんきおん》は、100年《ねん》あたり1.1℃の割合《わりあい》で上昇《じょうしょう》しています。

常識《じょうしき》クイズ
93

温暖化《おんだんか》による海面上昇《かいめんじょうしょう》で沈《しず》んでしまう国《くに》がある。本当《ほんとう》？　うそ？

世界《せかい》には、現在《げんざい》も沈《しず》んでしまいそうな島《しま》が実《じつ》はいくつもあります。

ですので、**答《こた》えは「本当《ほんとう》」です。南太平洋《みなみたいへいよう》のソロモン諸島《しょとう》では、すでに5つの島《しま》が沈《しず》んでいます。**今《いま》もなお温暖化《おんだんか》による海面上昇《かいめんじょうしょう》で島《しま》の浸食《しんしょく》が進《すす》んでいて、移住《いじゅう》をせまられる島民《とうみん》もいます。

同《おな》じく南太平洋《みなみたいへいよう》に位置《いち》する**ツバルは、2050年《ねん》までに、首都《しゅと》フナフティの半分《はんぶん》の土地《とち》が浸水《しんすい》するという予想《よそう》があります。海抜《かいばつ》は高《たか》いところでも5mで、水没《すいぼつ》の危機《きき》にさらされています。**ツバルは、面積《めんせき》が約《やく》26㎢の島《しま》で東京《とうきょう》の品川区《しながわく》くらいの大《おお》きさ、人口《じんこう》は約《やく》1万人《まんにん》です。世界《せかい》でも4番目《ばんめ》に小《ちい》さく、3番目《ばんめ》に人口《じんこう》の少《すく》ない国《くに》です。以前《いぜん》はイギリスの植民地《しょくみんち》でしたが、1978年《ねん》に独立《どくりつ》しました。

平均海抜《へいきんかいばつ》3m以下《いか》のツバル

温暖化《おんだんか》による海面上昇《かいめんじょうしょう》の原因《げんいん》を二《ふた》つ挙《あ》げます。

一《ひと》つは、**南極《なんきょく》など陸地《りくち》の氷床《ひょうしょう》がとけ、海《うみ》に流《なが》れこむこと**です。なお、北極《ほっきょく》の場合《ばあい》、北極《ほっきょく》の氷《こおり》がとけたからといって海面《かいめん》が上昇《じょうしょう》するわけではありません。コップになみなみと氷水《こおりみず》を入《い》れたとき、氷《こおり》がとけても水《みず》はあふれませんよね？　それと同《おな》じで、**北極海《ほっきょくかい》に浮《う》かんでいる氷《こおり》がとけても、海水面《かいすいめん》の高《たか》さは変《か》わりません。**

もう一《ひと》つの原因《げんいん》は、**海水《かいすい》の温度《おんど》上昇《じょうしょう》により、海水《かいすい》の体積《たいせき》が膨張《ぼうちょう》すること**です。水《みず》は、熱《ねっ》せられるとふくらむのです。

気象庁《きしょうちょう》によると、1901～2018年《ねん》の間《あいだ》に世界《せかい》の平均海面水位《へいきんかいめんすいい》は0・2m上昇《じょうしょう》していて、これは今後《こんご》も続《つづ》くと予想《よそう》されています。島《しま》の水没《すいぼつ》は、現在進行形《げんざいしんこうけい》の話《はなし》なのです。

おまけ　島《しま》が沈《しず》むことによってその土地《とち》の人《ひと》たちは難民《なんみん》になってしまいます。地球温暖化《ちきゅうおんだんか》は難民問題《なんみんもんだい》にもなっていくのです。

常識《じょうしき》クイズ
94

中国《ちゅうごく》から飛《と》んでくる「黄砂《こうさ》」は森林破壊《しんりんはかい》が原因《げんいん》の一《ひと》つ。本当《ほんとう》？うそ？

春《はる》になると、花粉情報《かふんじょうほう》とともに「黄砂《こうさ》に注意《ちゅうい》」というニュースが流《なが》れることがあります。**黄砂《こうさ》は中国大陸《ちゅうごくたいりく》の砂漠《さばく》の砂《すな》で、スギの花粉《かふん》よりも小《ちい》さな微粒子《びりゅうし》です。原因《げんいん》の一《ひと》つに森林破壊《しんりんはかい》があるのは「本当《ほんとう》」です。**

黄砂《こうさ》は、中国《ちゅうごく》の北部《ほくぶ》に位置《いち》する**タクラマカン砂漠《さばく》やゴビ砂漠《さばく》、黄土高原《こうどこうげん》などの砂《すな》が強《つよ》い風《かぜ》によって空高《そらたか》く舞《ま》い上《あ》がり、42ページで説明《せつめい》した偏西風《へんせいふう》に乗《の》って日本《にっぽん》にやってきます。**主《おも》に2～4月《がつ》の春《はる》に起《お》こる現象《げんしょう》ですが、まれに夏《なつ》まで続《つづ》くこともあります。なぜ春《はる》に多《おお》いかは、植物《しょくぶつ》の生育《せいいく》と関係《かんけい》があります。夏《なつ》から秋《あき》は植物《しょくぶつ》が地面《じめん》をおおうので、砂《すな》の舞《ま》い上《あ》がりが抑《おさ》えられます。冬《ふゆ》は地面《じめん》が凍結《とうけつ》するため、黄砂《こうさ》は発生《はっせい》しにくくなります。**春《はる》は凍結《とうけつ》がなく、かつ植物《しょくぶつ》もまだ十分《じゅうぶん》に育《そだ》っていないため、黄砂《こうさ》が多《おお》くなる**のです。

海《うみ》をこえてやってくる黄砂《こうさ》

黄砂《こうさ》の原因《げんいん》は、中国《ちゅうごく》で砂漠化《さばくか》が進《すす》んだことです。工《こう》業化《ぎょうか》が進《すす》み、土地《とち》の開発《かいはつ》や木材《もくざい》の調達《ちょうたつ》の目的《もくてき》で森林《しんりん》を切《き》り開《ひら》いたことで、土地《とち》が乾燥《かんそう》し砂漠化《さばくか》が進《すす》んでしまったのです。

これまで黄砂《こうさ》は日本《にっぽん》をふくむ東《ひがし》アジア特有《とくゆう》の環境問《かんきょうもん》題《だい》として取《と》り上《あ》げられてきましたが、北太平洋《きたたいへいよう》を渡《わた》って、北《きた》アメリカ大陸《たいりく》やグリーンランドにまで飛《と》んでいることがわかってきました。今後《こんご》は広範囲《こうはんい》の環境問題《かんきょうもんだい》として対策《たいさく》が必要《ひつよう》になります。黄砂《こうさ》が飛《と》んでくると、外《そと》に干《ほ》した洗濯物《せんたくもの》が黄色《きいろ》くなったり、車《くるま》が黄砂《こうさ》まみれになったりしますし、見通《みとお》しが悪《わる》くなって交通機関《こうつうきかん》に影響《えいきょう》が出《で》ることもあります。また、**砂漠《さばく》で舞《ま》い上《あ》がった黄砂《こうさ》が大気汚染物質《たいきおせんぶっしつ》と結《むす》びついて飛《と》んでくると、健康被害《けんこうひがい》が起《お》こることもある**ので、要注意《ようちゅうい》です。

おまけ　海《うみ》や川《かわ》などに黄砂《こうさ》が降《ふ》るとプランクトンが異常発生《いじょうはっせい》することがあり、水系《すいけい》への影響《えいきょう》も大《おお》きいのです。

常識《じょうしき》クイズ
95

日本《にっぽん》で花粉症《かふんしょう》が増《ふ》えたのは、私《わたし》たち人間《にんげん》のせい。本当《ほんとう》？ うそ？

花粉症《かふんしょう》に悩《なや》まされる人《ひと》はたくさんいますよね。目《め》をこすったりはなをかんだり、集中力《しゅうちゅうりょく》がなくなったりするのもつらそうです。そんな人《ひと》には驚《おどろ》くお知《し》らせですが……**答《こた》えは「本《ほん》当《とう》」で、私《わたし》たち人間《にんげん》のせいです。花粉症《かふんしょう》とは、花粉《かふん》に対《たい》して私《わたし》たちの体《からだ》がアレルギー反応《はんのう》を起《お》こすもの**です。花粉症《かふんしょう》は最近《さいきん》の病気《びょうき》だと思《おも》われがちですが、歴史《れきし》を見《み》ると紀元前《きげんぜん》１８００年代《ねんだい》のバビロニア（今《いま》のイラク）で花粉症《かふんしょう》のようなことが書《か》き残《のこ》されています。また紀元前《きげんぜん》４６０年《ねん》ごろには、古代《こだい》ギリシャの医師《いし》ヒポクラテスが花粉症《かふんしょう》らしき病気《びょうき》についての記録《きろく》を残《のこ》しています。

昔《むかし》とちがって、現代《げんだい》の花粉症《かふんしょう》の原因《げんいん》として挙《あ》げられるものは、すべて人間《にんげん》が関《かか》わっているといっても過言《かごん》ではありません。日本《にっぽん》で多《おお》くのスギやヒノキが植《う》えられたのは、１９４

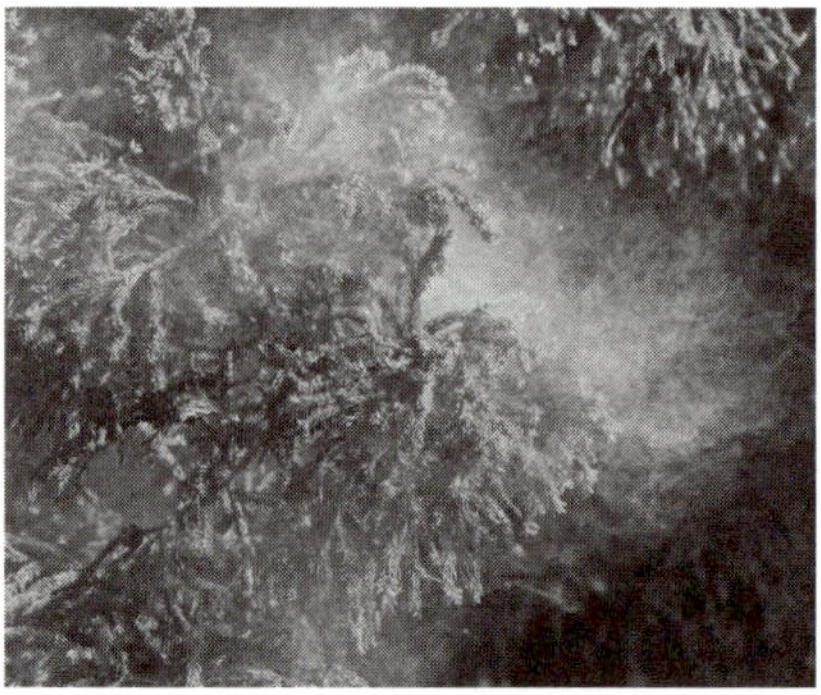

スギの花粉《かふん》は直径《ちょっけい》が0.03㎜ほど

5年《ねん》の終戦後《しゅうせんご》。**復興《ふっこう》のために木材《もくざい》が必要《ひつよう》で、成《せい》長《ちょう》の早《はや》いスギやヒノキが選《えら》ばれた**のです。**スギが花粉《かふん》を飛《と》ばしはじめるのは植《う》えてから約《やく》30年後《ねんご》なので、1970年代《ねんだい》から花粉症《かふんしょう》が増《ふ》えてきました。**花粉《かふん》が飛《と》んでも地面《じめん》が土《つち》なら吸収《きゅうしゅう》されますが、都会《とかい》はコンクリートやアスファルトが多《おお》く、花粉《かふん》がたまります。都会《とかい》で花粉症《かふんしょう》が多《おお》いのはそのためです。また、花粉《かふん》は大気汚染物質《たいきおせんぶっしつ》と接触《せっしょく》すると破《は》裂《れっ》し、アレルゲン物質《ぶっしつ》をまき散《ち》らします。大気汚染《たいきおせん》も元《もと》はといえば私《わたし》たち人間《にんげん》の活動《かつどう》のせい。**花粉症《かふんしょう》は人《にん》間自《げんみずか》らが引《ひ》き起《お》こした**ともいえるのです。とはいえ、スギやヒノキを伐採《ばっさい》すればいいわけではありません。スギは二酸化炭素《にさんかたんそ》の吸収率《きゅうしゅうりつ》が高《たか》いので、温暖化対《おんだんかたい》策《さく》に効果的《こうかてき》です。花粉症対策《かふんしょうたいさく》としては、無花粉《むかふん》や少花《しょうか》粉《ふん》のスギを増《ふ》やす取《と》り組《く》みが行《おこな》われています。

おまけ
日本《にっぽん》には花粉症《かふんしょう》のアレルゲン（アレルギーの元《もと》になるもの）は約《やく》60種《しゅ》あるといわれています。

常識《じょうしき》クイズ
96

危険《きけん》な生《い》きもの「ヒアリ」は、もともと日本《にっぽん》にいた？ いない？

ヒアリやセアカゴケグモなどの危険生物《きけんせいぶつ》は、ニュースなどで注意喚《ちゅういかん》起《き》がされていますね。これらは**外来生物《がいらいせいぶつ》なので、答《こた》えは「（もともと日本《にっぽん》に）いない」です。**

外来生物《がいらいせいぶつ》（外来種《がいらいしゅ》）は、自然《しぜん》に他《ほか》の国《くに》から日本《にっぽん》にやってきたわけではなく、人間《にんげん》によって運《はこ》びこまれたものです。ペットとして飼《か》われているものもいれば、輸入《ゆにゅう》のコンテナにくっついて入《はい》りこんだものもいます。

また、農業《のうぎょう》や漁業《ぎょぎょう》のためにもちこまれたものもいます。それらが住《す》み着《つ》いて、在来生物《ざいらいせいぶつ》を食《た》べてしまったり、生態系《せいたいけい》のバランスをくずしてしまったりすることで、危険視《きけんし》されるようになったのです。生《い》きものには罪《つみ》がないので、不運《ふうん》としかいいようがありませんね。

外来生物《がいらいせいぶつ》の中《なか》でも、**人間《にんげん》の命《いのち》や生態系《せいたいけい》に被害《ひがい》を及《およ》ぼすとさ**

セアカゴケグモ

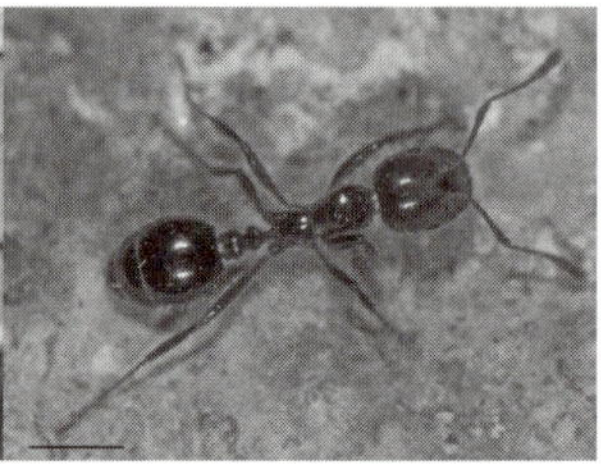

ヒアリ

れる動物《どうぶつ》143種類《しゅるい》と植物《しょくぶつ》19種類《しゅるい》が、法律《ほうりつ》によって特定外来生物《とくていがいらいせいぶつ》に指定《してい》されており、ヒアリやセアカゴケグモもふくまれます。ヒアリは南《みなみ》アメリカが原産《げんさん》で、働《はたら》きアリの体長《たいちょう》は2・5〜6㎜、**人間《にんげん》がヒアリの毒針《どくばり》にさされると強《つよ》い痛《いた》みを感《かん》じ、アレルギー反応《はんのう》を起《お》こすことがあります。**2017年《ねん》に兵庫県《ひょうごけん》で貨物船《かもつせん》のコンテナから発見《はっけん》されて以来《いらい》、各地《かくち》で見《み》つかっています。

オーストラリア原産《げんさん》のセアカゴケグモは背中《せなか》に赤《あか》い模様《もよう》があり、オスは体長約《たいちょうやく》3㎜、メスは約《やく》10㎜。**メスが強《つよ》い毒《どく》をもっています。**1995年《ねん》に大阪《おおさか》で発見《はっけん》されて以来《いらい》、各地《かくち》で見《み》られるようになりました。セアカゴケグモのメスは、オスを食《た》べて「後家《ごけ》（夫《おっと》を失《うしな》った妻《つま》）」になることから、この名前《なまえ》がついたといわれています。

おまけ

マングースはハブを退治《たいじ》するために連《つ》れて来《こ》られたのに、今《いま》では特定外来生物《とくていがいらいせいぶつ》になってしまいました。ちょっとかわいそうですね。

常識《じょうしき》クイズ
97

私《わたし》たちは、実《じつ》はプラスチックごみを口《くち》にしている。本当《ほんとう》？　うそ？

プラスチックごみを口《くち》にしているなんて考《かんが》えたら恐《おそ》ろしいことですが、**答《こた》えは「本当《ほんとう》」です。**ＷＷＦ《ダブリューダブリューエフ》（世界自然《せかいしぜん》保護基金《ほごききん》）によると、私《わたし》たちは1週間《しゅうかん》に約《やく》5ｇものプラスチックを食《た》べているという研究結果《けんきゅうけっか》もあります。人体《じんたい》への影響《えいきょう》についてはまだわかっていません。

自然由来《しぜんゆらい》の紙《かみ》や生《なま》ごみなどは、微生物《びせいぶつ》によって分解《ぶんかい》されて土《つち》に還《かえ》りますが、プラスチックは化学製品《かがくせいひん》なのでどれだけ細《こま》かく分解《ぶんかい》されても残《のこ》り続《つづ》けます。道端《みちばた》に投《な》げ捨《す》てられたプラスチックごみは、紫外線《しがいせん》にさらされて分解《ぶんかい》されるなどして細《こま》かくなり、**5㎜以下《いか》になったものを「マイクロプラスチック」といいます。**それが風《かぜ》や雨《あめ》に流《なが》されて川《かわ》から海《うみ》へと流《なが》れつくと、**「海洋《かいよう》プラスチックごみ」**になります。

中《なか》には、生分解性《せいぶんかいせい》プラスチックといって微生物《びせいぶつ》によって分解《ぶんかい》されるプラスチックもあり

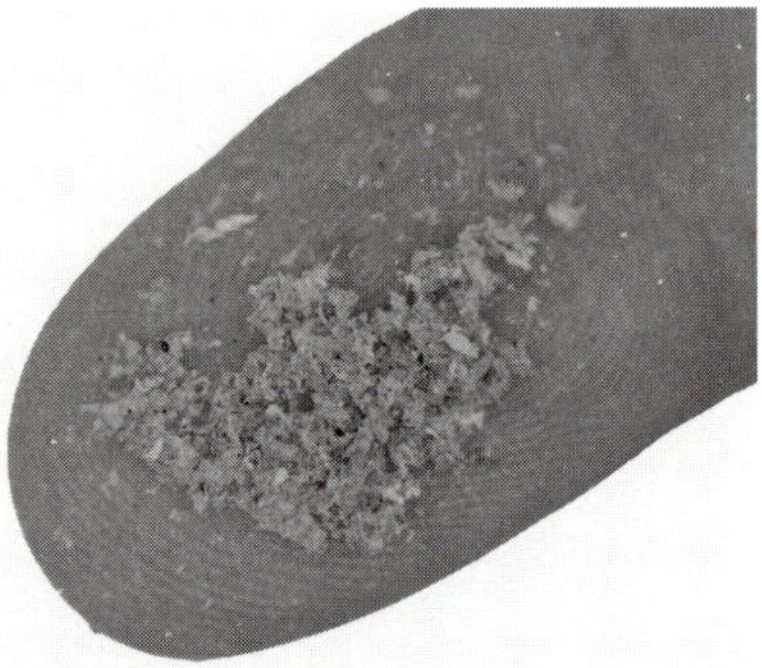

マイクロプラスチックごみ

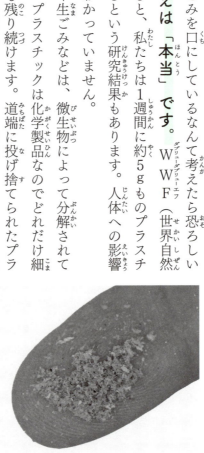

ますが、一般的《いっぱんてき》なプラスチックは海《うみ》の中《なか》に積《つ》もり、それを**海《うみ》の生《い》きものが食《た》べ、さらにそれを食《た》べる私《わたし》たち人間《にんげん》の体《からだ》の中《なか》に入《はい》ります。**食物連鎖《しょくもつれんさ》の上位《じょうい》になればなるほど、摂取《せっしゅ》する物質《ぶっしつ》が濃縮《のうしゅく》されていくのです。

プラスチックという素材《そざい》は、一定《いってい》の強度《きょうど》がありつつも軽《かる》くて加工《かこう》しやすく、安価《あんか》だったことから、戦後《せんご》、さかんに製品化《せいひんか》されてきました。しかし、世界《せかい》の諸問題《しょもんだい》について話《はな》し合《あ》う国際機関《こくさいきかん》・世界経済《せかいけいざい》フォーラムが、**2050年《ねん》までに海洋《かいよう》プラスチックが地球上《ちきゅうじょう》の海《うみ》にいる魚《さかな》の量《りょう》を上回《うわまわ》ると試算《しさん》**してから、各国《かっこく》で海洋《かいよう》プラスチックごみ削減《さくげん》に本格的《ほんかくてき》に取《と》り組《く》むようになりました。

プラスチック生産量《せいさんりょう》が世界第《せかいだい》3位《い》の日本《にっぽん》も、リサイクルなどに力《ちから》を入《い》れています。

おまけ ▸ 2020年《ねん》7月《がつ》1日《ついたち》からスタートしたレジ袋《ぶくろ》の有料化《ゆうりょうか》も、プラスチックごみ削減《さくげん》の取《と》り組《く》みです。

常識《じょうしき》クイズ
98

石油《せきゆ》がなくなることはない。本当《ほんとう》？ うそ？

石油《せきゆ》は、**動植物《どうしょくぶつ》の死《し》がいが地中《ちちゅう》で微生物《びせいぶつ》によって分解《ぶんかい》され、長《なが》い時間《じかん》をかけてできた化石燃料《かせきねんりょう》**の一《ひと》つです。ときを経《へ》て新《あら》たに見《み》つかる化石燃料《かせきねんりょう》もありますが、無《む》限《げん》にあるわけではありません。**答《こた》えは「うそ」です。**

今《いま》ある資源《しげん》をこのままのペースで使《つか》い続《つづ》け、すべてを使《つか》いきってしまう年数《ねんすう》のことを「可採年数《かさいねんすう》」といい、**天然《てんねん》ガスや石油《せきゆ》は約《やく》50年《ねん》、石炭《せきたん》やウランは約《やく》１３０年《ねん》**とされています。ただ、新《あたら》しい資源《しげん》を掘《ほ》り当《あ》てる技術《ぎじゅつ》やエネルギーの使《つか》い方《かた》によって、可採年数《かさいねんすう》は若干《じゃっかん》変《か》わってきます。

私《わたし》が小学生《しょうがくせい》くらいのときにも石油《せきゆ》の可採年数《かさいねんすう》は50年《ねん》といわれていたのですが、当時《とうじ》はあくまで地上《ちじょう》の油田《ゆでん》の可採年数《かさいねんすう》だったんですね。今《いま》は海底油田《かいていゆでん》が見《み》つかっているので、可採《かさい》年数《ねんすう》がのびたのでしょう。メキシコのあたりでは海底《かいてい》２０００ｍを超《こ》える海底油田《かいていゆでん》が見《み》つ

海底油田《かいていゆでん》を掘削《くっさく》する様子《ようす》

かっていますし、油田《ゆでん》を発見《はっけん》する技術《ぎじゅつ》や掘削《くっさく》する技術《ぎじゅつ》も向上《こうじょう》しています。また、シェールオイルやシェールガス、メタンハイドレート（96ページ）などの新《あたら》しい資源《しげん》も見《み》つかっているので、少《すく》なくとも21世紀中《せいきちゅう》は大丈夫《だいじょうぶ》でしょう。

今《いま》は世界的《せかいてき》に二酸化炭素《にさんかたんそ》を排出《はいしゅつ》しない脱炭素社会《だつたんそしゃかい》に向《む》けて進《すす》んでいて、脱石油《だつせきゆ》・脱化石燃料《だつかせきねんりょう》を目指《めざ》しています。**産油国《さんゆこく》は、以前《いぜん》は石油《せきゆ》が枯渇《こかつ》することを恐《おそ》れていたのですが、今《いま》は石油《せきゆ》が売《う》れなくなることを心配《しんぱい》しています。**そこで、「ポスト・オイル」ともいわれる、石油《せきゆ》に代《か》わる新《あたら》しいエネルギー産業《さんぎょう》を模索《もさく》しはじめているのです。ポスト・オイルの代表的《だいひょうてき》なエネルギーが水素《すいそ》。日本《にっぽん》でも水素自動車《すいそじどうしゃ》の開発《かいはつ》が進《すす》められていますが、水素《すいそ》を補給《ほきゅう》する水素《すいそ》ステーションの数《かず》が少《すく》ないなど課題《かだい》は山積《やまづ》みです。

おまけ　シェールオイルといえばアメリカが有名《ゆうめい》なのですが、中国《ちゅうごく》から中央《ちゅうおう》アジアにかけての地中《ちちゅう》にも埋《う》まっていることがわかりました。

常識《じょうしき》クイズ 99

森林伐採《しんりんばっさい》、実《じつ》はいいこともある。本当《ほんとう》？ うそ？

森林伐採《しんりんばっさい》は、環境保護《かんきょうほご》の立場《たちば》からすると否定的《ひていてき》に見《み》られますが、伐採《ばっさい》のメリットもあります。ですので、**答《こた》えは「本当《ほんとう》」です。**

木々《きぎ》が成長《せいちょう》すると、森《もり》の中《なか》はぎゅうぎゅう詰《づ》めになります。さしずめ満員電車《まんいんでんしゃ》みたいなものでしょう。おたがいの葉《は》や枝《えだ》が重《かさ》なり合《あ》うために、太陽《たいよう》の光《ひかり》が十分《じゅうぶん》に届《とど》かなくなり、木《き》の成長《せいちょう》をさまたげてしまうのです。そこで、**バランスを見《み》ながらところどころ木《き》を間《ま》引《び》くことで、残《のこ》った木《き》の成長《せいちょう》を促《うなが》します。これを「間伐《かんばつ》」といいます。**

森林伐採《しんりんばっさい》というと、広範囲《こうはんい》にわたって木《き》を切《き》り倒《たお》し、更地《さらち》にしてしまう様子《ようす》をイメージするかもしれませんが、間伐《かんばつ》はあくまで木《き》の成長《せいちょう》のためにすること。**間伐《かんばつ》によって光《ひかり》が差《さ》しこむと、根《ね》や幹《みき》、枝《えだ》が太《ふと》くなり、また地面近《じめんちか》くの植物《しょくぶつ》も成長《せいちょう》し、土壌《どじょう》**

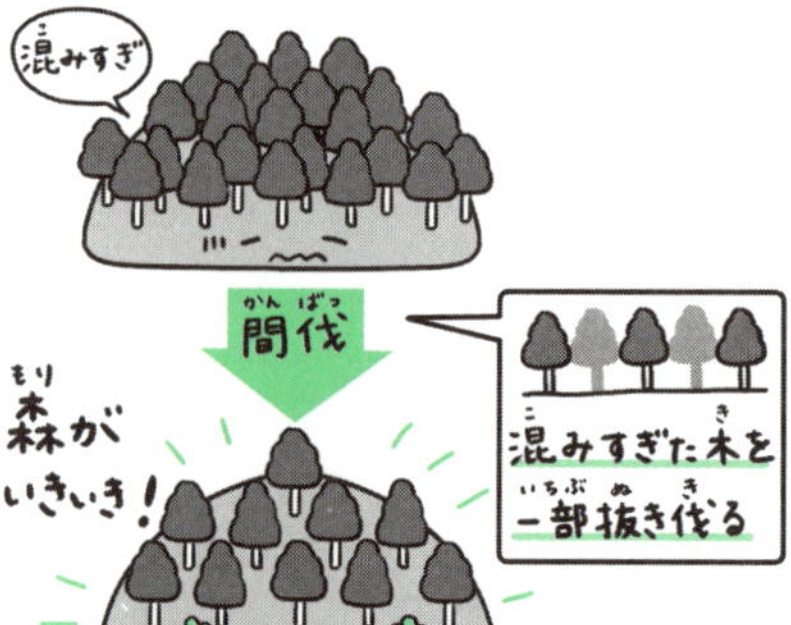

間伐《かんばつ》のおかげで、森林《しんりん》はイキイキ！

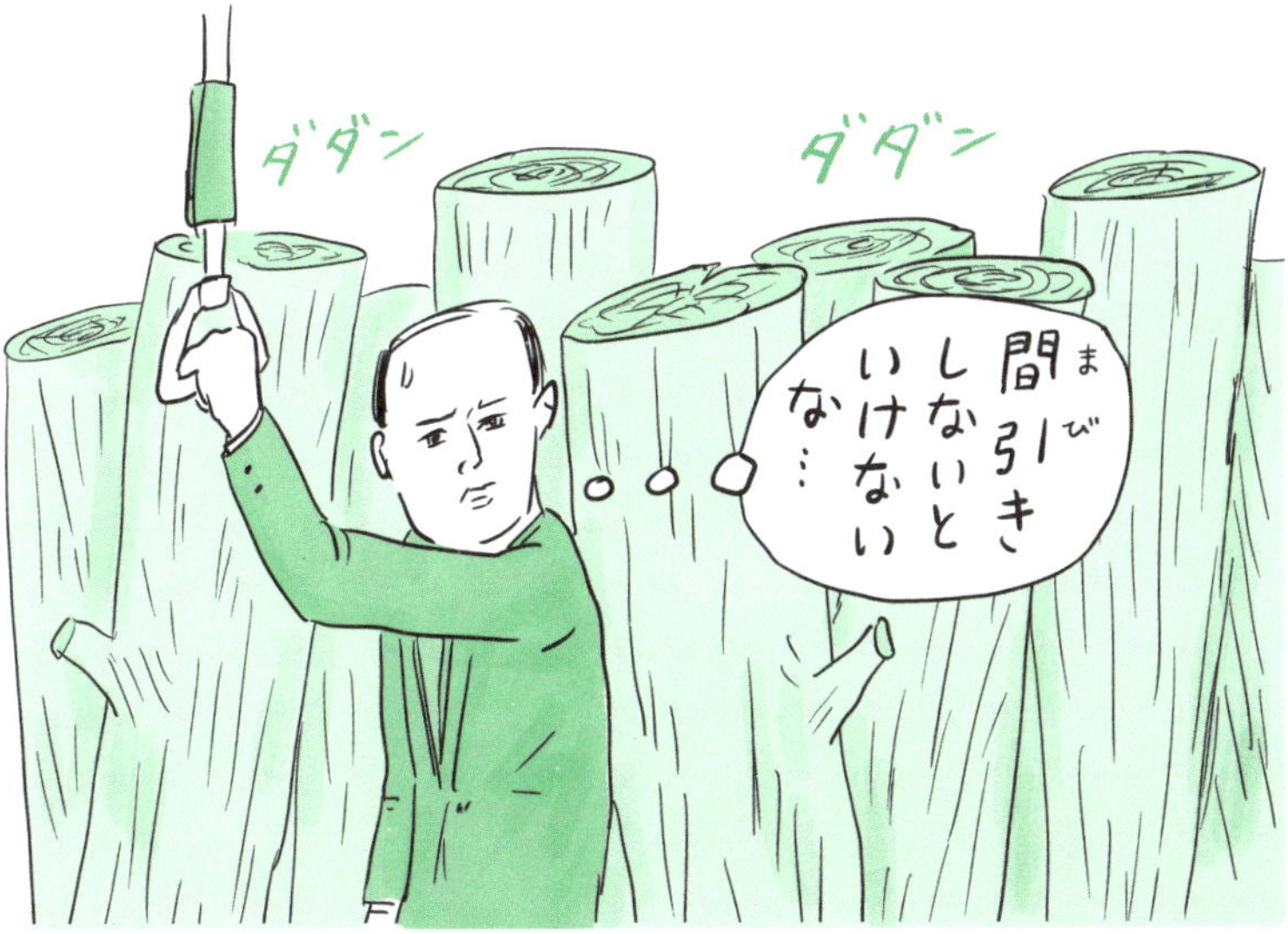

が豊《ゆた》かになります。そしてしっかりと根《ね》を張《は》ることで、風害《ふうがい》や土砂《どしゃ》くずれなどの災害《さいがい》にも強《つよ》くなるという利点《りてん》があるのです。

間伐《かんばつ》によって切《き》り倒《たお》した木材《もくざい》は「間伐材《かんばつざい》」といいます。間伐材《かんばつざい》は、建築材《けんちくざい》や集成材《しゅうせいざい》（小《ちい》さい木材《もくざい》をはりあわせて板《いた》にしたもの）、割《わ》りばしや紙《かみ》、バイオマス燃料《ねんりょう》などに有効活用《ゆうこうかつよう》されています。**バイオマス燃《ねん》料《りょう》とは、木材《もくざい》などの生物資源《せいぶつしげん》からつくられる再生可能《さいせいかのう》なエネルギーのこと。**木材《もくざい》を加工《かこう》したり、発酵《はっこう》させたりして、燃料《ねんりょう》にするのです。バイオマス燃料《ねんりょう》を燃《も》やしたときにも二酸化炭素《にさんかたんそ》は発生《はっせい》しますが、木《き》などは成長《せいちょう》する上《うえ》で光合成《こうごうせい》をして二酸化炭素《にさんかたんそ》を吸収《きゅうしゅう》しています。「吸収《きゅうしゅう》⇔発生《はっせい》」で、プラスマイナスほぼゼロになるため、温室効果《おんしつこうか》ガスがゼロの「**カーボンニュートラル**」な燃料《ねんりょう》ともいえるのです。

おまけ ▸ 世界《せかい》の森林《しんりん》は、2010～2015年《ねん》の平均《へいきん》で見《み》ると、毎年《まいとし》330万《まん》ha減《げん》少《しょう》しています。生態系《せいたいけい》の維持《いじ》や災害《さいがい》の備《そな》えにも森林《しんりん》は重要《じゅうよう》です。

常識《じょうしき》クイズ
100

温暖化《おんだんか》が進《すす》むと、食《た》べられなくなる寿司《すし》ネタがある。本当《ほんとう》？　うそ？

温暖化《おんだんか》が、地球上《ちきゅうじょう》のあらゆるものごとに影響《えいきょう》を与《あた》えていることは、ここまで読《よ》んできたあなたならおわかりだと思《おも》います。でも、まさかお寿司《すし》にまで……!?　と思《おも》うでしょう。クイズについては、**「食《た》べられなくなる寿司《すし》ネタがある」は「本当《ほんとう》」です。**

大《おお》きな原因《げんいん》は、温暖化《おんだんか》による海水温《かいすいおん》の上昇《じょうしょう》です。海水温《かいすいおん》が上《あ》がると、魚《さかな》はその海《うみ》で生活《せいかつ》できなくなるので、自分《じぶん》に適《てき》した温度《おんど》の海《うみ》に泳《およ》いで移《うつ》ります。日本列島周辺《にっぽんれっとうしゅうへん》の海《うみ》の温度《おんど》が上《あ》がると魚《さかな》たちは北《きた》へと向《む》かい、日本《にっぽん》の漁業域《ぎょぎょういき》から外《そと》に出《で》てしまうものもいます。そうするとこれまで日本《にっぽん》で獲《と》れていた魚《さかな》を獲《と》ることがむずかしくなり、国産《こくさん》の魚《さかな》が食《た》べられなくなってしまう可能性《かのうせい》があります。

海水温《かいすいおん》の上昇《じょうしょう》の影響《えいきょう》は、すでに出《で》はじめています。たとえば伊勢海老《いせえび》は、名前《なまえ》の通《とお》り三《み》

寿司《すし》ネタが、すべて外国産《がいこくさん》になる日《ひ》が来《く》るかも……？

重《え》県《けん》の伊勢志摩《いせしま》や、千葉県《ちばけん》で獲《と》れるのですが、近年《きんねん》では関東《かんとう》より北《きた》の地域《ちいき》の水揚《みずあ》げ量《りょう》が増加《ぞうか》しています。また、**サンマの漁獲量《ぎょかくりょう》もへってしまったため、日本《にっぽん》でなかなか食《た》べられなくなっています。**食《た》べられたとしても以前《いぜん》より高価《こうか》です。

サケも、海水温《かいすいおん》の上昇《じょうしょう》により北上傾向《ほくじょうけいこう》にあります。ちなみにサーモンは養殖《ようしょく》や輸入《ゆにゅう》のものが多《おお》いのです。

温暖化《おんだんか》とは別《べつ》の環境問題《かんきょうもんだい》として、**海洋酸性化《かいようさんせいか》**があります。これは、二酸化炭素《にさんかたんそ》が増《ふ》えた影響《えいきょう》で海《うみ》が酸性《さんせい》になってしまうこと。そのせいでプランクトンや甲殻類《こうかくるい》の育《そだ》ちが悪《わる》くなり、これらを主食《しゅしょく》とする魚《さかな》が育《そだ》たなくなってしまうのです。

お寿司《すし》は和食《わしょく》の代表格《だいひょうかく》で、海外《かいがい》でも人気《にんき》です。おいしく食《た》べ続《つづ》けるためにも、温暖化対策《おんだんかたいさく》は欠《か》かせません。

おまけ
海流《かいりゅう》には「暖流《だんりゅう》」と「寒流《かんりゅう》」があり、寒流《かんりゅう》の方《ほう》が魚《さかな》のエサであるプランクトンが豊富《ほうふ》です。

環境《かんきょう》問題《もんだい》のこぼれ話《ばなし》

よく聞《き》く気候変動《きこうへんどう》って何《なに》？

「気候《きこう》」が「変動《へんどう》」するとは、どういうことでしょう？「気候変動《きこうへんどう》」には、自然《しぜん》の力《ちから》によるものと、人間《にんげん》の活動《かつどう》によるものとがあります。

自然《しぜん》のものは、貿易風《ぼうえきふう》が弱《よわ》まることで太平洋赤道域東部《たいへいようせきどういきとうぶ》の海水温《かいすいおん》が上《じょう》昇《しょう》する「エルニーニョ現象《げんしょう》」、逆《ぎゃく》に貿易風《ぼうえきふう》が強《つよ》まることで海水温《かいすいおん》が低《ひく》くなる「ラニーニャ現象《げんしょう》」などがあります。なお、エルニーニョ現象《げんしょう》が起《お》こると日本《にっぽん》は冷夏《れいか》になり、ラニーニャ現象《げんしょう》が起《お》こると、日本《にっぽん》の夏《なつ》は酷暑《こくしょ》になる傾向《けいこう》にあります。

一方《いっぽう》、人間《にんげん》の活動《かつどう》によるものに「温室効果《おんしつこうか》ガス」があります。化石燃《かせきねん》料《りょう》を燃《も》やして出《で》る二酸化炭素《にさんかたんそ》やスプレーなどにふくまれるフロンガスが温室効果《おんしつこうか》ガスとなり、気温《きおん》を上昇《じょうしょう》させます。また、二酸化炭素《にさんかたんそ》を吸収《きゅうしゅう》してくれる森林《しんりん》を過剰《かじょう》に伐採《ばっさい》することは、間接的《かんせつてき》に大気中《たいきちゅう》の二酸化炭素量《にさんかたんそりょう》を増《ふ》やすことになり、人為的《じんいてき》な「気候変動《きこうへんどう》」へとつながるのです。

【参考資料】

ジャパンナレッジ

官公庁ホームページ

世界気象機関

『はじめてのサイエンス』池上彰（NHK出版新書）

『おとなの教養3　私たちは、どんな未来を生きるのか？』池上彰（NHK出版新書）

『池上彰の講義の時間　高校生からわかる原子力』池上彰（集英社文庫）

『池上彰が聞いてわかった生命のしくみ　東工大で生命科学を学ぶ』池上彰、岩崎博史、田口英樹（朝日文庫）

『空のふしぎがすべてわかる！　すごすぎる天気の図鑑』荒木健太郎（KADOKAWA）

『東大宇宙博士が教える　やわらか宇宙講座』井筒智彦（東洋経済新報社）

『ドラえもん科学ワールド　天気と気象の不思議』藤子・F・不二雄　大西将徳 監修（小学館）

『ドラえもん科学ワールド　生物の源・海の不思議』藤子・F・不二雄　日本科学未来館 監修（小学館）

『ドラえもん科学ワールド　電気の不思議』藤子・F・不二雄　近藤圭一郎 監修（小学館）

『ドラえもん探究ワールド　身近にいっぱい！おどろきの化学』藤子・F・不二雄　中寛史 監修（小学館）

『ドラえもん科学ワールド　エネルギーの不思議』藤子・F・不二雄　日本科学未来館 監修（小学館）

『ドラえもん科学ワールド　からだと生命の不思議』藤子・F・不二雄　森千里 監修（小学館）

『SUPER 理科事典［五訂版］』川村康文 監修（受験研究社）

『Newton 別冊　学びなおし 中学・高校の地学 中学から高校までの地学が, 楽しみながらよくわかる』（ニュートンプレス）

【写真協力】

PIXTA

p20, 212　朝日新聞社／サイネットフォト

p36　Getty Images

p36　Getty Images

p82　Universal Images Group ／サイネットフォト

p112　メトロポリタン美術館

p116　毎日新聞社／サイネットフォト

p96, p196, p220, p226（ヒアリ）　Alamy ／サイネットフォト

本書のテキストデータを提供いたします

視覚障害・肢体不自由などの理由で必要とされる方に、
本書のテキストデータを提供いたします。
こちらの二次元コードよりお申し込みのうえ、
テキストをダウンロードしてください。

おわりに

読《よ》んでみて、いかがでしたか？　「このくらい知《し》ってるよ」というものもあったでしょうが、その一方《いっぽう》で「知《し》らなかった。本当《ほんとう》はそうだったのか」というものもあったのではないでしょうか。

実《じつ》は私《わたし》は小学生《しょうがくせい》のときに「なぜだろう」という子《こ》どもの素朴《そぼく》な疑問《ぎもん》に答《こた》える本《ほん》を読《よ》んで、科学《かがく》が好《す》きになったのです。私《わたし》たちが日《ひ》ごろ生活《せいかつ》していて疑問《ぎもん》に思《おも》わないことでも、「なぜだろう」と疑問《ぎもん》をもつと、とたんにわからなくなってしまうことが、たくさんありますよね。

大人《おとな》になるというのは、いいこともありますが、逆《ぎゃく》に子《こ》どものころの素朴《そぼく》な疑問《ぎもん》を忘《わす》れてしまうこともあります。

私《わたし》は幸《さいわ》いなことに、ＮＨＫの「週刊《しゅうかん》こどもニュース」を11年間担当《ねんかんたんとう》しました。この番組《ばんぐみ》では、小学生《しょうがくせい》や中学生《ちゅうがくせい》の質問《しつもん》に、ていねいに答《こた》えることに力《ちから》を入《い》れました。子《こ》どもたちの質問《しつもん》は手《て》ごわいのです。いわゆる「子《こ》どもだまし」の答《こた》えでは納得《なっとく》しません。基礎《きそ》の基礎《きそ》から順《じゅん》を追《お》って説明《せつめい》していかないと、理解《りかい》してもらえないことがたくさんあるのです。その結果《けっか》、私自身《わたしじしん》が、子《こ》どもたちのように素朴《そぼく》な疑問《ぎもん》を発《はっ》する力《ちから》を身《み》につけることができたと思《おも》います。だったら、その「こども力《りょく》」を発揮《はっき》して、科学《かがく》に関《かん》する疑問《ぎもん》を解決《かいけつ》してみようと、この本《ほん》が誕生《たんじょう》しました。

でも、私《わたし》はもともと文系人間《ぶんけいにんげん》です。ある程度《ていど》は科学《かがく》についての疑問《ぎもん》に答《こた》えられますが、その答《こた》えが本当《ほんとう》に正《ただ》しいか、時々不安《ときどきふあん》になります。そこで、私《わたし》が東京科学大学《とうきょうかがくだいがく》（旧《きゅう》・東京工業大学《とうきょうこうぎょうだいがく》）で教《おし》えているという利点《りてん》を活《い》かし、東京科学大学《とうきょうかがくだいがく》の同僚《どうりょう》の大勢《おおぜい》の専門《せんもん》の先生《せんせい》たちに相談《そうだん》。それぞれの項目《こうもく》について、こういう答《こた》え方《かた》でいいか確認《かくにん》してもらうことができました。協力《きょうりょく》してくださった先生《せんせい》たちの名前《なまえ》を巻末《かんまつ》に記《しる》しました。

これからの世界《せかい》は、「文系《ぶんけい》だ」「理系《りけい》だ」などといっていられない時代《じだい》になります。この本《ほん》からはじめて科学《かがく》に強《つよ》い大人《おとな》になってくださいね。

2025年《ねん》1月《がつ》

ジャーナリスト・東京科学大学特命教授《とうきょうかがくだいがくとくめいきょうじゅ》　池上《いけがみ》 彰《あきら》

池上 彰　いけがみ・あきら

1950年、長野県生まれ。ジャーナリスト。東京科学大学（旧東京工業大学）特命教授。慶應義塾大学経済学部卒業後、NHKに入局。報道記者として経験を重ね、報道局記者主幹となる。また、1994年より11年間、テレビ番組『週刊こどもニュース』（NHK）のお父さん役として、ニュースを解説して人気を博す。その後独立。著書に「池上彰の世界の見方」シリーズ（小学館）、『おとなの教養』（NHK出版新書）など。

監修協力
科学的考え方・生物　岩崎博史、田口英樹
ともに東京科学大学 総合研究院 細胞制御工学研究センター 教授
気象　神田学
東京科学大学 環境・社会理工学院 融合理工学系 教授
地学　中島淳一
東京科学大学 理学院 地球惑星科学系 教授
物理　陣内修
東京科学大学 理学院 物理学系 教授
化学　扇澤敏明
東京科学大学 物質理工学院 材料系 教授
環境問題　内海信幸
東京科学大学 環境・社会理工学院 土木・環境工学系 准教授

イラスト　和田ラヂヲ
構成　佐藤恵
説明イラスト　しゅんぶん
図版　蓬生雄司
ブックデザイン　大場君人
ＤＴＰ　昭和ブライト
校閲　小学館出版クオリティーセンター、小学館クリエイティブ、玄冬書林
企画協力　岡本八重子
編集　酒井綾子

文系の池上彰が教える
10歳からの科学の常識100

2025年3月2日　初版第1刷発行

監修　池上彰
発行人　北川吉隆
発行所　株式会社小学館
〒101－8001
東京都千代田区一ツ橋2－3－1
編集　03－3230－5623
販売　03－5281－3555
印刷所　TOPPAN株式会社
製本所　牧製本印刷株式会社

ISBN978-4-09-227424-2